U0303595

盲眼钟表匠

生命自然选择的秘密

［英］理查德·道金斯——著 王道还——译

THE
BLIND
WATCH
MAKER

RICHARD DAWKINS

中信出版集团 | 北京

图书在版编目（CIP）数据

盲眼钟表匠：生命自然选择的秘密 /（英）道金斯
著；王道还译．—2 版．—北京：中信出版社，
2016.10（2024.12重印）
　书名原文：The Blind Watchmaker：Why the
Evidence of Evolution Reveals a Universe without
Design
　ISBN 978-7-5086-6499-6

　Ⅰ.①盲… Ⅱ.①道…②王… Ⅲ.①生命科学－研
究 Ⅳ.①Q1-0

中国版本图书馆 CIP 数据核字（2016）第 172517 号

盲眼钟表匠：生命自然选择的秘密

著　　者：[英]理查德·道金斯
译　　者：王道还
策划推广：中信出版社（China CITIC Press）
出版发行：中信出版集团股份有限公司
　　　　　（北京市朝阳区东三环北路 27 号嘉铭中心　邮编　100020）
　　　　　（CITIC Publishing Group）
承 印 者：北京通州皇家印刷厂

开　　本：880mm×1230mm　1/32　　印　张：13.5　　字　数：305 千字
版　　次：2016 年 10 月第 2 版　　　印　次：2024 年 12 月第 13 次印刷
京权图字：01-2014-3195
书　　号：ISBN 978-7-5086-6499-6
定　　价：68.00 元

目 录

导读：正宗演化论 / VII

1996 年版导言 / XI

序 / XV

第一章 不可能！／ 1

要是你拿到一架飞机的全部零件，然后将它们随意堆置在一起，就能组成一架能够飞行的波音客机吗？概率非常小。把一架飞机的零件放在一起的方式不知有几十亿种，其中只有一种，或者几种，会成为一架飞机。要是以人类身体的零件来玩这个游戏，成功概率更小。

第二章 良好的设计／ 25

当年研发声呐与雷达的工程师，并不知道蝙蝠或者应该说蝙蝠受到的自然选择早在千万年以前就发展了同样的系统。现在全世界都知道了，蝙蝠的"雷达"在侦测、导航上的非凡表现，令工程师赞叹不已。

第三章 累进变化／ 53

要是演化进步必须依赖"单步骤选择"，绝对一事无成，搞不出什么名堂。不过，要是自然的盲目力量能够以某种方式设定"累积选择"的必要条件，就可能造成奇异、瑰丽的结果。

第四章　动物空间 / 95

我们观察到的每一个器官或装备，都是动物空间中一条连续、圆滑轨迹的产品，在这条轨迹上每前进一步，存活与生殖的机会就增加一分。这个想法完全可信。

第五章　基因档案 / 141

如果你混合白漆与黑漆，就会得到灰漆。可是将灰漆与灰漆混合，无法还原白漆与黑漆。混合漆的实验足以代表孟德尔遗传定律大白于世之前的遗传学，即使到了现在，通俗文化中仍然保留了"一加一除以二"的血液混合遗传观念。

第六章　天何言哉 / 177

一位寿命达 100 万世纪的外星人，主观判断必然与我们不同。某个化学家提出理论，对第一种复制分子的起源做了猜测，在那位外星人看来，可能觉得颇为可能，而我们只演化出不满百年的寿命，不免会认为那是令人惊讶的奇迹。我们怎能判断谁的观点才是正确的，我们的还是长寿外星人的？

第七章　创意演化 / 215

能够与其他基因合作的基因才受青睐。别忘了，它与最可能遇上的其他基因是在合作才有利的情况下遇合的。这个事实引导互相合作的基因演化成大帮派，最后演化成身体—基因合众国的产物。

第八章　性择 / 247

一只鸟就算活到高寿，要是不能繁殖，也不能把它的体质特征遗传下去。不论什么体质特征，只要能使动物顺利生殖，天择都会青睐，存活只是生殖战斗的一部分。在这场战斗的其他部分里，吸引异性的个体才能成功。

第九章　疾变？　渐变？ / 281

像我们一样有眼睛的动物，是从没有眼睛的祖先演化来的。极端的跃进论者搞不好会认为眼睛是一个突变就无中生有了。换言之，当初父母亲都没有眼睛，后来长了眼睛的地方仍是皮肤。它们生了个怪胎，有一对不折不扣的眼睛。

第十章　生命树 / 321

话说转化的分枝学者与表型派的"距离测量者"共享一个极为明智的信念，认为在实际的分类学研究中绝不动用演化与祖系假设是个说得通的做法。但是有些转化的分枝学者并不满足，他们极端到硬是断定：演化论必然有问题！他们的宣言，我的解释是他们对分类学在生物学中的地位，有夸大不实的幻想。

第十一章　达尔文的论敌 / 361

要是有些演化论的版本否定缓慢渐进、否定天择的中枢角色，它们也许在特定个案上为真。但是它们不可能是全面的真相，因为它们否定了演化论的核心要素，那些要素让它有力量分解"不可能"的万钧重担，并解释看来像是奇迹的奇观。

参考书目 / 405

导读：正宗演化论

王道还

适应（adaptation）与歧异（diversity）是生命世界的两大特色，自古就是西方生物学的焦点。解剖—生理学是研究生物适应的学问。而在生物歧异中理出头绪，就是分类学研究，一直是理性的最大挑战。至于这两个研究主题有什么关系，就很难说了，甚至没有人觉得这是个问题。直到18世纪，现代"自然史"观念建立之后，生物适应与生物歧异之间才建立了"历史的"（同时也是"因果的"）关系。

所谓自然史（natural history），源自"地层是在时间中堆栈的"观察与推论：不同的地层代表不同的地球史时期。而不同的地层中，包含的生物化石不同，表示不同的地史时期有不同的生物相。因此地球上的生命也有"历史"。地球史加生命史就是自然史。

第一位将自然史系统地整理发表的，是法国学者布丰（Buffon，1707—1788）。他的《自然史》自1749年出版，到1767年已达15册，他过世前出了7册；他身后再由他人续了8册。根据布丰的看法，在不同的地史时期地球的自然条件不同，因此各个地史期有不同的生物相。换言之，布丰以适应解释歧异，而他认为生物会适应环境，理所当然，用不着论证。

第一个公开以解释适应的理论说明自然史的，是布丰的弟子与传人拉马克。他的理论就是后天形质遗传说（见本书最后一章）。

最后，自然史在达尔文手里变成研究生物演化的科学。自然史表现的是生物演化的事实，达尔文发明的"自然选择"（natural selection，又译"天择"），是解释演化事实的理论。天择理论不仅可以同时解释适应与歧异，还能让学者"做研究"。科学不只是解释既有事实的活动，科学最重要的面相是实践（praxis）：任何科学理论都是研究方略，学者借以发现、创造新的事实。

所有解释演化事实的理论都叫演化论，可是目前只有达尔文的天择说在理论上、实证上最站得住脚。因此在英文里，天择论、达尔文理论、演化论、达尔文演化论已成为同义词。

不过，以上所述都是从"正宗"演化生物学的角度所做的观察。过去两百多年的生物演化思想史，其实颇为曲折，甚至令人怀疑"达尔文革命"这个词不仅不恰当，还有误导之嫌。

因为"演化论＝天择理论＝达尔文学说"的等式，大概直到《物种起源》出版百年后（1959）才在学术界站稳脚跟。1975年，美国哈佛大学教授威尔森（E. O. Wilson）出版《社会生物学》，公开论说人类行为也是演化的产物，在美国学界与民间掀起轩然大波，更提醒我们演化论似乎与古典科学极为不同。以天文学、物理学史建构的科学革命模型，很难解释所谓的"达尔文革命"竟然那么拖泥带水，不干不脆。

在西方，尤其是美国，不只民间学者仍在努力搜寻达尔文学说的漏洞，学界里的异议分子也不少，最有名的就是已过世的古尔德（S. J. Gould，1941—2002；美国哈佛大学古生物学讲座教授）。他甚至在达尔文庞大的著作中爬梳证据，用来指斥现行教科书关于演化论的论述过于强调天择，反而不能呈现达尔文思想的"多元"特色。

关键在"天择"是否是演化的唯一机制？或最重要的机制？

天择的要义不过是：生物个体在生殖成就（fitness）上有差异，那些差异都有适应的道理。要是任何一个个体的生存机会或生殖成就的高低，像中彩券似的"没什么道理"，那就不成学问了。

本书是正宗的演化论入门书，以"生物适应的起源"为核心。作者道金斯以稳健的文笔，详细阐释了生物适应是任何演化理论家不可回避的问题，而天择说是唯一可信的理论。一些学者自命提出了足以替代天择说的理论，或者认为天择说无足轻重，都过不了"解释生物适应"这一关。无论是对演化论有兴趣的朋友，还是持批判观点的人，本书都提供了最好的起点。

1996年版导言

出版社重新发行本书,请我写个新导言。我起先以为这很容易。我只要列出改进本书的方式就成了;要是我今天重写这书,必然会做许多改进。我一章一章搜寻,渴望发现错误、误导、过时和不完整的地方。我真诚地想找出那些缺陷,因为尢论科学家多么脆弱,科学却不是自满的行业,而且科学通过证伪而进步的理想,可不是说着玩的。可是,不瞒你说,除了细节,本书各章没有一个主旨我会撤销。以今日之我战昨日之我,令人涤荡心胸,好不畅怀,我却无由消受。

当然,这并不是说本书已无从增减一分。我信手拈来就再写了10章,讨论"演化设计"这个永远令人兴奋的题材。但那已是另一本书了,书名叫作《攀登不可能的山峰》(*Climbing Mount Improbable*,1996)。虽然这两本书自成一格,不妨分开读,可是每一本都可以当作另一本的延续。两本书的主题不同,就像本书各章,每一章都与其他章不同,却有共同的基调:达尔文演化论(Darwinism)与设计。

我说过,我继续写作达尔文演化论,并不需要驰辩,可是这么说未免矫情。达尔文演化论是个巨大的主题,它有许多面相,值得用更多书论述,花上一辈子写,即使自觉圆满如意,都写不完。我也不是一个职业"科学作家","写完"演化论后,可能转向物理或天文学。我何必这样做?历史学者写完一本历史书之后,可以继续写下去,根本不必说明自己不转向古典学或数学的理由。厨艺师可以写另一本书，谈论烹饪的某一面相，那是他过去没写过的，而园艺，最好还是留给园艺家去写吧。他是对的。虽然书店里什么题材的书都有，兼容并蓄（又是矫情之论），达尔文演化论是比烹饪或园艺更大的题材。它是我的主题，有宽敞的天地，够我浸淫一生，安身立命。

达尔文演化论涵盖所有生物——人类、动物、植物、细菌，以及地球以外的生物（假定我在本书最后一章所说的正确无误）。为什么我们会存在？为什么我们是这副德行？达尔文演化论提供了唯一令人满意的解释。它是一切人文学科的基础。我的意思并不是：历史、文学批评、法律都必须以达尔文演化论重新塑造。我并无此意。但是所有人文创制都是脑子的产物，而脑子是演化而来的信息处理器，要是我们忘了这一基本事实，就会误解脑子的产物。要是更多医生了解达尔文演化论，人类现在就不会面对"耐抗生素"病原的威胁。有位学者评论道：达尔文演化论"是科学发现的自然真理中最惊人的"。我会加上："不仅空前，而且绝后。"

本书在 1986 年出版，10 年来其他的书也出版了，其中有些我希望是我写的，还有一些要是我重写本书必然会参考。克罗宁（Helena Cronin）的《蚂蚁与孔雀》（*The Ant and the Peacock*, 1991）文笔优美。瑞德里（Matt Ridley）的《红色皇后》（*The Red Queen*, 1993）也同样清晰，任何人重写本书"性择"那一章，一定会受他们的影响。丹奈特（Daniel Dennett）的《达尔文的危险观念》（*Darwin's Dangerous Idea*, 1995）全面影响了我的历史与哲学诠释；他的率直风格，令人耳目一新，本书的重要章节，我重写的话，一定会更理直气壮。牛津大学教授马克·瑞德里（Mark Ridley）的巨著《演化》（*Evolution*, 1993, 1996, 2003），我与本书读者都应随时查考。平克（Steven Pinker）的《语言本能》（*The Language Instinct*, 1994）本来给了我灵感，让我想从演化的观点讨论语言这个题目,可是他太成功了,令我无从下手。"达尔文医学"也一样,可是奈斯与威廉斯(R. M. Nesse & G. C. Williams)的书(1994)实在太棒了,倒省了我的事(但他们的出版商偏要用《我们为什么生病》做书名,根本不能帮助读者了解那是什么书,真是不幸)。

理查德·道金斯
1996 年 6 月于牛津

序

笔者写作本书，基于一个信念：我们人类出现在世间，过去都认为是谜中之谜，可是现在已经不再是谜团了，因为谜底已经揭晓。揭谜的人是达尔文与华莱士，虽然我们会继续在他们提出的谜底上加些脚注，来日方长。对这个深奥的问题，许多人似乎还没有察觉他们提出的解答优雅而美妙，更令人难以置信的是，许多人甚至不觉得那是个问题。因此我才会写作本书。

问题在于复杂设计。我用来写下这些字句的电脑，内存容量达6.4万个字节(64k)，大约每个字节(byte，等于 8 bits)储存一个英文字母。这台电脑是人们有意识设计、费劲制造出来的产品。你用来理解我的字句的大脑，部署了上百亿个神经元；其中有许多，大约几十亿吧，每个都以上千条"电线"(突触)与其他神经元相连。此外，我们的身体有数以万亿计的细胞，在基因层次上，每个细胞都储存了大量的数字信息，比我的电脑多了上千倍；编码更精确，犹其余事。生物之复杂，只有生物之设计比得上：生物看来都像是精心设计出来的，机制精妙、效能卓越。这么高明的复杂设计不该有个解释吗？要是有人不以为然，予欲无言。不过，我忽然转念：不可放弃。本书就是要接引那些没开眼的人入门，让他们一窥生物之复杂的宗庙之美，百官之富。除了说生物之复杂是个需要解释的谜题，本书另一个主要目的，是提供谜底，解开谜团。

解释是困难的艺术。解释一件事，有的办法可以使读者理解你使用的语言,有的办法可以使读者打心眼儿里觉得有那么回事。为了打动读者,冷静地铺陈证据有时还嫌不足。你必须扮演辩护律师,使用律师的技巧。本书不是一本冷静的科学著作。其他的作者讨论达尔文的理论,都很冷静,许多作品论述精彩、数据宏富,读者应该参考。我必须招认,本书不仅不冷静,有些篇章还是以热情写的;在专业科学著作中,这样的热情也许会招致非议。当然,本书会铺陈事实、进行论证,但是本书也想说服读者,甚至让读者着迷——这是我的目标。我希望读者着迷的是:我们的存在,虽然是个明白的事实,却也是个激励心智的谜团;这个谜团不但已有优美的答案,而且在我们的理解范围之内,这是多么令人兴奋的事! 还有呢,我想说服读者:达尔文的世界观不只在此时此地是真的;我们存在的奥秘,在已知理论中它是唯一在原则上能够说明的理论。达尔文理论因此更令人满意。我们可以论证:达尔文理论不只在地球上通行,宇宙中凡有生命之处都适用。

有一点,我与职业辩护律师很不一样。律师或政客展现热情与信仰,是拿人钱财、与人消灾的表演,不见得对雇主或目标衷心信服。我没做过这种事,以后也不会。我不一定总是对的,但是我热切地拿真理当回事,我绝不鼓吹自己都不相信的事。有一次我受邀到一个大学辩论协会与神创论者辩论,我还记得那次我感受到的震惊。辩论之后我们共进晚餐,我的邻座是一位年轻女士,她在辩论中代表神创论者,演说还算有力。我觉得她不会是个神创论者,就请她诚实回答我为何她会代表神创论发言。她很自在地承认只是在磨炼辩论技巧罢了,她发现为自己不信服的立场辩护,更具挑战性。看来大学辩论协会都这么做,参与辩论的人为哪一方辩护,都是指定的,而与自身信仰无关。他们的信念在辩论中毫无地位。面对大众演说我并不在行，我大老远赶来出席，是因为我相信我受邀辩护的论题是真的。我发现辩论协会的人只不过拿辩论题目作为玩辩论游戏的引子，于是决心不再接受辩论协会的邀请。涉及科学真理的议题，不容虚矫辩词。

达尔文理论比起其他科学领域的同级真理，似乎更需要辩护，理由我并不完全清楚。我们许多人不懂量子理论，或爱因斯坦的相对论，但我们不致因此而反对这些理论。达尔文理论则与"爱因斯坦理论"不同，批评者不管多么无知，似乎都能拿它说事，乐此不疲。我猜达尔文理论的麻烦是：人人都自以为懂——莫诺[1]真是一语道破。那可不？达尔文理论实在太简单了；与物理学、数学比较起来，简直老妪能解。说穿了，达尔文理论不过是"非随机繁殖"，凡是遗传变异，只要有时间累积，就会产生影响深远的后果。但是我们有很好的理由相信：简易只是表象。别忘了：这种理论看似简单，却没人想到，直到 19 世纪中叶才由达尔文与华莱士提出，距牛顿发表《基本原理》(*Principia*，1687；其中包括"万有引力定律")近二百年，距古希腊学者伊拉特斯提尼斯(Eratosthenes，前 276—前 194)测量地球圆周的实验超过两千年。这么简单的观念，怎么会那么久都没有人发现，连牛顿、伽利略、笛卡儿、莱布尼茨、休谟、亚里士多德这一等级的学者都错过了？为什么它必须等待两名维多利亚时代的自然学者？哲学家与数学家是怎么了，竟然会忽略了它？这么一个丰富的观念为什么大部分至今仍然没有渗入常人的意识中？

有时我觉得人的脑子是特别设计来误解达尔文理论的，让人以

---

[1]　雅克・莫诺(Jacques Monod，1910—1976)，法国生物学家，1965 年荣获诺贝尔生理学和医学奖。——编者注

为它难以置信。就拿"偶然性"来说吧，有人将它夸张成"盲目的"偶然性。攻击达尔文理论的人，绝大多数以不当的热切心情拥抱这个错误的观念：达尔文理论中除了"随机偶然性"之外，一无所有。而生命呈现的复杂性，活脱脱是"偶然性"的悖反。要是认为达尔文理论相当于"偶然性"，当然会认为很容易反驳。我的任务就是要摧毁这个备受欢迎的神话——达尔文理论不过是个"偶然性"理论！我们似乎生来就不相信它。另一个理由是：我们的脑子设计来处理的事件，与生物演化变迁过程中的典型事件，发生在截然不同的时间尺度上。我们能够分辨的过程，花费的时间以秒、分、年计，最多以"10 年"为单位。达尔文理论分析的，是累积的过程；那些过程进行得非常缓慢，得上千个或百万个"10 年"才能完成。对于可能发生的事件，我们已养成了直觉判断，可是面对演化就不灵了，因为差了好几个数量级。我们世故的充满怀疑论和主观概率理论的器官（指大脑）失灵，因为它们是在人的一生中磨炼出来的，也是为了协助人过一生而形成的，最多几十寒暑——讽刺的是，这是拜演化之赐。我们得动员想象力，才能逃脱熟悉的时间尺度构筑的牢笼——我会设法协助读者。

我们的脑子似乎天生抗拒达尔文理论，第三个原因出在我们自己的成功经验：我们是有创意的设计人。我们的世界充满了工程、艺术的业绩。复杂的优雅皆是深思熟虑、精心设计之象。这个观念我们习以为常。这大概是信仰某种超自然神最有力的理由，自有人类以来绝大多数人都怀抱这一信仰。达尔文与华莱士以极大的想象实现跳跃，才能超越直觉，看出复杂"设计"从原始的简朴中中兴的另一条路——你了解之后，就会认为那是条（比超自然神）更为可能的道路。这个跳跃实在太难完成了，难怪直到今天还有许多人不愿尝试。本书的主要目的，是帮助读者完成这一跳跃。

作家自然希望自己的书影响深远，不只是昙花一现。但是每个倡导者除了强调自身立场的永恒面相，还得回应当代对手的观点，不管是真正的对手，还是表面的对手。这样做颇有风险，因为今日各方交战得不可开交的论证，有些也许几十年后就完全过时了。这个矛盾常有人举达尔文的《物种起源》为例：第一版比第六版高明多了。因为《物种起源》出版后引起许多批评，达尔文觉得必须在后来的版本里有所回应，那些批评现在看来完全过时了，于是达尔文的回应不仅妨碍阅读，有时还误导读者。尽管如此，当代流行的批评，即使我们觉得可能不过昙花一现、不值一提，也不该纵容自己完全视而不见。因为对批评者我们应有起码的敬意，而且也要为搞昏头的读者着想。虽然我对本书哪些篇章终将过时自有主见，读者——与时间——才是裁判。

我发现有些女性朋友认为使用"男性"代名词"他"或"他们"就表示有意排除女性，这让我很苦恼。要是我想排除什么人，我想我宁愿排除男人——好在我从未想过排除什么人。有一次我试着使用"她"称呼我的抽象读者，一位女性主义者就抨击我"故作姿态"（patronizing condescension），她认为我应该用"他/她"或"他的/她的"。要是你不在意文字，不妨那样做。但是，要是不在意文字，就不配有读者，无论哪个性别。我在本书中回归英文代名词的正常规范。我也许会以"他"称呼读者，但是我不认为我的读者就是男性，法文中"桌子"是阴性词，法国人也不会把桌子当作女性吧？事实上，我相信我经常认为我的读者是女性，但是那是我个人的事，我可不愿让这样的考虑影响我使用母语的方式。

理查德·道金斯

牛津，1986

第一章

不可能！

我们动物是已知宇宙中最复杂的事物。用不着说，我们知道的宇宙，比起真正的宇宙，不过沧海一粟。其他的星球上也许还有比我们更复杂的事物，他们有些说不定已经知道我们，也未可知。可是这不会改变我想提出的论点。复杂的事物，不管哪里的，都需要一种特别的解释。我们想知道它们是怎么出现的，为什么它们那么复杂。我要论证的是，宇宙中的复杂事物，无论出现在什么地方，解释可能大体相同；适用于我们、黑猩猩、蠕虫、橡树，以及外层空间的怪物。另一方面，对于我所谓的"简单"事物，解释却会不一样，例如岩石、云、河流、星系与夸克。这些都是物理学的玩意儿。黑猩猩、狗、蝙蝠、蟑螂、人、虫、蒲公英、细菌与外星人，是生物学的玩意儿。

　　差别在设计的复杂程度。生物学研究复杂的事物，那些事物让人觉得是为了某个目的设计出来的。物理学研究简单的事物，它们不会让我们觉得有"设计"可言。乍看之下，电脑、汽车之类的人造物品似乎是例外。它们很复杂，很明显是设计出来的，然而它们不是活的，它们以金属、塑料构成，而不是血肉之躯。但在本书中，我会坚定地将它们视为生物学的研究对象。

读者也许会问："你可以这么做，但是它们真的是吗?"字词是我们的仆人，不是主人。为了不同的目的，我们发现以不同的意义使用字词很方便。大多数烹饪书都把龙虾视为鱼类。动物学家对这种做法颇不以为然，他们指出如果龙虾把人叫作鱼还更公平些，因为鱼与人类同属脊椎动物，亲缘关系比较近，鱼与龙虾的关系就远了。说起公平与龙虾，我知道最近有一处法庭必须判决龙虾是昆虫还是"动物"——这关系到人可不可以将它们活活丢入滚水中。以我的动物学行话来说，龙虾当然不是昆虫。龙虾是动物，但是昆虫也是，人也是。对于不同的人以不同的意义使用字词，没有必要激动——虽然我在日常生活中，遇上活煮龙虾的人的确激动不已。厨师与律师各有他们一套使用词语的办法，在本书中我也有我的一套。电脑、汽车"真的是"生物? 别钻牛角尖了! 我的意思是：要是在某个星球上发现了电脑、汽车之类的复杂物品，我们应当毫不犹豫地下结论：那里有生命存在，或者曾经存在。机器是生物的直接产品；它们很复杂，是设计出来的，因为是生物造的，它们与化石、骨架、尸体也一样，是我们判断生物存在的指标。

我说过物理学研究简单的事物，听来也许很奇怪。物理学看来是门复杂的学问，因为物理观念我们很难理解。我们的大脑是设计来从事狩猎、采集，交配与养孩子的；我们的脑子适应的世界，以中等大小的事物构成，它们在三维空间中以中庸的速度移动。我们没有适当的"配备"，难以理解极小与极大，存在时间以一万亿分之一秒或十亿年为单位的事物，没有位置的粒子，我们看不见、摸不着的力与场（我们知道它们，只因为它们影响了我们看得见、摸得着的事物）。我们认为物理学很复杂，因为我们很难了解，也因为物理书中充斥了困难的数学。但是物理学家研究的对象，仍然是基本上简单的事物，例如气体或微粒构成的云，或均匀物质的小块如晶体——它不过是重复的原子模式。至少以生物的标准来衡量，它们没有复杂的运转组件。即使大型的物理对象如恒星，也只有数量相当有限的组件，它们的组织多少是偶然的。物埋学的、非生物学的对象的行为非常简单，因此可以用现有的数学语言描述，这就是物理学书里充满了数学的原因。

物理学的书也许很复杂，但是这些书与电脑、汽车一样，是生物学对象——人类大脑的产物。物理书描述的物体与现象，比作者体内的一个细胞还要简单。那位作者的身体，有一万亿个那样的细胞，分成许多类型，根据错综复杂的蓝图组织起来，并以精细的工程技术完成，这才成就一个能够写一本书的工作机器。凡是事物的极端，物理学里的极端尺度以及其他困难的极端，或是生物学里的极端"复杂"，我们的脑子都不容易应付。还没有人发明一种数学，可以描述像是物理学家这样的物体，包括他的结构与行为，甚至连他的一个细胞都不行。我们所能做的，是找出一些通则，以了解生物的生理以及生物的存在。

这正是我们的起点。我们想要知道为什么我们以及所有复杂的事物会存在。现在我们能够原则地回答那个问题了，即使我们对"复杂"的细节还不能掌握。打个比方好了，我们大多数都不了解飞机是如何工作的。也许造飞机的人也不完全了解：引擎专家不了解机翼，机翼专家对引擎只有模糊的概念。机翼专家甚至不完全了解机翼，无法对机翼做精确的数学描述：他们可以预测机翼在气流中的行为，只因为他们研究过机翼模型在风洞中的行为，或者以电脑仿真过——生物学家也可以采用这种路数了解动物。但是，尽管我们对飞机的知识并不完备，我们都知道飞机大概经过哪些过程才出现的。人类在图板上设计出来。其他的人根据图样制造零件，然后更多的人以各种工具将零件根据设计组装起来。基本上，飞机问世的过程我们并不认为算什么谜团，因为是人类造的。针对某个目的从事设计，然后根据设计系统地组装零件，我们都知道也了解，因为我们都有第一手经验，即使只是小时候玩过乐高（Lego）玩具。

那么我们的身体呢？我们每个人都是一台机器，就像飞机，只不过我们的身体更为复杂。我们也是由一个熟练的工程师在图板上设计出来，再组装成的吗？不是。这个答案令人惊讶，我们得到这个答案只不过一个世纪左右。首先提出这个答案的是达尔文。当年许多人对他的解释不愿或不能理解。我小时候第一次听说达尔文的理论，就断然拒绝接受。直到19世纪下半叶，历史上几乎每个人都坚定地相信相反的答案——"有意识的设计者"理论。许多人现在仍然相信上帝造人，也许是因为真正的解释——达尔文理论——仍然没有进入国民教育的正规教材，惊讶吧！可以确定的是，对达尔文理论的误解仍广泛地流行。

本书书名中的"钟表匠"，是借用18世纪神学家培里（William Paley，1743—1805）的一本著名的专论而来。培里的《自然神学》（*Natural Thelogy*）出版于1802年，是"设计论证"的著名范例。"设计论证"一直是最有影响力的支持"上帝存在"的论证。《自然神学》是我非常欣赏的书，因为培里在他的时代成功地做到了我在我的时代拼命想做的事。他有观点想表达，他热情地相信那个观点，并全力清晰地阐述它，他做到了。他对生命世界的复杂特征有适当的敬意，因此他觉得那个特征必须有个特别的"说法"（解释）。他唯一搞错的——那可是个大错——就是他的"说法"。他对这个谜团的答案非常传统，就是《圣经》中的"说法"。比起前辈来，他的文字更清晰、论证更服人。真实的解释完全不同，直到史上最具革命性的思想家之一达尔文，真相才大白于天下。

《自然神学》以一个著名的段落开头：

> 我走在荒野上，要是给石头绊了一跤，要是有人问我那块石头怎么会在那里，我也许可以回答："它一直都在那里！"即使我知道它不是，这个答案也不容易被证明是荒谬的。但是，要是我在地上发现了一个钟表，要是有人问我那个钟表怎么会在那里，我就不能回答"据我所知，它一直都在那儿"了。

在这里，培里区分石头之类的自然物体，与设计、制造出来的事物如钟表。他继续说明钟表的齿轮与发条制造得如何精确，以及那些零件之间的关系多么复杂。如果我们在野地里发现了这么一个钟表，即使我们不知道它是怎么出现的，它呈现的精确与复杂设计也会迫使我们下结论：

> 这个钟表必然有个制造者；在某时某地必然有个匠人或一群匠人，为了某个目的——我们发现那个目的的确达成了——把它做出来；制造者知道怎么制造钟表，并设计了它的用途。

　　培里坚持这个结论没有人能够合理地驳斥，即使无神论者在思考自然作品时也会得出这个结论，因为：

　　每一个巧思的征象，每一个设计的表现，不只存在于钟表里，自然作品中都有；两者的差别，只是自然作品表现出更大的巧思，更复杂的设计，超出人工制品的程度，难以数计。

　　培里对生物的解剖构造做了优美、庄重的描述，将这一论点发挥得淋漓尽致。他从人类的眼睛开始，这是个深受欢迎的例子，后来达尔文也使用了，会在本书中不断出现。培里拿眼睛与人设计出来的仪器（如望远镜）比较，得出结论："以同样的证据可以证明，眼睛是为了视觉而造的，正如望远镜是为了协助视觉而造的。"眼睛必然有个设计者，像望远镜一样。

　　培里的论证出于热情的虔敬，并以当年最好的生物学知识支持，但是却是错的；光荣或有之，仍不免铸成大错。望远镜与眼睛的模拟，钟表与生物的模拟，是错的。表象的反面才是正确的，自然界唯一的钟表匠是物理的盲目力量，不过那些力量以非常特殊的方式凝聚、运行。而真实的钟表匠有先见：他心眼中，有个未来的目的，他据以设计齿轮与发条，规划它们之间的联系。达尔文发现了一个盲目的、无意识的、自动的过程，所有生物的存在与看似有目的的构造，我们现在知道都可以用这个过程解释，这就是自然选择（natural selection，另一译名"天择"）。天择的心中没有目的。天择无心，也没有心眼（mind's eye）。天择不为未来打算。天择没有视野，没有先见，连视觉都没有。要是天择就是自然界的钟表匠，它一定是个盲目的钟表匠。

　　这些我都会解释，我要解释的可多着呢。但是有一件事我不会做：我绝不轻视"活钟表"（生物）给培里带来的惊奇与感动。

正相反，我要举个例子，说明我对自然的感受——培里一定能更进一步发挥。说到"活钟表"让我兴起敬畏之情，我决不落人后。我与尊敬的培里先生感同身受的地方，多过我与一位现代哲学家的共同感受，他是著名的无神论者，我与他在晚餐桌上讨论过这个问题。我说我很难想象在1859年之前会有人是无神论者，不论什么时代。达尔文的《物种起源》在1859年出版。"休谟呢？"这位哲学家问道。"休谟怎样解释生物世界的复杂现象？"我问。"他没有解释，干吗需要什么特别的解释？"他说。

培里知道生物世界的复杂现象需要一个特别的解释；达尔文知道，我怀疑我的哲学家朋友打心眼里也知道。不过得在这里把这个需要讲清楚的是我。至于休谟，有时有人说这位伟大的爱丁堡哲学家在达尔文之前一个世纪就把"设计论"干掉了。但是他真正做的是：批评设计论的逻辑，认为"以可见的自然设计作为上帝存在的积极证据"并不恰当。对于"可见的自然设计"他并没有提出其他的解释，存而不论。达尔文之前的无神论者，可以用休谟的思路这么回答："我对复杂的生物设计，没有解释。我只知道上帝不是个好的解释，因此我们必须等待，希望有人能想出一个比较好的。"我难免认为：这个立场逻辑上虽然没有问题，却不令人满意，同时，尽管在达尔文之前无神论也许在逻辑上站得住脚，达尔文却使无神论在知识上有令人满意的可能。我希望休谟会同意我的看法，但是他的某些著作使我觉得他低估了生物设计的复杂与优美。年轻的博物学者查尔斯·达尔文本可以带领他欣赏一鳞半爪，可惜达尔文到爱丁堡大学注册的那年（1825年），休谟已经过世40年了。

我一直在谈"复杂"、"明显/可见的设计"，好像这些词的意思明明可知、不假思索。在某个意义上，它们的意思的确可知——大多数人对于复杂都有直觉的概念。但是这些观念——复杂与设计——是本书的核心，所以尽管我知道我们对于复杂、有明显设计的事物有异样的感受，我还是得以字句把那种感受描述得更精确一点。

那么，什么是复杂的事物？我们怎样辨认它们？我们说钟表或飞机或小蜈蚣或人是复杂的，而月亮是简单的，若真如此，那是什么意思？谈到复杂事物的必要条件，也许我们第一个想到的是：它的结构是异质的。粉红色的牛奶布丁或牛奶冻是简单的，意思是说要是我们把它们一切为二，那两半都会有同样的内部组成：牛奶冻是均质的。汽车是异质的：车的每一部分都与其他的部分不同，不像牛奶冻。两个半部车不能形成一辆车。这等于说复杂的事物相对于简单的事物有许多零件，而零件不止一种。

这种异质性，或者"多零件"性质，也许是必要条件，但不是充分条件。许多事物都以许多零件组成，内部结构也是异质的，却不够复杂。举例来说，阿尔卑斯山最高峰勃朗峰（Mont Blanc）由许多不同种类的岩石组成，而且它们组成的方式，使你无论在哪个地方将山劈成两半，那两半的内部组成都不会一样。勃朗峰结构上的异质性是牛奶冻所没有的，但是在生物学家的眼中，它仍然不够复杂。

为了建立复杂的定义，让我们尝试另一种思路，利用概率的数学观念。假定我们试用下列定义：复杂的事物都有特别的组织，它的零件不可能完全随机组织成那样。从一位著名的天文学家那里借一个模拟来说吧，要是你拿到一架飞机的全部零件，然后将它们随意堆置在一起，就能组成一架能够飞行的波音客机吗？概率非常小。把一架飞机的零件放在一起的方式不知有几十亿种，其中只有一种，或者几种，会成为一架飞机。要是以人类身体的零件来玩这个游戏，成功概率更小。

这个定义复杂的路数令人觉得颇有可为，但是还是有些不足之处。有人也许会说，勃朗峰要是拆成"零件"，也有几十亿种组合方式，其中只有一个会与原来的勃朗峰一模一样。那么，飞机、人体是复杂的而勃朗峰是简单的吗？任何早已存在的组成物都是独一无二的，而且以后见之明，都是不可能（概率很低）的存在。旧飞机拆卸厂的零件堆是独一无二的。没有两个零件堆是一样的。要是你将拆卸下来的飞机零件成堆地丢弃，任何两个废零件堆一模一样的概率，非常低，就像你想以零件堆出一架能飞的飞机一样。那么我们为什么不说垃圾堆或勃朗峰或月亮，与飞机或狗一样复杂，反正它们的原子排列一样的独一无二（重复的概率极低）？

我的脚踏车上有对号码锁，它的数字轮有 4 096 个不同的组合。每一个组合都一样的"不可能"——意思是说：要是你随意转动数字轮，每一种组合出现的概率都一样很低。我可以随意转动数字轮，然后瞪着出现的数字组合以后见之明惊呼："这太神奇了。这个数字出现的概率只有 4 096 分之一。它居然出现了，真是个小奇迹。"那与将一座山的岩石组织或废料堆中的金属组织视为复杂，是一样的。事实上，4 096 个不同的组合中只有一个——1 207——是真正独一无二的，只有它才能将锁打开。这个数字独一无二的地位不是以后见之明看出来的，它是制造锁的工厂事先决定的。要是你随意乱转数字轮，第一次就转出了 1 207，你就可以将脚踏车偷走，那才像是个小奇迹。要是你以银行保险柜试手气，第一次就转出了正确的号码，那就不是小奇迹了，因为概率最多只有几百万分之一，你就能偷到一大笔财富了。

在银行保险柜上撞上幸运号码，在我们的模拟中，与用零件随意堆出一架波音747一样。保险柜的数字锁有上百万种组合可能，其中只有一个可以把锁打开，以后见之明来看，这个组合与其他组合一样"不可能"。同样，几百万种组合飞机零件的方式中，只有一种（或几种）才能飞行，以后见之明每一种都是独一无二的（"不可能"）。事实上，能够飞行的组合与打得开锁的组合，都与后见之明无关。锁的制造商决定了数字组合，然后告诉银行经理。飞机能够飞行，是因为我们事先就将它设计成飞行器。要是我们见到一架飞机在天上飞行，我们可以确信它绝不是以零件随意投掷组合成的，因为我们知道：金属零件的任意组合物能够飞行的概率实在太低了。

再谈勃朗峰，要是你设想过勃朗峰所有岩石的组合方式，的确，其中只有一种会是我们所知道的勃朗峰。但是我们知道的勃朗峰也是以后见之明定义的。岩石堆积在一起我们就叫作山，而堆积岩石的方式不知有多少种，每一座山都有可能叫作勃朗峰。我们知道的这座勃朗峰没有什么特殊之处，它没有事先指定的规格，与能够飞行的飞机毫无相当之处，与打开保险柜的锁（大批金钱因而滚出）也毫无相当之处。

也许你会问：有什么生物与能够飞行的飞机相当？与保险柜打开的锁（大批金钱因而滚出）相当？好问题。有时简直完全相当。燕子就会飞。我们已经说过了，飞行器可不容易随意组装出来。要是你有一只燕子的所有细胞，把它们随意组合在一起，得到一个会飞的玩意儿的概率，讲得实际一点，与零无异。不是所有的生物都会飞，但是其他的本领一样"未必会存在"，也一样可以事先指定。鲸豚不会飞，但是它们会游泳，而且它们游泳与燕子飞行一样有效率。拿一头鲸鱼的细胞随意组合起来，得到一个会游泳的玩意儿，概率已经很小了，更不要说像鲸鱼一样快速、有效地在海里游了。

说到这里，也许有个目光锐利如鹰的哲学家（对了，老鹰的眼睛可是十分锐利的——你也不可能以晶状体和感光细胞随意组合成一只老鹰的眼睛）要开始碎碎念什么"……循环论证……"了。燕子会飞，但是不会游泳；鲸鱼会游泳但是不会飞行。由于有后见之明，我们可以判断一个随机组合是否是个成功的飞行器或者游泳机器。要是我们同意事先不指定功能，一开始只是死命地任意组合零件，搞不好随意的细胞堆会是一只有效率的地道动物，像鼹鼠，或一只爬树动物，如猴子。它也许善于迎风滑翔，或者紧抓着油污的破布，或者绕着逐渐缩小的圈子走路，直到它消失为止。可能的事多着呢。然而，可能吗？

要是真有那么多可能，我的虚拟哲学家就有点道理了。要是无论你如何任意抛掷物质，成就的集合体——以后见之明来说——经常可以描述成"有一技之长"的话，那么你说我举燕子、鲸鱼做例子根本无效就是真的了。但是生物学家对于什么算是"有一技之长"可以说得更为具体。我们认出某个事物是动物或植物，最低限度是这个事物应该成功地过某种生活（更精确地说，它或它的同类得活得够长，以便繁殖）。不错，生活的方式有许多种——飞行、游泳、在林间穿梭等等。但是，不管生活方式有多少种，找死的方式更多，或者说"不算活着"。你也许可以随意组合细胞，一遍又一遍，玩它个几十亿年，却没有组成任何名堂，无论天上飞的、水里游的、土里钻的、地上跑的或者会干任何事的都没有——更糟的是你的成果远未达到生命体的标准，它在设法生存。

这个论证到这里已经很长甚至太长了，现在该提醒大家我们是怎么开始这个论证的。我们想找寻定义"复杂"的精确方式。有些事物我们认为复杂，怎样才能说得更精确一些？我们想找出人、鼹鼠、蚯蚓、飞机、钟表的共同之处，以及它们与牛奶冻、勃朗峰、月亮不同的地方。我们得到的答案是：复杂的事物有某种性质，是事前规定的，而且极不可能单纯地随机造就。就生物而言，那种事先规定的性质以某种意义来说就是"高明"（proficiency）；或者是高明地掌握某一特定能力如飞行，如果由一个航空工程师判定的话；或者是高明地掌握着某种比较一般的能力，例如避免死亡，或以生殖传播基因。

避免死亡是必须努力才能达到的目标。要是"随它去"的话——那也是死亡后的状态——身体就会朝向回复与环境平衡的状态发展。要是你测量活的生物体的某些量，例如温度、酸度、含水量或电位，你通常会发现它们与周遭环境有显著差异。举例来说，我们的体温通常比环境的温度高，在寒冷气候中，身体必须费很大劲才能维持这个温度差。我们死后，身体就停止干活，温度差开始消失，最后体温与环境一致。不是所有的动物都同样地努力避免体温与环境的温度平衡，但是所有动物都会干某种相当的活儿。举例来说，在干燥的地区，动物和植物都得努力维持细胞中的水含量，对抗水的自然倾向——从湿度高的地方流向湿度低的地方。不成功便成仁，这可是生死攸关之事。更广泛地说，要是生物不主动努力防止水分从体内散失，它们到头来就会与环境融合，不再是自主的存有物。那是它们死后发生的事。

非生物不会这么干活儿，人工机器除外——我们已经同意把它们视为荣誉生物。非生物接受那些使它们与环境平衡的力量，任凭摆布。勃朗峰已经存在了很长时间，我知道，它也许还会继续存在一阵子，但是它不会努力活着。岩石要是受重力的影响而躺在某处，它就躺在那儿。它什么都不必做，就能继续躺在那儿。勃朗峰现在存在，会继续存在，直到风雨磨蚀了它，或它让地震震垮。它不会采取措施修补磨蚀、龟裂，或者震垮后再复原，生物的身体就会。非生物只是服从物理学的一般定律。

这种说法等于否认生物服从物理定律吗？当然不是。没有理由认为物理定律在生物界就不灵了。物理学的基本力量，无可匹敌，任何超自然力都不成，"生命力"也不成。事实是这样的，如果你想利用物理学定律——以天真的方式——了解整个生命体的行为，你不会得到什么成果。身体是个复杂的事物，由许多零件组成，想了解身体的行为，你必须把物理学应用到身体的零件上，而不是整个身体。整个身体的行为是零件互动的结果。

以运动定律为例。要是你将一只死鸟抛向空中，它在空气中的轨迹，会是一个优美的抛物线，与物理学教科书所描述的完全一样，然后它会掉落地面，停留在那儿不动。它的行为与一个具有特定质量、风阻的固体没有两样。但是要是你将一只活鸟抛入空中，它就不会循着抛物线落到地面，它会飞走。理由是：它有肌肉，干起活来就能抵御地心引力与其他影响整个身体的物理力量。在它肌肉的每个细胞中，物理定律都灵光得很。结果是：肌肉运动翅膀，使鸟能在空中活动。这只鸟没有违反地心引力。它不断受到地心引力向下拉扯的力量，但是它的翅膀努力干活儿，它的肌肉服从物理定律，抗拒地心引力使它的身体停留在空中。要是我们天真地将一只活鸟看作一块具有特定质量、风阻（而没有特定结构）的固体，我们就会认为这只鸟违反了物理定律。我们得记住这只鸟身体里有许多零件，各自服从物理定律，我们才能了解整个身体的行为。当然，这不是生物独有的本领。所有人造机器都有这个本领，任何复杂、多组件的事物都有这个潜力。

这让我回到最后一个题目，以结束这富有哲学气息的第一章——什么叫作解释？我们已经讨论过什么叫作复杂的事物。但是，要是我们想知道一个复杂的机器或生物如何运作，什么样的解释才令我们满意？答案我们在上一段已经提过了。要是我们想了解一架机器或生物的运作，我们就从零件下手，追问它们如何互动。要是有个复杂的事物我们还不了解，我们可以从我们已经了解的简单零件下手。

要是我问一个工程师：蒸汽机如何运转？对于令我满意的答案我有一个相当清楚的概念，知道一般而言它该是什么样的。我与朱利安·赫胥黎（Julian Huxley，1887—1975，生物学家）一样，要是这个工程师说"牵引力"，我不觉得受用。要是他继续大谈什么"整体大于部分的总和"，我就会打断他："别说那个了，告诉我它如何运转。"我想听的是：这台蒸汽机的各个零件如何互动，导致整个蒸汽机的行为。一开始我会接受以非常大的零件做单位的解释，那些零件的内部构造与运转也许非常复杂，迄今仍无从解释。一开始就令人满意的解释，使用的单位也许是"燃烧室"、"锅炉"、"汽缸"、"活塞"、"蒸汽阀"。工程师一开始不必解释它们每一个是怎么运转的，只要说出它们的功能就可以了。我会暂时接受，不追问它们怎么会有那些功能。知道了每个零件是做什么的，我就能了解它们如何互动，造成整个引擎的运转。

当然，然后我会随意询问每个零件的功能从何而来。我先接受蒸汽阀是调节蒸汽量用的，这个知识帮助我了解整个引擎的行为，现在我回过头来对蒸汽阀十分好奇。在零件中有个层级结构。我们解释任何层级的零件的行为，都以那个零件的组件为起点，弄清楚各组件的功能，暂时不问那些功能的来由。我们将层级结构揭开，一层层揭掉，直到那些组件简单到我们不再觉得需要解释为止——就日常生活需要而言。举例来说（这也许对，也许不对），我们大多数人都不认为铁活塞棒的性质是个问题，我们接受它作为单位来解释复杂机器，只要那些机器有铁活塞棒。

当然，物理学家不会认为铁活塞棒是理所当然的玩意儿。他们会问：为什么铁活塞棒是坚硬的？然后继续从事揭露零件层级的工作，直到基本粒子与夸克的层次。但是我们大多数人都觉得人生苦短，就不追随他们了。复杂的组织中，解释任何一个层次，通常向下揭开一两个层次就能令人满意了，不必穷究。汽车的行为以汽缸、化油器、火花塞就能解释。没错，这些零件每个都在一个解释金字塔的塔尖上，下面还有许多层零件与解释。但是，要是你问我汽车是怎么运转的，而我从牛顿定律与热力学定律讲起，你会认为我太虚矫了，要是我从基本粒子谈起的话，铁定是在蒙人（obscurantist）。汽车的行为，追根究底，得用基本粒子的互动解释，这绝无疑问。但是，以活塞、汽缸、火花塞的互动解释，最为实用。

电脑的行为可以用半导体电子闸门之间的互动解释，接下来，这些半导体电子闸门的行为，物理学家以更低层级的零件解释。但是，就大多数目的而言，要是你想从上述层次了解整个电脑的行为，根本就是在浪费时间。电脑里有太多电子闸门，它们之间的互动更难以计数。令人满意的解释只能容纳很小数目的互动，数量小，我们的脑子才能有效处理。要是我们想了解电脑的运转，我们偏爱的是以六个主要组件为基础的解释，这六个主要组件是内存、中央处理器、硬盘、控制组件、输入/输出控制组件，就是这个道理。了解了这六个主要组件的互动之后，我们也许会想知道它们的内部组织。只有专门的工程师才可能深入 AND 闸门与 NOR 闸门的层次，只有物理学家才会继续深入，到达追问电子在半导体中如何行为的层次。

对那些喜爱什么"主义"之类的词的人来说，我这种了解事物运作原理的路数，最俏皮的名字也许是"层级简化主义"（hierarchical reductionism）。要是你读时髦的知识分子杂志，你也许已经注意到了："简化主义"是那种只有反对它的人才会使用的词，就像原罪（sin）一样。在某些圈子里，你说自己是"简化主义者"，会让人觉得你承认了你吃了婴儿。但是，没有人吃过婴儿，也没有人真的是值得反对的"简化主义者"。莫须有的"简化主义者"——人人反对，但只在他们的想象中存在的那种人——直接以最小的构成零件解释复杂的事物，根据这个神话的某个极端版本，他甚至认为零件的总和等于复杂的整体。另一方面，层级简化主义者对于任何一个组织层级上的复杂实体，只以下一层的实体解释；那些实体本身也可能非常复杂，必须以组成零件的互动解释；就这样简化下去。用不着说，适用于较高层级的解释种类，与适用于低层次的解释种类非常不同——可是据说神秘的食婴简化主义者反对这种看法。这正是以化油器而不以夸克解释汽车的关键。但是层级简化主义者相信化油器可以用更小的零件解释，更小的零件最终要以最小的基本粒子解释。以这个意义而言，所谓简化主义不过是个代名词，指的是了解事物如何运转的真诚欲望。

这一部分我们以一个问题开场：对于复杂的事物，什么样的解释才令我们满意？前面的讨论从机制下手：这事物如何运转？我们的结论是：复杂事物的行为应该以组件的互动来解释，而组件可以分析成有序的层级结构。但是另一种问题是：复杂的事物如何出现的？这个问题是本书的核心，我不打算在这里多做演绎。我只想提一点：适用于了解机制的一般原则，也适用于这个问题。复杂的事物就是我们不觉得它们的存在是不需要解释的事物，因为"那太不可能了"。它们不会因为一个偶发事件就出现了。我们解释它们的存在，是把它们当作一个演变过程的结果，最初是比较简单的事物，在太古时代就存在了，因为它们实在太简单了，偶然的因素就足以创造出来，然后渐进、累积、逐步的演变过程就开始了。前面已经讨论过，我们不能用"大步简化论"（以夸克解释电脑）解释机制，而应该以一系列规模比较小的步骤从事，就是从高层逐级揭露各层的组件互动模式；我们也不能说复杂的事物是以"一步登天"的模式出现的。我们还是必须诉诸一系列小的步骤，这一次它们是以时间序列安排的。

牛津大学的物理化学家阿特金斯（Peter W. Atkins）写过一本文字优美的书《创造》（*The Creation*，1981），他一开始就写道：

> 我将带你的心灵出外旅游。这是一趟理解之旅，我们会造访空间的边缘、时间的边缘、理解的边缘。在旅途中，我会论证：没有不能了解的事物，没有不能解释的事

物，每个事物都极为简单……宇宙大部分都不需要解释。例如大象。一旦分子学会竞争，学会以自己为模板创造其他分子，大象以及像大象的事物，就会在适当的时候，出现在郊外漫步。

阿特金斯假定：一旦适当的物理条件就绪，复杂事物的演化，也就是本书的主题，就是不可避免的。他问道：为了使宇宙以及后来的大象与其他复杂事物，有一天必然会出现，最小的必要物理条件是什么？一个非常懒惰的创造者至少该做什么设计？从一个物理科学家的观点来看，答案是创造者可以无限地懒惰。为了了解万物的生成，我们必须假设的基本原始单位，要不是空无的零（根据某些物理学家），就是极为简单的玩意儿（根据其他的物理学家），简单到不值得麻烦他老人家。

阿特金斯说大象与复杂的事物不需要任何解释，但是那是因为他是物理科学家，将生物学家的演化论视为理所当然。他并不真的认为大象不需要解释，而是他很满意生物学家可以解释大象，生物学家也可以把一些物理学的事实当作理所当然。因此，他的任务是为我们生物学家辩护，证明我们将那些事实视为理所当然是正当的。他做得很成功。我的立场与他的互补。我是一个生物学家。我将物理学事实、简单世界的事实视为理所当然。要是物理学家对于那些简单事实是否已经了解透彻了还没有共识，那不是我的问题。我的任务是以物理学家已经了解的（或正在研究的）简单事物解释大象以及复杂事物的世界。物理学家的问题，是终极起源与终极自然律的问题。生物学家的问题是"复杂"。生物学家尝试以比较简单的事物解释复杂事物的机制与起源。当他触及可以放心地移交物理学家接手的，就会认为他的任务已了。

我知道我对复杂物体的刻画——不是以后见之明定义的"统计上的极小概率"——也许看来个人色彩太过浓厚。我将物理学说成研究"简单"的学问也一样。要是你偏好某个其他定义"复杂"的方式，我不在意，我愿意与你讨论。我在意的是：不论我们把我称之为"复杂"的性质叫作什么，它都是一个重要的性质，需要费时间解释。它是生物物体的特征，并将生物物体与物理物体区别开来。我们提出的解释绝不能与物理定律抵触。我们的解释会利用物理定律，也只会利用物理定律。但是我们运用物理定律的方式很特别，物理学教科书中一般不会讨论到。那个特别的方式就是达尔文的方式。我会在第三章以"累积选择"（cumulative selection）这个名目介绍它的精义。

现在我要追随培里，强调我们想解释的问题的重要性、生物复杂的巨大程度以及生物设计的优美简洁。第二章要举一个特别的例子做广泛的讨论，那就是蝙蝠的"雷达"，在培里之后很久才发现的。这里我放了一张眼睛的图（图1），图中还有两幅局部放大图——培里想必会爱死了电子显微镜。图1上方，是眼睛的解剖图，显示眼睛是一个光学仪器。眼睛与照相机十分相似，那是不用说的。虹膜负责调节瞳孔。晶状体负责调整焦距，它其实是一个复合透镜系统的一部分。调整焦距的方式是改变晶状体的形状，以睫状肌达成这个目的——看近处的事物，睫状肌就收缩，使晶状体变厚，表面弧度增大。（变色龙的眼睛调整焦距的方式是向前或向后移动晶状体，和照相机一样。）影像投射在眼球后面的视网膜上，视网膜有好几层感光细胞。

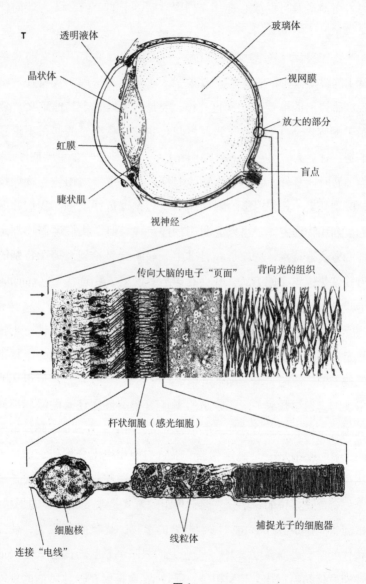

T

透明液体

晶状体

虹膜

睫状肌

视神经

玻璃体

视网膜

放大的部分

盲点

传向大脑的电子"页面"

背向光的组织

杆状细胞（感光细胞）

细胞核

线粒体

捕捉光子的细胞器

连接"电线"

图1

　　图1的中间是视网膜切片的放大图。光线由左方进入。感光细胞不是光线最先撞见的，它们位于视网膜内面（接近眼球表面），背向光线。这个奇怪的安排后面还会提到。光线首先撞及的，事实上是神经节细胞（ganglion cells）层，神经节细胞构成感光细胞与脑子之间的"电子界面"。实际上，神经节细胞负责将信息以复杂的方式先处理过，再传送到脑子，在某些方面"界面"这个词不能表达出这个功能。"卫星电脑"也许是个比较恰当的名称。神经节细胞的传出神经纤维在视网膜表面延伸，一直到"盲点"，它们在"盲点"钻透视网膜，形成输往脑子的主要干线——视神经。"电子界面"中有300万个神经节细胞，它们收集到的信息来自1.25亿个感光细胞。

　　图1的下方是一个放大的感光细胞，杆状细胞。你观看这个细胞的精细结构的时候，千万记住：同等复杂的玩意儿每个视网膜都有1.25亿个。而且同等的"复杂"在每个身体里都重复一万亿次。1.25亿这个数字，约等于高质量杂志照片分辨率的5 000倍。图上杆状细胞的右侧是一沓质膜圆盘，其中包括光敏色素，这沓圆盘是实际的收集光线结构。它们的堆栈组织，提升了捕捉光子的效率。第一个圆盘没有捕捉到的光子，也许第二个会捕捉到，第二个没有，也许第三个会。结果，有些眼睛可以侦测到一个单独的光子。摄影家可以买到的速度最快、最敏感的底片，侦测一个点光源，需要的光子是眼睛发现光子的25倍。杆状细胞的中段有许多线粒体。线粒体不只感光细胞有，大多数细胞都有，每一个都可以说是一座化学工厂，可以处理700种不同的化学物质，主要产品是可以利用的能源。图上杆状细胞的左侧圆球是细胞核。所有动物与植物细胞都有细胞核。每个细胞核都有一个以数字编码的

数据库，信息量比一套《大英百科全书》（30 册）还大。这只是一个细胞呢！还记得身体有多少（携带同样数量信息的）细胞吗？

图 1 下方的杆状细胞是一个单独的细胞。人的身体大约有 10 万亿个细胞。当你享受一块牛排的时候，你毁掉的信息量相当于 1 000亿套《大英百科全书》。

第二章

良好的设计

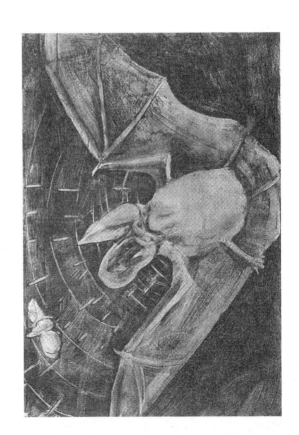

自然选择是盲目的钟表匠，说它盲目，是因为它并不向前看，不规划结果，眼中没有目标。然而自然选择的结果活生生地在我们眼前，都像是出自大师级的钟表匠之手，令我们惊艳，在我们心中产生这些都是经过设计与规划的幻象，令我们难以释然。本书的目的是以令读者满意的方式解决这个矛盾，本章的目的是让读者进一步体验设计幻象的力量。我们要研究一个特定的例子，我们的结论会是：说起设计的复杂与美妙，培里甚至连边都没有沾到。

　　要是一个活的生物或器官具有某些特质，我们怀疑它出自一个聪明、博闻的工程师之手，使它能够达成某个合宜的目标，例如飞行、游泳、观看、进食、生殖，或提升比较一般的生物功能，使体内基因的生存、复制机会增加，我们就会说它有良好的设计。没有必要假定生物的身体或器官符合工程师心目中的最佳设计。任举一个例子，往往可以发现一个工程师的最佳表现会被另一个工程师的最佳表现超越，技术史上更不乏晚出转精的例子。但是，一个东西要是是为了某个目的设计出来的，任何工程师都认得出来，即使设计得很糟，通常他只需观察那东西的结构，就能想出它的目的。第一章里我讨论的大多是这个问题的哲学面相。这一章我要讨论一个特定的实际例子，我相信每个工程师都会觉得这是个让人开眼界的例子，这就是蝙蝠的声呐（"雷达"）。我每一个论点，都以一个生物机器面临的问题开场，然后讨论一位明智的工程师可能提出的解决方案，最后说明"自然"实际采用的方案。当然，我举这个例子只是用来说明：要是蝙蝠能让工程师觉得开眼，那么类似的生物设计就多得数不胜数了。

蝙蝠有个问题：如何在黑暗中找路，知所趋避？它们在夜间猎食，无法利用阳光寻找猎物，避开障碍。你也许会说：如果这叫问题，也是它自找的，干吗不在白天狩猎，改变习惯不就结了？但是白日营生已经有其他生物竞争得你死我活了，例如鸟类。因为夜里的活计尚有余地，而白天的活计已僧多粥少，所以自然选择青睐那些成功地在夜里干营生的蝙蝠。看官，夜里营生这活计也许是咱们哺乳类祖上传下的。想当年恐龙独霸陆地，日间活计全是它家天下，咱们祖辈能活下来，也许全因为它们发现夜里的糊口之道。要不是 6 500 万年前所有恐龙神秘地灭绝了，咱祖爷爷还见不得清平世界、朗朗乾坤呢。哺乳类那时起才大量进占昼间经济的区位。

闲话休说，且回到蝙蝠，它们有个工程难题：如何在没有光的条件下找路、找猎物？今天，蝙蝠不是唯一必须面对这个问题的生物群。很明显地，蝙蝠猎食的昆虫也在夜间活动，也必须设法找路。深海鱼与鲸豚在光线薄弱或没有光线的环境里活动，即使在白昼阳光也无法穿透水层。在浑浊的水中生活的鱼与鲸豚也看不见，因为光线被水中的污泥粒子阻挡或散射掉了。许多现代动物都生活在难以利用视觉的环境中，甚至不可能利用视觉。

好了，为了在黑暗中活动、猎食，工程师会考虑哪些解决方案？他首先想到的也许是制造光，使用灯笼或探照灯。萤火虫与一些鱼类（通常有细菌协助）能够制造光自用，但这个过程似乎要消耗很大的能量。萤火虫用自己发的光吸引异性。这不需要太多能量：在夜里，雄性的微小光点雌性老远就看见了，因为它的眼睛直接暴露给光源。以光线照明找路，需要的能量就大多了，因为眼睛必须侦测从光源四周的对象反射回来的少量光线。因此要是想以头灯照亮路径的话，光源必须非常亮，比起用作信号的光源亮得多才成。总之，除了人类没有动物会以自备光源照路，不清楚是不是太耗费能源的缘故，可能的例外是某些奇怪的深海鱼。

工程师还有什么点子？也许他会想到盲人。有时盲人似乎有一种不可思议的感觉，知道前面路上有障碍。这种感觉还有个名字，叫作"面视"（facial vision），因为根据一些盲胞的描述，它像是脸上的触感。有一篇报道说一个全盲的男孩能够凭着"面视"骑着三轮车在住家四周行进，速度还不赖。实验显示：事实上"面视"与触感或面庞无关，虽然这感觉也许可以让人觉得脸庞上有什么，就像有人截肢后仍然觉得已经不存在的手臂（或脚）（phantom limb，幻肢）非常疼痛。原来"面视"的感觉是从耳朵进去的。其实盲胞是利用回声，感觉到前面有障碍物，声源是自己的脚步声或其他声音，不过他们并不知道。发现这个事实之前，工程师已经制造过利用这个原理的仪器，例如从船上测量海底深度。这个技术发明之后，军工人员利用它侦察潜艇就是迟早的事了。第二次世界大战中敌对双方都依赖"声呐"，以及类似的技术——雷达。雷达利用的是无线电"回声"。

当年研发声呐与雷达的工程师，并不知道蝙蝠或者应该说蝙蝠受到的自然选择早在千万年以前就发展了同样的系统。现在全世界都知道了，蝙蝠的"雷达"在侦测、导航上的非凡表现，令工程师赞叹不已。就技术而言，谈论蝙蝠的"雷达"并不正确，因为它们使用的不是无线电波，其实是声呐。但是描述雷达与声呐的数学理论非常相似，而且我们对蝙蝠的本领所做的科学研究，主要基于雷达的理论。发现蝙蝠使用声呐的科学家，主要是美国动物学家格里芬（Donald Griffin, 1915—2003；1942 年哈佛大学博士毕业）。格里芬提出了"回声定位"（echolocation）这个词，雷达与声呐通用，不管是动物身上的还是人工仪器。实际上，这个词似乎多用来指涉动物声呐。

说起蝙蝠，要是以为它们都一样那就错了。打个比方，狗、狮、鼬、熊、狼、猫熊、水獭都是哺乳纲食肉目动物（carnivores），你瞧它们可都一样吗？所有蝙蝠都属于翼手目，超过 800 个物种，不同的蝙蝠群以完全不同的方式运用声呐，而且它们的声呐似乎是分别独立"发明"的，当年英国、德国、美国也是各自发展出雷达的。旧世界的热带食果蝙蝠视力不错，它们大多以目视飞行。不过有一两种食果蝙蝠能够在完全黑暗中飞行，例如埃及食果蝙蝠（rousettus aegyptiaca）。可是它们使用的声呐，比温带蝙蝠的简陋得多。埃及食果蝙蝠飞行时会哑舌头发声，声音很大且有韵律，它们以回声决定飞行航道。它们的哑舌声，我们听得到一部分，因此不算"超声波"。

理论上，声音的调子越高，声呐越准确。这是因为低调的声音波长比较长，而长波的分辨率差，无法分辨距离较近的事物。因此，若其他条件都一样，以回声导引的导弹理想上应发出调子高的声音。真的，大多数蝙蝠都利用调子非常高的声音，由于调子太高了，我们听不见——超声波。埃及食果蝙蝠的视力很好，它们的"回声定位"技术并不精密，因为只用来辅助视觉而已。体形较小的蝙蝠似乎是高科技"回声定位"机器。它们的眼睛非常小，大部分物种根本看不见什么东西。它们生活在回声的世界中，也许它们的大脑以回声建构类似视觉影像的东西，尽管我们几乎不可能想象那些"回声影像"会是什么样的玩意儿。它们发出的"噪音"不只是刚好超过人类的听力范围而已，简直像超级"狗哨"。许多物种能够发出没有人听见过甚至想象的高音。好在我们听不见，因为那些声音实在太强大了，要是我们听得见一定觉得震耳欲聋，无法入睡。

这些蝙蝠像微型间谍飞机，到处都是精巧的装备。它们的大脑是制作精细的套装微电子仪器，配备精心编制的程序，能够实时（real time）解读回声的世界。它们的面孔往往变形成我们觉得狰狞的模样，可是只要你懂得欣赏，就会发现那是以巧思打造的超声波发射仪。

我们不能直接听见这些蝙蝠的超声波脉冲，可是利用"翻译机"或"蝙蝠探测器"，我们还是可以得到一些信息，了解状况。这具仪器以特制的麦克风（扩音器）接收超声波，转换成听得见的滴答声，或能用耳机收听的声调。要是我们拿一台"蝙蝠探测器"到郊外蝙蝠觅食的地方，一有蝙蝠发射脉冲，我们就能听见，虽然我们不知道那些脉冲"听起来"像什么。如果当地出没的是鼠耳蝠（Myotis）——一种常见的小蝙蝠，身体是褐色的——而且一只蝙蝠正在做例行巡航的话，我们会听到频率每秒 10 次的滴答声。那大约是标准电传打字机的速度，或者布伦（Bren）轻机枪（第二次世界大战中最好的轻机枪，英国以捷克轻机枪改良成的，1937 年开始生产）的发射子弹频率。

我们可以假定鼠耳蝠的世界影像每一秒钟更新 10 次。而我们的视觉影像，只要我们眼睛睁着，似乎一直连续不断地更新。要是我们想体会生活在间歇更新的世界影像中大概是怎么回事，可以在夜间使用频闪观测器（stroboscope）。有时迪斯科舞厅会使用，效果十分惊人。一个热情的舞者，看来像一系列冻结的优美姿态。当然，闪频越快，影像越符合正常的"连续"视觉。鼠耳蝠巡航时的频闪视觉——每秒对周遭环境"采样"10 次——足以应付一般状况，想捕捉一个球或昆虫的话，就免谈了。

这只是鼠耳蝠的巡航采样率。它一旦侦察到一只昆虫，进入拦截航道了，"蝙蝠探测器"的滴答频率就急速上升。它的频率比机枪还快，它锁定的目标接近时最高频率可达每秒 200 个脉冲。用频闪观测器模拟的话，我们必须将闪光的速度调到交流电频率的两倍——要是使用日光灯管的话，我们的眼睛不会察觉闪光。换言之，在这样的视觉世界中我们的正常视觉功能一点都不受妨碍，甚至打壁球、乒乓球都不成问题。要是你能够想象蝙蝠大脑建构的影像世界可与我们的视觉影像模拟，单以脉冲率这个变量似乎就可以推论蝙蝠的回声影像也许至少与我们的视觉影像一样详尽与"连续"（流畅）。要是不如我们视觉影像那么详尽，当然，也许有其他的理由可以解释。

要是蝙蝠必要时可以将采样频率提升到每秒 200 次，为什么它们不一直以这个频率采样？很明显，它们的"频闪观测器"上有个控制"钮"，为什么它们不一直将它转到"最大"的刻度？它们对世界的知觉一直保持最灵敏的状态，随时可以应付紧急状况，有什么不好呢？一个理由是：这些高频率只适用于较近的目标。要是一个脉冲紧跟着前一个脉冲，从远方目标反弹回来的"回声"就会混迹一气，无从分辨。即使不为了这个理由，一直保持最高脉冲频率也太不"经济"了。发出超高频超声波要付出的代价是：能量、耗损（发声器官与接收器官），也许还有计算成本。大脑要是每秒必须处理200个不同的回声，大概就没有思考（计算）其他事物的余裕了。甚至每秒10个脉冲的缓慢频率都可能很耗能，但是比起每秒200个的频率要省多了。蝙蝠当然可以提高声呐的灵敏度，可是要付出这么多代价，所得不抵所失。要是它四周除了自己别无其他移动物体，世界在连续的1/10秒中一直维持老样子，就没有必要做更为密集的采样。要是它四周出现了另一个移动物体，特别是正以浑身解数摆脱追猎的昆虫，提升采样频率带来的好处就可能超过代价。当然，本段考虑的代价与好处都是虚拟的，但是这样的考虑几乎必然是实情。

　　工程师一旦着手设计一台高效率的声呐或雷达，为了要将脉冲频率提升到最高，很快就会面临　个问题。频率必须很高的原因是：声音广播出去后，波前（wavefront）一路上就像一个不断膨胀的球。声音的强度分布在这个球的球面上，也可以说，在球面上"稀释"了。任何球的表面积都与半径的平方成正比。由于球不断膨胀，球面上任一点的声音强度就会降低，降低的幅度与声源距离（半径）的平方成比例。这就是说，声音广播出去后，很快就沉寂了。蝙蝠的声波也一样。

这稀释了的声音一旦撞上了一个物体，就说是个苍蝇好了，就反弹回去。现在轮到这弹回的声音"稀释"了，它的波前也是个不断膨胀的球。反弹声波的强度与该点距苍蝇的距离的平方成反比。等到蝙蝠收到回声时，它的强度（比起原来发出的声音）降低的程度不只和蝙蝠与苍蝇距离的平方成正比，而是那个距离的平方的平方——四次方。也就是说，回声实在非常微弱。这个声音稀释的问题，部分解决之道是利用类似扩音机的装置广播声音，这样回声即使稀释了，也与原先声音的实际强度不会差距太大，但是蝙蝠得先确定目标的方向。总之，要是蝙蝠想侦测远方目标，它发出的声音必须很大，它的耳朵也必须对微弱的回声非常敏感。蝙蝠发出的声音有时的确很大，我们已经说过了，它们的耳朵非常灵敏。

好了，这就是设计蝙蝠机器的工程师遭遇的问题：麦克风——或耳朵——果真非常灵敏的话，就会被自己发出的超声波伤到。降低发出声音的强度不是办法，因为那么做之后，回声就难以侦测了。为了侦测极为微弱的回声，提升麦克风（耳朵）的灵敏度也不是办法，那只会使它更受自己发出的声音的伤害——虽然强度已经降低了！这个进退两难的局面是发出的声音与回声之间的巨大差异造成的，而这个差异是无情的物理学定律规定的，无法回避。

还有别的办法吗？第二次世界大战时设计雷达的工程师也遭遇过同样的问题，他们想出了一个办法，他们叫作"发射/接收"雷达。雷达信号是以必要的强度发射出去的，而且强度可能会伤害为接收微弱信号而设计的天线。"发射/接收"雷达在发射信号时，会关掉接收天线，然后再打开天线接收反射波。

蝙蝠早就发展出"发射/接收"控制电路的技术了，也许在我们祖先从树上下地生活之前几百万年吧。它是这样运作的：蝙蝠的耳朵和我们的耳朵一样，声波由鼓膜经过三块听小骨传递给声音敏感的细胞（它们的传入神经纤维组成听觉神经）。这三块听小骨就是锤骨、砧骨、镫骨，解剖学家依据它们的形状取的名。顺便提一下，这三块听小骨的组装方式，完全符合立体声音响工程师考虑的"阻抗匹配"（impedance-matching），不过我们不准备在这里讨论。我们要讨论的是：有些蝙蝠的镫骨与锤骨由发育良好的肌肉相连。收缩这些肌肉就能降低听小骨传送声波的效率——就好像用大拇指按在麦克风的震动膜上，麦克风就失灵了。蝙蝠可以用这些肌肉把耳朵暂时"关掉"。每个脉冲发出之前，它收缩这些肌肉，关掉耳朵，使耳朵不至于受自己发出的强大脉冲伤害。然后放松这些肌肉，使耳朵及时恢复灵敏，捕捉回声。这个"发射/接收"系统的运作，以精密地掌控时间（timing）为前提。皱鼻蝠（与鼠耳蝠不同科）收缩/放松开关肌肉，每秒可达50次，与机枪似的超声波脉冲放射完全同步。真是时间掌控的绝技！第一次世界大战的战斗机也使用了类似的绝技。那时的战斗机配有机枪，机枪的枪口对准正前方，可是那不只是敌机/目标的方向，螺旋桨也在枪口。因此螺旋桨的转速与机枪发射速度必须精密同步，使枪子儿始终只从桨叶之间射出，不然一开枪就击毁了桨叶，就把自己打下来啦。

工程师会碰上的下一个问题，是这样的：如果声呐想以发射声音与接收回声之间的时间差测量目标的距离，埃及食果蝙蝠似乎采用这个方法，那么发射的声音就必须短而促。声音拉得太长的话，回声反弹回来的时候可能还没消歇，即使听小骨让肌肉束缚住了，不太灵敏，都会混入回声，妨碍侦测。理想状态是，蝙蝠发射的声波脉冲似乎应该极为短促。但是声音越短促，蕴含的能量越不足以使回声易于侦测。看来这又是一个难以两全的局面，物理定律真不饶人。机灵的工程师也许能想到两个解决方案，事实上当年设计雷达的工程师真的想到了。至于选择哪一个，视目的而定：想侦测目标的距离，还是目标的速度？第一个方案雷达工程师叫作"啁啾雷达"（chirp radar）。

我们可以将雷达信号想成一个脉冲系列，但是每个脉冲都有一个所谓的载波频率——相当于声波或超声波脉冲的"调子"。我们已经说过，蝙蝠发出的声音，脉冲重复率在每秒几十次至几百次之间。每一个脉冲的载波频率是每秒几万或几十万周期。换言之，每个脉冲都是调子很高的"尖叫"。雷达脉冲也是同样的无线电波"尖叫"，载波频率很高。"啁啾雷达"的特征是：送出的每个脉冲载波频率都不固定，而是陡然拔高或降低一个八音程。要是以声音来想象的话，每次雷达发射，都像是放送陡然拔起的狼嗥。"啁啾雷达"的优点是：声音反弹回来时即使原先的声音仍未消歇也没关系。反弹声与原始声不会混淆，因为任何一刻侦测到的反弹声反映的都是"啁啾"（狼嗥）中的先前部分，与仍未消歇的部分调子有别。

人类雷达设计者充分利用了这一巧妙的技术。蝙蝠呢？也"发现"了这个技术吗？答案是：事实上，许多蝙蝠的确会发出陡然降低的叫声，每一声降低的幅度通常等于一个八音程。这些"狼嗥"工程师称为"调频"（FM）音，似乎非常适合应用"啁啾雷达"技术。不过，目前的证据显示蝙蝠的确利用了这个技术，但不是为了分别原先的声音与回声，而是更难以捉摸的任务——

分辨先后的回声。蝙蝠生活在回声的世界中，近的物体、远的物体、不远不近的物体都有回声；蝙蝠必须分辨它们。要是它发出的是陡然降低的狼嗥"啁啾"，凭着回声的调子就可以分别远近不同的物体。同时接收到的回声，从远方物体反弹回来的，源自狼嗥中比较"老"（初始）的部分，所以调子较高。因此同时接收到好几个回声的蝙蝠，根据一个简单的原则就能分辨物体的远近：回声调子越高，物体越远。

第二个工程师可能想到的巧妙点子，是多普勒位移，测量移动物体的速度这一招特别管用。多普勒位移或许也可以叫作"救护车效应"，因为大家都有过这样的经验：救护车经过我们面前之后警报器的调子就突然下降了，这就是多普勒位移现象。只要音源（或光源或其他波的波源）与接收声音的一方有相对运动，就会发生多普勒位移。固定不动的音源与移动的听者我们最容易想象。假定一座工厂屋顶上的警报器响了，不断发出单调的鸣声。警报声一波波向四方广播，我们看不见波，因为它们是气压波。要是看得见的话，它们应该像是一圈圈向外扩散的同心圆，我们丢一个石头到平静的水塘中，就可以看见那种圈圈涟漪。请想象丢进水塘的不止一块石头，而是一系列石头，所以同心圆中心不断放射出同样强度的波。要是我们在水塘中一个固定的位置系泊一艘小船，水波不断通过这艘船的船底，船身随之上下升降。船身升降的频率，相当于声波的调子。现在假定这艘船起锚朝向波心方向驶去，船身继续在一圈圈波前冲击下不断上下颠簸，但是这时船身上下起伏的频率会升高。另一方面，等到它穿过波心继续前进，船身上下起伏的频率就明显降低了。

同样，要是我们骑着摩托车迅速经过警报器响个不停的工厂，靠近工厂时我们听见的警报调子较高：事实上，比起坐着不动，我们的耳朵灌入了速率较快的声波。同样的论证可以说明：摩托车一通过工厂，警报的调子听来就突然降低了。要是我们停下来不动，警报声的调子就不会变高或变低，而是在两个多普勒位移调之间。我们可以据此推论：要是我们知道警报声实际的调子，理论上就可能算出我们接近或背离音源的速度，只要比较我们听到的调子与已知的真正调子即可。

同样的原理也适用音源移动、听者不动的情况，"救护车效应"就是一例。据说多普勒（Christian Doppler, 1803—1853，维也纳大学实验物理学教授）当年雇用铜管乐队演示这个效应，他让乐队在行进中的火车露天车皮上演奏，火车急驶而过，观众惊疑不置。我不知道这个故事是不是真的。多普勒效应的关键是相对运动速度，至于是听者经过音源还是音源经过听者倒无妨。要是两列火车以时速200公里正面错车，车上乘客可以听见极为夸张的多普勒效应——另一列车的鸣声从尖锐高亢的呼号"崩溃"成一种绵长的呜咽——因为听者与音源的相对时速达400公里。

交通警察用来抓超速车辆的雷达，就是利用多普勒效应的仪器。一台静置的仪器向路上发射雷达信号，雷达波从逼近的车辆上弹回，由接收器记录下来。车子的速度越快，反弹信号频率的多普勒位移越大。比较发射信号与反弹信号的频率，警察的仪器就能自动计算出车速。要是警察可以利用这个技术抓路上的神行太保，我们敢指望蝙蝠也用它测量昆虫猎物的速度吗？

答案是：没错。科学家早就知道马蹄蝙蝠（一种小型蝙蝠）发出悠长、单调的"嘘声"，而不是短促或声调急降的"狼嚎"似的声音。我说那"嘘声"悠长，是以蝙蝠的标准来说的，实际长度不超过 1/10 秒。而且每一个"嘘声"结束时往往杂以一声"狼嚎"，我们后面会讨论到。首先，想象一只马蹄蝙蝠一面飞向一个静物——如一棵树，一面发出一个连续的低沉超声波。由于它朝向这棵树飞行，所以超声波波前会加速撞及这棵树。要是我们在树上隐藏一个麦克风，可以"听见"那因为多普勒效应而调子拉高的声音。树上当然没有麦克风，但是从树上反弹回来的回声的确会因为多普勒效应而调子拉高了。现在的状况是：反弹声波的波前朝飞近的蝙蝠推进，也就是说蝙蝠仍继续朝树迅速飞去。因此蝙蝠接收到的回声，调子会被多普勒效应再度放大。蝙蝠——或它大脑配备的电脑——比较它发出的声音与回声的调子，理论上，就能算出自己的飞行速度。这并不能告诉它那棵树离它有多远，但也许仍然是非常有用的信息。

如果反弹回声的物体不是树之类的静物，而是移动的昆虫，多普勒效应的结果就变得非常复杂，但是蝙蝠仍能算出它与目标的相对运动速度，这正是像猎食的蝙蝠一样的尖端导向导弹所需要的信息。实际上有些蝙蝠耍的把戏更有意思，不只发出悠长、单调的"嘘声"，然后测量回声的声调。它们仔细调整"嘘声"的调子，使回声经过多普勒效应后也保持"单调"。它们迅速朝一个移动中的昆虫飞去，不断改变"嘘声"的调子，使回声一直保持固定的调子。它们耍这个巧妙的把戏，为的是将回声频率锁定在耳朵最灵敏的范围内，方便侦测——别忘了，回声非常微弱。它们只要掌握"嘘声"的调子，就能得到做多普勒计算必要的信息（因为回声是一样的）。我不知道人造仪器——雷达或声呐——是否利用过这个巧妙的点子，但是在这个领域里，大多数巧妙的点子似乎都是蝙蝠先发展的，因此这个问题我不介意站在人类这一边：我打赌人造仪器利用过这个点子。

用不着说，多普勒技术与"啁啾雷达"技术非常不同，适用于不同的特殊目的。有些蝙蝠群充分利用其中一种，其他群利用另一种。有些似乎鱼与熊掌兼得，在悠长、单调的"嘘声"结尾处加上一个调频"狼嚎"。马蹄蝙蝠另外还有一个本事值得注意：它们的耳郭可以快速前后活动，其他蝙蝠都不行。可想而知，耳朵的收听面相对于目标的迅速活动，会影响多普勒效应，而那些影响可以获得更多有用的信息。耳郭收听面迎向目标的时候，朝向目标的运动速度表面上会增加；耳郭背向目标时，速度表面上会降低。蝙蝠的大脑"知道"每只耳朵收听面的方向，因此原则上可以做必要的计算，取得有用的信息。

蝙蝠面临的问题，也许最难解决的就是遭到其他蝙蝠叫声的无心干扰（jamming）。科学家以人工超声波"袭击"蝙蝠，发现很难让它们偏离既有航向，科学家非常惊讶。以后见之明来看，这个结果事先也许可以预见。蝙蝠必然早就解决这个干扰问题了。许多蝙蝠生活在洞穴中，而且数量庞大，想来洞里必然交织着超声波与回声的"鬼哭狼嚎"，震耳欲聋，可是蝙蝠可以在漆黑的洞里迅速飞掠，不会撞墙，也不会互撞。它们只追踪自己的回声，不受其他蝙蝠叫声/回声的误导，有何秘诀？工程师想到的第一个方案也许是某种频率码：也许每只蝙蝠都使用自己的"私人"频率，就像每个无线电台使用的频率都不同。在某一程度内，这也许是实情，但是这不会是蝙蝠解决方案的全貌。

蝙蝠不会彼此干扰的秘密我们还不完全清楚，但是科学家以人工干扰实验发现了一条有趣的线索。原来，要是你将它们发出的叫声耽搁一些时间才反射回去，有些蝙蝠就会受骗。换言之，以它们自己的叫声骗它们。要是小心控制假回声的播放时间，蝙蝠甚至还可能想降落在不存在的岩架上。我认为这显示：蝙蝠也和人一样，借着一个"晶状体"观看世界，只不过蝙蝠的晶状体是回声。

看起来蝙蝠利用的也许是我们可以称为"'陌生'滤镜"的东西。蝙蝠每一声叫声的回声，它都用来建构一张世界图像，这张图像的意义与根据先前回声建构的世界图像产生关联。一只蝙蝠的大脑要是听到了其他蝙蝠叫声的回声，并想解读它的意义，可是发现它难以融入先前建构的图像，就会决定这回声没有意义。这就好像世界中的物体突然无厘头地移动了。真实世界中物体不会那么"疯狂"，因此大脑将这个回声"滤掉"，当作背景噪音，不会产生什么不良影响。要是它自己叫声的回声被科学家做过手脚，设法耽搁一些时间或者加速，仍会有意义，因为假回声与先前建构的世界图像对得上号。"'陌生'滤镜"接受假回声，因为就先前回声的脉络而言，假回声颇可信。假回声的世界中，物体移动的位置似乎很小，在真实的世界中物体那样移动是可能的，也是可期盼的。蝙蝠大脑的工作假设是：任何一个回声脉冲描绘的世界，要不与先前得到的世界图像一样，要不就只有一点儿差异；例如它正在追踪的虫子已经移动了一小段距离。

美国纽约大学哲学教授内格尔（Thomas Nagel，1937—　）写过一篇很有名的论文，叫作："当一只蝙蝠是怎么回事？"（1974）。这篇论文与蝙蝠关系不大，主要是讨论一个哲学问题：如何想象做一个我们本来就不是的玩意儿？不过，内格尔这位哲学家认为蝙蝠是个特别有说服力的例子，这是因为蝙蝠依赖回声过活，我们尤其难以体会它们的经验，人类与蝙蝠似乎生活在不同的世界里。如果你想体验当蝙蝠的滋味，就走进一个山洞，大叫或以两个叉子互击，然后仔细测量需要多久才听见回声，再计算你距墙有多远——我们几乎可以肯定这样做绝对不成。

上面用来描绘蝙蝠生活的办法，并不比下面的办法更好，那就是搞清楚"看见颜色是怎么回事"，用一台仪器测量进入眼睛的光线波长，要是波长较长，你看见的是红色，要是波长短，看见的就是紫色或蓝色。我们说红色光的波长比较长，蓝色光的波长短，这正巧是个物理事实。不同波长的光启动了我们视网膜上对红色敏感与对蓝色敏感的感光细胞。但是我们对颜色的主观感觉中根本没有波长这个概念。看见红光或蓝光的感觉，不会告诉我们哪种光的波长比较长。要是波长很重要（通常不会），我们只需记住就成了，或者（像我一样）查参考书。同样，蝙蝠以我们所说的回声知觉到一只昆虫的下落，但是它绝不会想到隔了多久才收到回声这类劳什子，就像我们知觉到红色或蓝色也不会想到什么波长。

真的呢，要是我得尝试这不可能的任务，想象——"当一只蝙蝠是怎么回事"，我会猜它们的回声定位也许就像我们以眼睛观看世界一样。我们是非常依赖视觉的动物，因此我们无法了解观看是多么复杂的官能。物体"就在那里"，我们认为我们"看见"它们"就在那里"。但是我怀疑我们的知觉经验其实不过是大脑中一个复杂的电脑模型，根据从外界来的信息建构出来，并将外界信息转换成可以利用的形式。外界光线的波长差异，在我们大脑的电脑模型里注册成颜色的差异。形状与其他的特征也以同样的方式注册，就是以容易处理的形式注册。"看见"的感觉，对我们来说与"听见"的感觉截然不同，但是这绝不是光线与声音的物理差异直接造成的。追根究底，光线与声音由不同的感官翻译成同类的神经冲动。从一个神经冲动的物理特征，无法分辨它传递的是光、声还是气味。"看见"的感觉与"听见"的感觉、"闻到"的感觉非常不同，是因为大脑发现以不同类型的模型分别注册视觉、听觉和嗅觉世界的特征比较方便。因为我们心中对于视觉信息与听觉信息使用的方式不同，目的也不同，难怪"看见"与"听见"的感觉不同。那不是因为光线与声音有物理差异。

但是蝙蝠使用声音信息，与我们使用视觉信息，是为了实现同类的目的。它们利用声音知觉物体在三维空间中的位置，并连续更新这种信息，我们利用光线的目的也一样。因此蝙蝠需要的内建电脑模型，必须适合处理"物体在三维空间中不断变动位置"的情况，也就是适合"再现"那种情况。我的论点是：动物的主观经验采用的形式，是它们内建电脑模型的一个性质。在演化过程中，那个模型的设计原则与"是否适合产生有用的内部再现"有关，与外界来的物理刺激无关。蝙蝠与我们需要同类的内建模型，再现（representing）物体在三维空间中的位置。不错，蝙蝠利用回声建构它们的内建模型，我们利用光线，可是这与内建模型的性质不相干。别忘了：那些外来信息在进入大脑前已经被翻译成同类的神经冲动。

因此，我的臆测是：蝙蝠"看见"世界的方式与我们的大体相同，即使它们以非常不同的物理媒体将外在世界翻译成神经冲动——它们用超声波，而我们用光线。蝙蝠甚至也能利用我们叫作颜色的感觉实现它们的目的，例如用来再现外在世界的差异，那些差异与波长毫无关系，可是对蝙蝠有用，就像颜色对我们有用一般。也许雄蝙蝠的身体表面有某种微细的肌理，因此反弹的回声雌蝙蝠知觉起来饱含"色彩",功能上与雄性天堂鸟用以吸引异性的"彩妆嫁衣"一样。我说的并不是什么意义模糊的隐喻。雌蝙蝠知觉到一只雄蝙蝠时,它心中涌现的主观感觉搞不好真的是艳丽的红色:与我见到南美火鹤产生的感觉一样。或者,至少可说那只雌蝙蝠对男友的感觉与我对火鹤的视觉感觉,即使有差异,也相当于我对火鹤的视觉感觉和火鹤彼此的视觉感觉之间的差异,绝不会更多。

格里芬说过一个故事,那是 1940 年,他与哈佛同学高隆博什(Robert Galambos,1914—2010)首次在一个会议中对一群动物学家发表他们的新发现:蝙蝠利用回声定位法飞行。所有的学者都非常惊讶。一位著名的科学家不但不信,还非常愤慨——

> 他双手抓住高隆博什的肩头,一面抱怨,一面摇撼,不断说我们提出的看法实在太出人意表,难道我们真的相信!雷达与声呐仍然是极为机密的军事技术,是电子工程技术的最新成就,蝙蝠怎么可能也懂?即使只暗示蝙蝠有稍微类似的本领,大多数人都觉得不可能,甚至反感。

同情这位著名的怀疑者很容易。他不愿相信,其实也是人性的表现。俗语说得好:人就是人。正因为我们的感官施展不出蝙蝠的本领,我们才难以置信。因为我们只能通过人工仪器、数学计算了解蝙蝠的作为,才会觉得这种小动物的脑袋居然有这等本事,实在难以想象。然而为了解释视觉原理,必须使用同样复杂而困难的数学计算,而且没有人怀疑过小动物也看得见这个世界。我们怀疑蝙蝠的本事,只泄露了我们的双重标准,原因不过是:我们看得见,可是无法以回音定位。

　　我能够想象：在某个其他的世界有个会议正在进行，出席的都是博学之士，可是他们是全盲、像似蝙蝠的生物。会中有位学者提出了一份报告，令他们非常震惊：一种叫作人类的动物能够利用"光"在空间中活动！出席学者都知道"光"是新近发现的一种无声辐射线，"光"的研发仍然是最高军事机密计划。除此之外，人类只不过一种寒碜的动物，他们几乎全聋（好吧，人类勉强可以听，甚至能发出沉闷、缓慢而低沉的咆哮声，但是他们只能利用声音做非常原始的事，例如彼此通讯；他们似乎连最庞大的物体都不会用声音侦测）。不过他们有一种高度专业化的感官叫作"眼睛"的，可以利用"光"线。太阳是主要的光源，而人类居然能利用太阳光线撞击物体反弹的复杂"反射光"。他们配备了一种巧妙的装置，叫作"晶状体"（lens）的，形状似乎是以数学计算设计出来的，所以这些无声光线通过时会弯曲，使得外界物体与叫作"视网膜"的一张细胞毯上的"影像"，有一对一的映像关系。这些视网膜细胞能以一种神秘的方式将光变成"听得见"的（你也许可以这么说），并将信息传递到大脑。我们的数学家已经证明：理论上，经过非常复杂的数学计算，利用这些光线在空间中安全地活动是可能的，就像我们日常使用超声波一样有效——在某些方面，甚至更有效！但是，谁想得到寒碜的人类居然会做这些计算！

　　蝙蝠利用回声定位只是一个例子，我还有上千个例子可以举出来，说明我对良好设计的想法。动物看来都像是精通理论又有实务经验的巧手物理学家或工程师设计出来的，但是蝙蝠不可能像物理学家一样地知道或了解相关的理论。我们应该拿蝙蝠与警察使用的雷达测速仪做模拟，而不是设计那个仪器的人。设计警用雷达测速仪的人了解多普勒效应的理论，他能用数学方程式表现出他理解的程度，并将那些方程式清楚地在白纸上列出来。设计者的知识表现在仪器设计中，但是仪器本身并不了解自己的运作原理。仪器包含电子组件，它们以电线联结后就会自动比较两个雷达频率，并将结果转化成方便的单位——以公里为单位的时速。这些计算很复杂，但是以一个小盒子装入现代电子组件，将它们以电线适当地联结之后，就做得出来。当然，一个精密的、有意识的大脑必须做组装、联机的工作，或者至少设计线路图，但是有意识的大脑不涉入这个盒子分分秒秒的运转。

我们有丰富的电子技术经验，所以无意识的机器表现出一些行为，好像它了解复杂数学观念一般，我们不会觉得不可思议。生物机器的运行是同类型的例子。一只蝙蝠好比一台机器，它的内部电路使它的上肢（两翼）肌肉能够带它去捕捉昆虫，就像一枚无意识的导弹能够向一架飞机直奔而去。到目前为止，我们源自技术的直觉是正确的。但是我们的技术经验也让我们期望：凡是复杂的机器一定是有意识的、有目的的设计者想出来的。就生物机器而言，错的是这第二个直觉。就生物机器而言，"设计者"是无意识的自然选择（天择）——盲目的钟表匠。

我希望这些蝙蝠故事能让读者肃然起敬，像我一样，我相信培里也会。我的目标在一个方面与培里的完全一样。我不想让读者低估自然的惊人作品，以及为了解释它们我们必须面对的问题。蝙蝠的回声定位本领，虽然培里在世时——18、19 世纪之间——世人仍不知，与任何他举的例子一样，也能支持他的论证。培里举了许多例子，将他的论点发挥得淋漓尽致。他历数身体各种构造，从头到脚，每一部位、每一构造细节，证明它们可以与一个制作精美的钟的内部机件媲美。在许多方面，我愿意做同样的事，因为精彩的故事可说的太多了，而我又喜欢说故事。但是其实用不着多举例子。一两个就够了。用来解释蝙蝠在空间中穿梭的假说，生命世界任何现象都适合用它来解释，培里举出了许多例子，要是任何一个他的解释错了，我们无法以增加例子的方式将他的解释变成对的。他的假说是：生物钟表是一位钟表匠大师设计、制造出来的。我们的现代假说是：这工作是自然选择在渐进的演化阶段中完成的。

今天的神学家不再像培里那么直截了当了。他们不会指着复杂的生物机制，说它们是一位创造者设计的，一眼就可以看出来，像钟表一样。有个趋势倒是很清楚，他们会指着那些复杂的生物机制，说："难以相信"这等复杂与完美会以自然选择机制演化出来。每次我读到这样的评论，我都觉得作者只是自我狡辩——只有他自己不信吧！1985 年，英格兰伯明翰（Birmingham）主教蒙蒂菲奥里（Hugh Montefiore）出版了一本书，书名是《神的可能性》（*The Probability of God*），书里举了许多"难以相信"的例子，有一章我就算出 35 个。本章剩下的篇幅里我的例子都出自这本书，因为这本书显示的是一位著名、博学的神学家使自然神学契合时代的努力，行文恳切而诚实。对的，你没看错，我说的是"诚实"。蒙蒂菲奥里主教与他的一些同事不同，他不怕说出：上帝是否存在的问题是个攸关事实的问题。他绝不使用不老实的遁辞，例如"基督信仰是一种生活方式。至于对上帝存在与否的质疑，则不用讨论：它根本是现实主义的幻象创造的幻觉"。他书里也有物理学与宇宙论的章节，由于不是我的本行，我不拟妄加评论，不过我认为他似乎引用了真正的物理学家作为权威依据。要是生物学的章节他也这样做，该有多好！不幸他引用的是库斯勒（Arthur Koestler，1905—1983，小说家）、霍伊尔（Fred Hoyle，1915—2001，拒绝"大霹雳说"的天文物理学家）、拉特雷–泰勒（Gordon Rattray-Taylor，1911—1981，科普作家）、波普尔（Karl Popper，1902—1994，科学哲学家）。蒙蒂菲奥里主教相信演化，但是无法相信自然选择能恰当地解释演化过程，部分原因是他与许多人一样，完全误解了自然选择，以为自然选择是"随机的"、"没有意义的"。

他非常倚赖一个我们或许可以称之为"我就是不能相信"的论证。在书中的一章，我们发现下列的语句（以他的行文顺序列举）：

> ……似乎无法以达尔文的理论解释……并不容易解释……难以了解……不容易理解……同样难以解释……我发现它不容易理解……我发现不容易了解……我发现难以理解……这样解释似乎行不通……我看不出怎么……以新达尔文主义解释动物行为的许多复杂表现似乎不恰当……要说这种行为仅以自然选择为机制演化出来，实在不易理解……这是不可能的……这么复杂的器官怎么可能演化出来……不容易明白……很难理解……

"我就是不能相信！"这个论证其实是非常脆弱的，达尔文已经评论过了。在一些例子中，这个论证的基础只不过是无知而已。举例来说，我们的主教觉得难以理解的事实，有一个是北极熊的白色皮毛。

> 至于保护色，并不总是容易以新达尔文主义的前提解释。

要是北极熊在北极圈内是独霸的物种，它们何必演化出白色皮毛作为保护色呢？

这一段应该翻译成：

我这个人，从来没到过北极，从来没见过野地里的北极熊，只受过古典文学与神学训练，就坐在我这书房里凭我的脑袋在想，到现在想破脑袋也想不出一个理由可以回答：北极熊的白色皮毛有什么好处？

在这个例子里，我们的主教假定：只有猎食兽的对象才需要保护色。他没有想到：猎食兽要是能隐蔽身形，不让捕猎对象发现，也有绝大利益。北极熊会潜近在冰上休息的海豹。要是海豹老远就可以看见北极熊，它就溜了。我怀疑，要是主教想象得到一头深色大灰熊在雪地里潜近海豹群的景象，他一定立刻就看出答案了。

原来北极熊论证这么容易就拆解了！但这不是我真正想谈的。一个奇妙的生物现象，即使世上最杰出的权威都无法解释，也不见得是"无法解释的"。许多神秘现象几个世纪都无法解释，最后都真相大白。主教举出的 35 个例子，不论有什么价值，大多数现代生物学家都不会觉得以自然选择论解释有什么困难，尽管不是每一个都像白色北极熊一样容易解释。但是我们不是在测验人类的巧思。即使真的发现了一个我们无法解释的例子，我们也不该从"我们无力回答"这个事实，引申出任何浮夸的结论。达尔文对这一点已说得很清楚。

"我就是不能相信！"这个论证还有比较严肃的版本，就是不以无知或欠缺巧思为基础的版本。一个版本是直接利用"奇观"
这个词的极端意义。我们每个人面对高度复杂的机制，心中都不
由得兴起"奇观"的感觉，例如面对蝙蝠的回声定位装备。"奇
观"论证的潜台词是：任何东西只要称得上"奇观"，就不可能是
自然选择的产物，这是不言自明的事，不容置疑。主教赞许地引
用了发明家贝内特（G. E. Bennett）论蜘蛛网的文句：

> 任何人观察过蜘蛛织网许多小时后，都不可能不怀疑：
> 难道现在的蜘蛛，或它们的祖先会是蛛网的建筑师？或者那
> 可能是随机变异一步一步地造成的？就好像拥有复杂而精确
> 比例的帕特农神庙（Parthenon，位于希腊雅典）是以小块大
> 理石堆起来的，那太荒谬了！

怎么不可能！那正是我的坚定信念，而且我有些观察蜘蛛与
蛛网的经验。

主教继续谈人类的眼睛，并以卖弄的语气问道："这么复杂的
器官怎么可能演化出来？"言下之意，没有人能答复这个问题。这
不是论证，只不过彰显自己不信而已。对于达尔文称为极端完美、
复杂的器官，我们直觉上认为难以置信，有两个原因。第一，我
们对于演化过程拥有的浩瀚时间，没有直觉的掌握。大多数对自
然选择有疑虑的人，都能接受小型变异，例如自从工业革命以来，
许多种蛾演化出较深的颜色。但是，接受了这个事实之后，他们
就指出这种变异是多么的小。正如主教所强调的，深色的蛾并不
是新的物种。我同意这是很小的变化，与眼睛（或者回声定位）
的演化比较起来算不得什么。但是，我们也应注意另一个事实：
那些变化只花了蛾 100 年。100 年对我们来说似乎很长，因为人生

不满百！但是对地质学家来说，他平常测量的时段都是 100 年的
1 000 倍（10 万年）。

眼睛不会留下化石，所以我们不知道我们这种眼睛花了多少
时间才从一无所有演化成目前的复杂、完美程度，但是时间尺度
以亿年计，殆无疑问。拿家犬做个比较吧，想想人类在极短的时
间内通过遗传选择造就的变化。在几百年之内，最多几千年吧，
我们已经从狼培育出了京巴儿、牛头犬、吉娃娃与圣伯纳犬。是
啊，但是它们仍然是狗（家犬），不是吗？它们还没有变成不同种
类的动物！也许你会这么说。对，如果玩文字游戏能令你觉得舒
服些，你就管它们都叫作狗吧。但是请想想涉及的时间。我们不
妨以平常散步的一步，代表家犬从狼演化成各种品种所花的全部
时间。那么，你要散步多远才能遇见露西（Lucy）与她的族人呢？
（露西及其族人是 350 万年前以两足直立的体态在东非大裂谷活动
的早期人类祖先。）答案是：大约 3.2 公里。要走多远才能回到生
命演化的源头？答案是：你必须从伦敦跋涉到巴格达。想想从狼
演变成吉娃娃所涉及的变化量，然后乘以从伦敦走到巴格达所需
要的步数。于是你在真正的自然演化中可以期待的变化量，就有
了一个直觉的概念。

我们对于复杂器官的演化，例如人类的眼睛、蝙蝠的耳朵，
我们很自然就觉得难以置信，第二个原因是我们直觉地应用概率
理论。蒙蒂菲奥里主教引用神学教授雷文（C. E. Raven，1885—
1964）论布谷鸟的文句。这些鸟在其他鸟的巢里下蛋，那些鸟不
知情地做了养父母。就像许多生物适应一样，布谷鸟的适应不止
一个特征，而有好几个。布谷鸟过的寄生生活，是好几个不同事
实辐辏在一起形成的。举例来说，母鸟会在其他鸟的巢里下蛋，

孵化的幼雏会将养父母的亲生子女挤出巢去。这两个习惯使布谷鸟能够成功地过寄生生活。雷文继续写道：

> 我会让各位明白：这一系列条件，每一个都是整体顺利运作的关键。可是每一个条件，本身毫无用处。整体的完美运行必须所有条件同时具备。这么一系列条件是随机事件组合起来的？我已经说过了，概率实在太低了。

这种论证比起只是喃喃念着"太不可思议了！太难以置信了！"在原则上更值得我们尊重。对任何提议，测量它在统计上的概率，是评估它可信与否的正当程序。这个方法本书就使用了好几次。但是你得用得对。雷文的论证有两个错误。第一，他混淆了自然选择与"随机性"（randomness），这是个流行的错误，但是我必须说，这个错误令人气恼。突变是随机的，自然选择却是随机的反面。第二，"每一个条件本身毫无用处"的看法根本就不对。"整体的完美运行必须所有条件同时具备"？不对！"每一个条件都是整体顺利运作的关键"？不对！眼睛/耳朵/回声定位系统/布谷鸟寄生生活模式等等，即使一开始是简单、原始、准备不足的，都比没有好。没有眼睛的话，你就是瞎子。有半只眼睛的话，即使你还不能将猎食兽的影像置入焦点，至少可以侦测到它大概的行动方向。而这份信息可能足以决生死、判阴阳。以下两章，我会更详细地再度讨论这些议题。

第三章

累进变化

生物不可能全凭偶然因素出现在世上，因为生物的"设计"既复杂又优美，我们已经讨论了。那么它们是怎么出现的呢？答案是：它们源自一个累积的过程，逐步从非常简单的开始，变化成今日的模样。地球上生命演化的起点是太古时期的某些实体，它们因为实在太简单了，只因偶然的机缘就在世上出现了。这是达尔文提出的答案。演化是个逐步、渐变的过程，每一步骤——相对于前一步骤——都非常简单，跨出去全凭机缘。但是整串连续步骤却不是个随机过程（chance process），从终点产物的复杂程度就可以看出，相形之下起点的朴素模样反而令人惊讶。引导这个累积过程的是"非随机存活"。本章的主旨是：这一累积选择的力量本质上是个非随机过程（nonrandom process）。

　　要是你到布满卵石的海滩散步，一定会注意到卵石的散布不是毫无章法的。通常小卵石集中的区域沿着海滩一路上都有，并不连续，较大的卵石集中在不同的区域，错落其间。那些卵石已经分类、安排、挑选过了。生活在海岸附近的人类部落，看见海滩上卵石的分布，也许会觉得惊疑不置，认为那是"世上有过分类、安排"的证据，也许还会想出一个神话解释，"话说天上有一位巨灵，心思有条不紊、讲究秩序，卵石就是他安排的"。对这样的迷信观念我们也许会展露高傲的微笑，向"土人"解释：那种看来经过安排的现象，其实是物理学的盲目力量完成的，以海滩上的卵石分布而言，海浪是肇因。海浪没有目的也没有意图，没有井然的心，甚至根本没有心。海浪起劲地冲击海滩，将卵石抛向前方，不同大小的卵石，以不同的方式回应海浪的力量，落在或远或近的区域里。于是一个没有经过心灵计划的小型秩序就从混沌中出现了。

有些系统会自动创造出非随机现象，海浪与卵石就构成了一个简单的例子。世上到处是这样的系统。最简单的例子我想是个洞。只有比洞口小的东西才会掉进去。也就是说，要是你在洞口上随意堆放一堆东西，并出力随机地摇晃、推挤它们，过了一段时间后，洞口上与洞口下的东西就会出现非随机分布。洞口下的空间里，东西比洞口小，洞口上则是比洞口大的东西。不消说，人类老早就懂得利用这个简单的原理创造非随机分类了，我们叫作筛子的东西不就是吗？

太阳系很稳定，是绕日的行星、彗星与小行星碎块组成的，这种行星绕恒星公转的系统在宇宙中似乎不少，我们的只是其中之一。这种系统中，行星越接近恒星，公转速度就得越快，不然无法对抗恒星的引力、停留在稳定的轨道上。任何一条轨道，只有一个速度能使行星（或彗星、小行星）稳定公转而不逃逸。要是它以其他速度绕行，不是脱离轨道冲向太空深处，就是坠毁在恒星表面上，或进入另一条轨道。要是我们观察太阳系的行星，瞧！好家伙！它们每一个都以恰好的速度在恰好的轨道上稳定地公转。难道是神意设计的奇迹？不是，只不过是另一个自然"筛子"罢了。很明显，我们见到的所有绕日行星必须以特定速度绕行太阳，不然就无法稳定地停留在它们目前的轨道中——我们就不会看见它们在那里了。同样明显的是，这不能当作证据，说行星轨道是"有意识的设计"。

这种从混沌中"筛"出的简单秩序，不足以解释我们在生物界观察到的大量非随机秩序。门都没有。还记得号码锁的例子吗？可以简单"筛"出的秩序，约略相当于只要拨对一个号码就能打开的锁：很容易凭巧劲儿就打开了。我们在生物系统中见到的"非随机"现象，相当于一个巨大的号码锁，必须转不知多少次、输入多少正确的数字才打得开。就拿血红蛋白（红血球中携带氧气的分子）来说好了。将组成血红蛋白的所有氨基酸全拿在手边，随意把它们组合起来，想凭巧劲儿就组成血红蛋白分子，你可知需要多大的运气？大到不可思议。著名科学作家阿西莫夫（Isaac Asimov，1920—1992）与其他人就以这个例子有力地论证生物界的秩序不可能是偶然性的产物。

血红蛋白分子是四条氨基酸链绞在一起构成的。我们只拿其中一条来讨论。这条链包括 146 个氨基酸。生物体内的氨基酸有 20 种。以这 20 种氨基酸组成一条含有 146 个氨基酸的链，可能的组成方式是个大得难以想象的数字，阿西莫夫叫它"血红蛋白数字"。它很容易计算，但是不可能写给你看。这 146 个氨基酸组成的链，第一个可能是 20 种氨基酸中的任何一种。第二个也一样。因此头两个氨基酸的可能组合就有 20 × 20 种，就是 400 种。这条链头三个氨基酸的可能组合方式是 20×20×20，就是 8 000 种。整条氨基酸链的可能组合方式，就是 20 自乘 146 次（20 的 146 次方）。这是个令人头昏的大数字。100 万是 1 后面跟着 6 个 0。1 万亿是 1 后面跟着 12 个 0。我们正在计算的数字——"血红蛋白数字"——接近 1 后面跟着 190 个 0。这就是我们需要的运气：在这么多"可能"中，瞎搞出一个血红蛋白分子来。然而，就人体的复杂性而言，血红蛋白分子只是九牛一毛而已。光凭单纯的筛选根本无从创造出生物体内的大量秩序。生物秩序的发展过程，筛选是核心成分，但是筛选无法说明生物秩序，差得远呢。为了解释这一点，我必须分别"单步骤选择"与"累积选择"。在这一章里到现在为止我们讨论过的简单筛子都是"单步骤选择"的例子。生物组织是"累积选择"的产物。

"单步骤选择"与"累积选择"的根本差异是这样的。任何实体的秩序，例如卵石或其他东西，若由"单步骤选择"造成，就是一蹴而就的。在"累积选择"中，选择结果会"繁衍"；或以其他的方式，一次筛选的结果成为下一次筛选的原料，下一次筛选的结果，又是下下一次筛选的原料，如此反复地筛选下去。实体必须经过许多连续"世代"的筛选。一个世代经过筛选后，就是下一个世代的起点，如此这般每个世代都经过筛选。"繁衍"、"世代"两个词通常用在生物身上，我们借用它们是很自然的，因为生物是"累积选择"主要的例子。也许实际上生物是唯一的例子。但是目前我会暂时搁置这个议题。

天上的云经过风的随机捏揉、切割，有时看来会像我们熟悉的事物。有一张流传很广的照片，显示耶稣的面庞在云中凝视世人，那是一位小飞机驾驶员拍的。我们都看过让我们想起什么的云，像是海马，或一张微笑的面孔。这种相似是"单步骤选择"造成的，换言之，"如有雷同，纯属巧合"，因此并不令人惊艳。夜空中的星座，要是你拿它们的名字对号入座的话，也不会感到惊艳，就像星象家的预言一样，不信的话，告诉我天蝎、狮子、白羊什么的在哪里。生物适应就不同了，总令人觉得不可思议。而生物适应是"累积选择"的产物。一只虫与一片叶子的相似程度，或一只螳螂与一丛粉红花的相似程度，我们会以不可思议、诡异、壮观等词来描述。一朵像黄鼠狼的云，并不能让我们目不转睛，连提醒身边的友人都不值得。此外，那朵云究竟像什么，我们也很容易改变心意。《哈姆雷特》第三幕第二景就有一段对话：

> 哈姆雷特（王子）：你看见天边那朵云吗？像头骆驼的？
>
> 波罗纽斯（首席国政顾问）：很大的那一朵？真像骆驼，没错。
>
> 哈姆雷特：我觉得像一只黄鼠狼。（Methinks it is like a weasel.）
>
> 波罗纽斯：它确实像只拱起背的黄鼠狼。
>
> 哈姆雷特：或像一头鲸鱼？
>
> 波罗纽斯：很像一头鲸鱼。

有人说过——我忘了谁是第一个——给猴子一台打字机，让它在上面随意乱敲，只要时间足够，整套莎士比亚作品都能打出来。当然，关键在"只要时间足够"。让我们对这只猴子面临的任务做些限制。假定我们只期望它打出一个短句子，而不是整套莎翁作品，就说是"我觉得像一只黄鼠狼"好了，我们给它的打字机也是简化的，只有 26 个大写字母键，外加一个空位键。这只猴子需要多少时间才打得出这一个短句子？

莎士比亚写这个句子，使用了 23 个字母，其中穿插了 5 个空位。我们假定猴子不断地尝试，每次都敲 28 次键。一旦敲出了正确的句子，实验就结束。要是不正确，它就得继续尝试。我不认得任何猴子，好在我有个女儿，才 11 个月大，对随意乱搞很有经验，我告诉她我想找猴子做实验后，她就迫不及待地想扮演那只猴子。她在电脑上打出的实例我放在这页上，读者也许能够欣赏。

UMMK JK CDZZ F ZD DSDSKSM

S SS FMCV PU I DDRGLKDXRRDO

RDTE QDWFDVIOY UDSKZWDCCVYT

H CHVY NMGNBAYTDFCCVD D

RCDFYYYRM N DFSKD LD K WDWK

JJKAUIZMZI UXDKIDISFUMDKUDXI

由于她另有要务，我只好写一个计算机程序，仿真一个随意敲键的孩子，或猴子，这里也有一些例子可以参考。

WDLDMNNLT DTJBKWIRZREZLMQCO P

Y YVMQKZPGJXWVHGLAWFVCHQYOPY

MWR SWTNUXMLCDLEUBXTQHNZVJQF

FU OVAODVYKDGXDEKYVMOGGS VT

HZQZDSFZIHIVPHZPETPWVOVPMZGF

GEWRGZRPBCTPGQMCKHFDBGW ZCCF

这个程序就这样不断制造产品——将随机敲到的 28 个键在屏幕上显示出来（或打印）。要花多少时间才能敲出"我觉得像一只黄鼠狼"呢？想想所有可能敲出来的字母串共有多少——每串是任意按 28 个键的结果。我们必须做的计算与前面做过的血红蛋白分子一样，结果也是同样大的数字。敲第一个键时，有 27 种选择（不区分空位键与字母键，26 个字母键加 1 个空位键），敲到正确字母的概率是 1/27。头两个键都碰巧正确的机会是 1/27 乘以1/27，等于 1/729，因为第二个键敲对的概率，与第一个键相同，可是头两个键都要正确的话，得在第一个键敲对了之后才算第二个键。这个句子全部 28 个字母都正确的概率，因此是 1/27 的 28次方，就是 1/27 自乘 28 次。结果是一个非常小的数字，难以想象的小，以分数表现的话，分子是 1，分母是 1 后面跟着 40 个 0。说得委婉些，这个句子要花很久才敲得出来，什么《莎士比亚全集》就算了吧。

随机变异中的"单步骤选择"已经谈得够多了，让我们回头谈谈"累积选择"。"累积选择"会更有效率吗？效率能提升多少？答案是：有效率多了，即使我们开始觉得这是一个很有效率的过程，也可能低估它的效能。但是只要你仔细再想想，就会发现惊人的效率几乎是必然的结果。我们要再度使用电脑替代猴子，但是我们会对程序做一个关键的修改。一开始这个程序会随机按 28次键，例如：

WDLMNLT DTJBKWIRZREZLMQCOP

然后从这一个随机序列"繁殖"下去。电脑不断复制这个字母序列，但是复制过程容许某种程度的随机变异——"突变"。电脑会检查这些复制出来"子序列",从其中选出最接近标的序列 Methinks it is like a weasel(我觉得像一只黄鼠狼)的一个,不论相似的程度多么薄弱。第一个这样选出来的"子序列"与标的序列实在不怎么像:

WDLMNLT DTJBSWIRZREZLMQCO P

但是这个程序会重复下去,电脑开始复制这个赢家,并容许同样程度的随机变异,并选出一个新的赢家。如此这般,10"代"、20"代"之后的赢家,可能仍然必须凭信心才能看出它们与标的"很像"。但是,到了30"代",相像就不再是想象的产物了。到了40"代",屏幕上出现的字母序列,只有一个字母是错的。正确的结果在第43"代"产生。

第二次重跑这个计算机程序,正确的结果在第64"代"产生。第三次重跑,第41"代"就产生正确的结果了。

电脑实际花了多少时间繁衍出符合标的的那一代,并不重要。如果你真的想知道,电脑第一次完成整个程序,是在我出去吃午餐的时候。大约半个小时。(计算机玩家也许会认为这实在慢得蹊跷。原因是我的计算机程序是用 BASIC 写的,这种语言在计算机程序语言家族中相当"幼齿"。我改用 PASCAL 语言重写这个程序后,11 秒就完成了一回合。)电脑做这种事比猴子快一些,但是速度的差异其实不大。真正重要的时间差异,是"累积选择"需要的时间与"单步骤选择"需要的时间。同一部电脑,以同样的速度,执行"单步骤选择"程序的话,要花的时间是:1 后面加 30 个 0,单位是年。学者估计的宇宙年龄大约是 100 亿年(1 后面加 10 个 0)。我们不必细究 1 后面加 30 个 0 等于宇宙年龄的多少倍,比较适当的说法是：与猴子或电脑要花的巨量时间比起来，宇宙的年龄实在微不足道——在我们这种粗略的计算方式必须容忍的误差范围之内。但是同一部以随机方式按键的电脑，只要加入"累积选择"的条件，达成同样的任务所需的时间，我们人类以常识便可以了解，在 11 秒与吃一顿午餐所费的时间之间。

现在我们可以看出："累积选择"（这个过程中，每一次改进，不论多么微小，都是未来的基础）与"单步骤选择"（每一次"尝试"都是新鲜的，与过去的"经验"无关）的差别可大了。要是演化进步必须依赖"单步骤选择"，绝对一事无成，搞不出什么名堂。不过，要是自然的盲目力量能够以某种方式设定"累积选择"的必要条件，就可能造成奇异、瑰丽的结果。事实上那正是我们这个行星上发生的事，我们人类即使算不上最奇异、最让人惊讶的结果，也是最近的结果。

让人惊讶的反而是：类似前面所举"血红蛋白数字"的例子，却一直被用来反驳达尔文的理论。那些这么做的人，往往在本行中是专家，像是天文学或什么的，他们似乎真诚地相信达尔文理论纯以概率（巧劲儿）——"单步骤选择"——解释生物的组织。"达尔文式的演化是'随机的'"这个信念，不只是不真实而已。它根本与真相相反。在达尔文演化论中，"巧劲儿"只扮演次要的角色，最重要的角色是"累积选择"，它根本就是"非"随机的。

天上的云无法进入"累积选择"过程。某种特定形态的云不能通过某种机制生产与自身相似的子女。如果有这种机制，如果云像黄鼠狼或骆驼一样，能够繁衍模样大致相似的世系，"累积选择"就有机会发生。当然，有时云朵的确会分裂、形成"子女"，但那还不足以让"累积选择"发生。必要条件是任何一朵云的

"子女"应该与"父母"相似，不像"族群"中的其他"老爹"。这个差别极为紧要，最近有些哲学家对自然选择理论发生了兴趣，可是他们有些人很明显地误解了这一点。还有一个必要条件是：任何一朵云生存、繁衍复本的概率，与它的形态有关。也许在某个遥远的星系中，这些条件都发生了，而且经过了数以百万年计的时光，结果是一种虚无缥缈的生命形式，只是寿命短暂。这个题材也许可以写成一部很棒的科幻小说，题目我都想好了，就叫《白云记》吧；但是就我们所想讨论的问题来说，电脑模型是比较容易掌握的，像猴子/莎士比亚模型一样。

虽然猴子/莎士比亚模型用来解释"累积选择"与"单步骤选择"的差别很有用，它却在重要的面相上误导了我们。其中之一是：在选择繁衍的过程中，每个世代各突变个体都以它与最终标的（"我觉得像一只黄鼠狼"）的相似程度判生判死。生物不是那样。演化没有长期目标。没有长程标的，也没有最终的完美模样作为选择的标准，尽管虚荣心让我们对于"人类是演化的最终目标"这种荒谬的观念，觉得挺受用的。在现实中，选择的标准永远是短期的，不是单纯的存活，就是——更为广义地说成功繁殖率。要是在很久很久之后，以后见之明来看生命史像是朝向某个目标前进，而且也达成了那个目标，那也是许多世代经过短期选择后的附带结果。"钟表匠"——能够累积变异的自然选择——看不见未来，没有长期目标。

我们可以改变先前的电脑模型，将这一点也考虑进去。在其他方面我们也可以使模型更逼近真实。字母与文字是人类特有的玩意儿，我们何不让电脑画图？说不定我们甚至可以看见类似动物的形状在电脑中演化，机制是在突变的形状中做累积选择。我们一开始不会在电脑中灌进特定的动物照片，免得电脑有成见。它们得完全以累积选择打造——累积选择在随机突变中运作的结果。

实际上每个动物的形态都是胚胎发育建构的。演化会发生，是因为连续的各世代每一个胚胎发育都发生了微小差异。这些差异是因为控制发育的基因发生了变化（即突变，这就是我前面说过的整个过程中的小角色——随机因素）。因此我们的电脑模型也该有些特征，相当于胚胎发育与能够突变的基因。设计这样的电脑模型，有许多方式。我选了一个，并为它写了一个计算机程序。现在我要描述这个电脑模型，因为它能给我们一些启发。要是你对电脑没有什么概念，只要记住电脑是机器，会服从命令干活儿，可是结果往往出人意表。程序就是给电脑的指令单子。

胚胎发育是个非常复杂的过程，无法在小型电脑上逼真地模拟。我们必须以一种简化的玩意儿做模拟。我们必须找到一个简单的画图规则，电脑很容易照办，然后它也可以在"基因"的影响下发生变化。我们要选择什么样的画图规则呢？电脑科学教科书经常以一个简单的"树木发育"（tree-growing）程序，说明所谓"递归"程序设计法（recursive programming）的威力。一开始电脑画出一条垂直线。然后这条线分出两条枝杈。每一条枝杈再分出两条小枝杈。每条小枝杈再分出两条小小枝杈。这是个"递归"过程，整棵树因为继续在局部应用同一条规则（以这个例子而言，就是"分枝规则"）而不断地发育。无论树木发育到多大，同一条分枝规则继续施用于所有新生枝条的尖端。

"递归"的"深度"指枝杈分枝的"次数"；就是一条树枝长出后，可以继续以同样的方式分枝多少次。这个次数程序中可以事先规定，次数一满新生枝头就停止分枝了。图2显示了"深度"

对"递归"结果的影响。比较"深"的递归树是个颇为复杂的图案，但是你仍可以看出那是同一条分枝规则创造出来的。当然，真正的树就是这样分枝的。一棵橡树或苹果树的分枝模式看来很复杂，其实不然。基本的分枝规则非常相似。因为同一条规则不断地施用于整棵树的生长尖端——主干分出主枝，主枝分出小枝，小枝分出小小枝，等等，树才长得又大又繁茂。

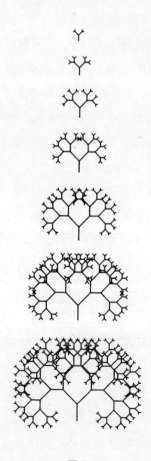

图2

　　大体而言，动植物的胚胎发育过程也可以比喻成递归分枝。我并不是说动物的胚胎看来像发育中的树。它们一点儿也不像。但是所有胚胎的发育都以细胞分裂进行。细胞总是分裂成两个子细胞。基因最终会影响身体，可是受它们直接影响的是身体的局部细胞，以及那些细胞的分裂模式。动物的基因组从来不是"宏伟的设计图"，或整个身体的"蓝图"什么的。我们下面会讨论，基因比较像食谱，而不像蓝图；而且不是整个胚胎的食谱，而是每个细胞或胚胎某个区域一小撮细胞——只要分裂就必须遵循的食谱。我并不否认胚胎以及日后的成年个体有一个大尺度的形态可言。但是，发育中的身体逐渐成形，每个组成细胞都尽了绵薄之力（所以整体的形态是"细胞层次事件"的后果），而每个细胞的局部影响力主要通过"一分为二"的过程施展。树杈分枝与细胞分裂以同样的模式影响全身。基因影响这些局部事件，才影响到全身。换言之，基因的终极对象是全身，可是却从基层——细胞干起。

　　总之，用来画树的简单分枝规则看起来像是仿真胚胎发育的理想工具。我就把它写成一个很小的程序，取名为"发育"，预备将来植入一个大程序中——"演化"。为了编写"演化"这个程序，我们得先讨论基因。在我们的电脑模型中，"基因"的角色与功能如何呈现？在生物体内，基因做两件事：影响发育以及进入未来的世代。动植物的基因组，基因数目多达几万个，但是我们在电脑模型中，只设置 9 个。每个基因在电脑中都以数字代表，这个数字就是它的"值"。某一个基因的"值"可能是 +4，或 –7。

　　这些基因如何影响发育呢？它们能做的可多了。不过万变不离其宗：它们会对"发育"程序（树木发育的规则）产生微小的、可以计量的影响。举例来说，某个基因也许会影响丫杈的角度，另一个基因会影响某一特定枝杈的长度。另一种基因一定会做的事，是影响递归的深度——就是连续分枝的次数。我让"基因9"负责这个功能。因此图2的"7棵树"可以视为7个有亲缘关系的生物个体，彼此间除了"基因9"之外，其他的基因完全相同。我不想一一详谈其他8个基因的功能。图3透露了一些信息，你可以据以推测每个基因大体而言能做哪一类的事（功能）。图3正中的树是基本形，图2中也出现过。有8棵树环绕着基本形。这8棵树与中央的基本形只有一个基因的差异，也就是说，这8棵树是因为基本形的一个基因发生了突变而产生的。例如基本形的右侧，是"基因5"的原始值因为突变而加了1的结果。要是图3的空间够大，我会画出18棵突变形环绕着基本形。因为总共有9个基因，每个基因每次突变都有两个方向：升1级（原始值加1），或降1级（原始值减1）。因此基本形环绕着18个突变形，就穷尽了所有单步骤突变的可能结果。

这些树每一棵都有独有的"基因式"（genetic formula）——9个基因的数值。我没有把图3每棵树的"基因式"写出来，因为基因式本身对各位不会有任何意义。真正的基因也一样。基因是合成蛋白质的"食谱"，蛋白质直接参与各种生理过程，换言之，基因必须"翻译"成胚胎的发育规则，才能造成观察得到的结果。同样，在电脑模型中，9个基因的数值只有在翻译成枝杈模式的发育规则时，才对我们有意义。要是两个个体只有一个基因有差异，比较这两个个体的身体，对于这个基因的功能就能有个大致的理解。例如图3中间那一列，对于"基因5"的功能就透露了有用的信息。

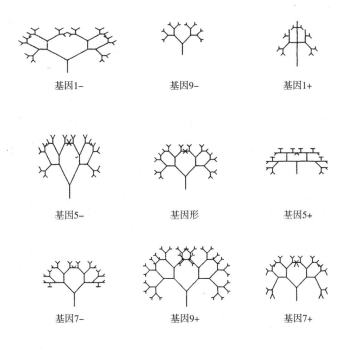

基因1–　　　　基因9–　　　　基因1+

基因5–　　　　基因形　　　　基因5+

基因7–　　　　基因9+　　　　基因7+

图3

　　这也是正宗的遗传学方法。遗传学家通常不知道基因影响胚胎发育的方式。他们也不知道任何动物的完整基因式。[1]但是两个成年个体若已知只有一个基因有差异，遗传学家比较它们的身体就可以观察到那个基因的作用。当然，实况更为复杂，因为基因的功能有复杂的互动，整体无法简化成"所有基因的总和"。电脑里的树也一样。下面我会举出一些图案，读者会发现：支配它

－－－－－－－－－－

[1]　完整基因式，指基因启动的顺序与作用；即使细胞核 DNA 的全部碱基序列都清楚了，也未必能找出完整的基因式。——译者注

们发育的基因，作用方式与生物的基因非常相像。

读者想必已注意到我的枝权模式图全是左右对称的。这是我强加在"发育"（计算机程序）过程的限制。这样做部分原因是为了美感，以及精简基因的数量（如果基因不能在左右两侧产生镜像效果，那么每一侧都得有基因控制）。此外，我想演化出类似动物的形状，而大多数动物的身体都是左右对称的。为了同样的理由，从现在起，我不再管这些玩意儿叫"树"，我会管它们叫"身体"或"生物形"（biomorphs）。"生物形"是我师兄莫里斯（Desmond Morris，1954年获得牛津大学动物学博士学位）创造的词，他的超现实主义绘画中有些玩意儿他叫作生物形，因为它们的形状模糊地类似动物。那些画在我钟爱的事物中有非常特别的地位，因为其中一幅上了我第一本书的封面。莫里斯宣称那些生物形在他心里演化，它们演化的来龙去脉可以在他一系列画作中寻绎。

闲话休说，言归正传，且说电脑生物形，先前我们说到一圈18个可能的突变形，图3可以见到8个。由于这一圈里每个突变形都与中央的生物形只差一个突变步骤，因此把它们视为中央基本形的子女，是很自然的。于是在我们的电脑模型中，"生殖"就有了着落。我们写一个小程序再现这种生殖过程，题名"生殖"，然后将它像"发育"一样塞入较大的"演化"程序中。关于"生殖"，有两点值得注意。第一，不涉及性别，生殖是无性的。因此我将生物形想象成女性，因为实行无性生殖的物种几乎总是女体。第二，我规定一次只有一个基因能够突变。孩子与母亲的差异，限于9个基因中的一个；此外，突变仅限于在母亲基因的原始值上加（或减）1。这些只是我任意强加的约定；即使另换一组约定，我们的模型仍然能恰当地仿真生物界的实况。

我们的模型倒是有一个特征，不能视为任意的约定，而是一个生物学基本原理的化身。每个孩子的形状不是直接源自母亲的形状。每个孩子的形状都是它9个基因的值（影响枝杈角度、距离等等）决定的。每个孩子的基因都来自母亲。这正是生物界的实况。身体不会代代遗传，基因会。基因在身体中，影响身体的胚胎发育。那些基因或者遗传到下一个世代，或者不。基因的性质不会因为参与过建构身体的过程而发生变化，可是它们遗传到下一世代的机会却可能受身体的影响。成功的身体协助基因进入下一世代，失败的身体则否。所以在我们的电脑模型中，我要仔细地分别发育与生殖，将它们写成两个不同的小程序。"生殖"将基因值传递给"发育"，基因值通过"发育"影响发育规则，此外"生殖"与"发育"互不相干。必须特别强调的是："发育"不会将基因值回传给"生殖"，要是会的话，就与所谓"拉马克主义"（Lamarckism）无异了。（见第十一章）

好了，我们已经写好两个计算机程序模块了，叫作"发育"与"生殖"。"生殖"使基因世代相传，在遗传过程中基因可能会突变。在每个世代中，"发育"取得"生殖"提供的基因，并将它们逐步翻译成树木枝杈，最后在电脑屏幕上展示出一个（生物形）身体的图案。现在我们可以在一个叫作"演化"的大程序中将这两个模块组合起来。

"演化"基本上是一个无穷重复的"生殖"过程。在每个世代里，"生殖"从上一世代取得基因，遗传到下一世代，但是往往不是原封不动地遗传下去，有些基因会发生微小的随机差错——突变。一次突变不过是在基因既有的值上加1或减1，而且突变的基因是随机选出的。这就是说，即使每一世代的变化，从量方面说非常微小，经过许多世代后，后裔与始祖之间就会因为累积的突变而有巨大的遗传差异。但是，虽然突变是随机的，世代累积起来的变化却不是随机的。每个世代与母亲的差异没有一定的方向（随机）。但是母亲的儿女中哪一个有机会将体内的基因遗传到下一代，不是随机的。这是达尔文自然选择的功能。自然选择凭借的标准不是基因，而是身体——基因经由"发育"影响过它的形状。

每个世代，基因除了复制、遗传（经由"生殖"）之外，还参与"发育"——这个程序依据事先规定好的严格规则，将适当的身体图案画在屏幕上。每个世代会有"一窝儿女"（下一世代的预定成员）展示在银幕上。它们都是同一个母亲的突变儿女，每个与母亲只有一个基因的差异。这么高的突变率，是电脑模型最不像生物的地方。实际上，真正基因的突变率往往小于百万分之一。我让电脑模型表现高突变率，是为了让屏幕上的图案方便我们的眼睛，人才没有耐心等待100万个世代呢。

在这个故事中，人眼扮演了积极的角色。我们的眼睛会做选择。我们扫视屏幕上的"那窝儿女"，选出一个繁殖。当选的就成为母亲，生出自己的"一窝儿女"，一齐展示在屏幕上。我们的眼睛在这儿做的，与在繁殖名犬、异卉的脉络中所做的完全一样。换言之，我们的模型严格地说是一个人择（artificial selection）模型，而不是自然选择。"成功"的标准不是存活的直接标准，在真正的自然选择中才是。在真正的自然选择中，要是一个身体拥有存活的本钱，体内的基因也会存活，因为基因在身体里。因此，能存活的基因通常是让身体有存活本钱的基因，两者的关系如影随形。另一方面，在电脑模型中，选择的标准不是存活，而是迎合我们口味的潜力。这可不一定非是闲闲美代子的无厘头口味，因为我们可以下决心针对某个特定性质持续不断地选下去，例如"类似垂柳的树形"。不过，我从经验中知道，人类选择者往往口味不专、见异思迁。其实，在这一方面某些种类的自然选择也未遑谦让。

我们从屏幕上这一窝里选出一个繁衍下一代，就按键让计算机知道。中选的个体将体内基因交给"生殖"，新的世代就开始繁衍了。这个过程可以不断地反复，就像实际的演化一样。生物形的每个世代与前后世代，差异只有一个基因的一个突变步骤。但是 100 个世代后，突变累积了 100 个，模样的变化就说不准了。而经过这 100 个突变，模样可变的地方太多了。

我写好"演化"程序，第一次跑的时候，做梦都想不到变化可以大到那个程度。让我惊讶的主要是：生物形很快就看来不像树了。基本的二分分枝结构一直没变，但是很容易让彼此交错、再交错的线段遮掩住，造成密实的颜色块（打印机只能印出黑色与白色）。图 4 的演化史只包括了 29 个世代而已。始祖只是一个渺小的家伙，一个实心墨点——英文用的句点。虽然这老小子的身体只是一个墨点，像个太古浓汤中的细菌，它体内却有分枝发育的潜力，能够发育成图 3 中央的基本形：它体内"基因 9"的值是 0（意思是分枝 0 次），所以才只是一个点。图 4 中所有"生物"都源自"点始祖"，但是为了不让这一页看来拥挤不堪，我没有把它所有的苗裔都印出来。每一世代除了成功的那一位，只印出一位至两位失败的姊妹。所以图 4 只代表一个演化世系的主干，在我的美感引导下演化。每一个演化阶段图上都有。

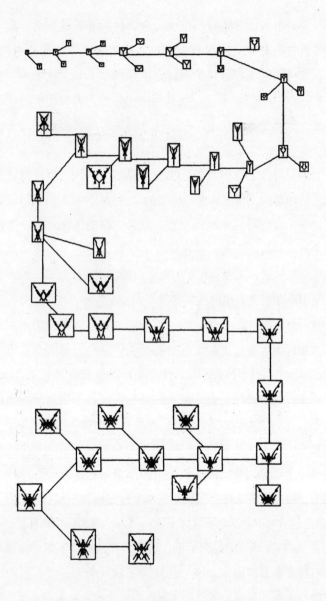

图 4

　　让我们简短地回顾图 4 的头几个世系。墨点在第二代变成一根 Y 形树杈。在下两代这根树杈变大了。然后两根枝杈有了弧度，整根树杈像是制作精良的弹弓。第 7 代，两根枝杈的弧度加大了，几乎互相碰触。第 8 代，树杈变得更大了，有弧度的枝杈每根都新增了一对小枝杈。第 9 代，这些小枝杈消失了，弹弓的柄变长了。第 10 代，看来像一朵花的剖面；带弧的主枝杈像合围着一根中央枝或"柱头"的花瓣。第 11 代，同样的花形，只是更大、更复杂些。

　　我不再这样叙述了。你看图就行了，一直看到第 29 代。请注意每一代的姊妹之间只有微小的差异，它们与母亲的差异同样的小。由于它们每一代都与母亲有微小差异，因此我们预期它们与外祖母的差异会稍大一点。这就是累积演化的要义——即使我们提升了突变率，让演化以不切实际的速率向前狂奔。因为演化速度快得不符实际，所以图 4 看来像物种的系谱，而不是个体的系谱，但是原则（累积演化）是一样的。

　　当初我编写这个程序，除了各式各样类似树的形状，完全没有想到它会演化出其他的东西。我期待见到垂柳、黎巴嫩杉（cedars of Lebanon）、伦巴第杨树（Lombardy poplars）、海草，也许还有鹿角。我身为生物学家的直觉，加上 20 年编写计算机程序的经验，以及最狂野的梦境，都不足以让我产生足够的心理准备，实际在屏幕上出现的图案令人出乎意料。在枝杈模式的演化过程中，我不记得什么时候脑海里突然浮现一个念头：何不试试演化出类似昆虫的图案！就这么着，这个无厘头点子驱使我一代又一代地挑出任何一个看来像似昆虫的孩子繁衍下去。相似的程度逐步演化，不可思议的感觉也在心头逐步滋长。读者可以在图 4 下方看见最终的产物。我承认，它们有八只脚，像蜘蛛，而不是六足的昆虫，即便如此，你看它们多像昆虫啊！我第一次看见这些精致的电脑创造物在我眼前出现，欣喜雀跃，难以自已，直到现在仍然无法平复。我记得当时心中响起了宣示胜利的《查拉图斯特拉如是说》起始和弦（理查·施特劳斯1896年的作品，1968年的电影《2001：太空漫游》主题曲）。我无心进食，那天晚上，我一阖眼"我的"昆虫就蜂拥而出。

市面上有些电脑游戏会令玩家产生幻觉，以为自己正在一座地下迷宫中漫游，这座迷宫非常复杂，但是地理布局明确，在其中玩家会遇见恶龙、半人半牛兽，以及其他神话主角的对手。在这些游戏中，怪物的数量其实不多。它们全是计算机程序师设计的，迷宫的地理布局也是。在演化游戏中，无论是虚拟的还是真实的，玩家（或观察者）在道路不断分叉的迷宫中神游，但是可能路径的数量几乎是无限的，而且一路上遇到的怪物都不是设计出来的，都是事先不可预测的。我在闭塞的生物形世界中漫游，一路上遇见了精灵虾、阿兹特克神殿、哥特式教堂的窗子、袋鼠的画，有一次还碰上一幅"漫画"，我居然认得，是牛津大学逻辑讲座教授威金斯（Davis Wiggins）！可惜我忘了"收集"起来，空留回忆。图5是我收藏的一部分，全是以相同的方式"培育"出来的。我要强调：这些形状不是艺术家的创作。它们没有经过任何加工、修饰。它们全都在电脑里演化，由电脑画出来的。人类眼睛的角色，只限于"选择"——在随机突变的儿女中挑出一个繁殖，许多世代后，就可以观察到累积演化的结果。

现在我们手里有了一个切合实际情况的演化模型了，盲目敲打键盘的猴子没的比。但是生物形模型仍然有所不足。它为我们

图 5

演示了累积选择的威力，类似生物的形状（"生物形"）得以产生几乎无限的变异，但是这个模型依赖人择而非自然选择。人眼在做选择。我们可以摆脱人眼，让电脑根据符合生物界实情的标准自行选择吗？不过这事比预想的困难多了，值得我花一些时间向大家解释。

　　要是所有动物的基因组你都一目了然，根据一个明确的判断标准选出一个特定的基因式就太容易了。但是自然选择并不直接拣选基因，它拣选的是"基因对身体的影响"，就是学者所说的"表型效应"（phenotypic effects）。我们的眼睛擅长挑选"表型效应"，人类已培育出了许多品种的家犬、牲口以及家鸽就是明证，要是读者不嫌弃，不妨图 5 也当作一件证据。为了让电脑直接选择"表型效应"，我们得写一个非常复杂的"模式辨识"（pattern-recognition）程序。市面上的确有这种"模式辨识"程序，电脑用来"阅读"印刷文字，甚至手写文字。但是这种程序是尖端软件，高手才会设计，而且大型、高速电脑才跑得动。不过，即使这种程序我会写，我的 64k 计算机跑得动，我也懒得动它们的脑筋。"模式辨识"这种工作，还是眼睛与大脑合伙来做比较妥当，毕竟大脑是个拥有 100 亿神经元的电脑！

让电脑选择模糊的一般特征倒不太难，例如高瘦、短胖，甚至玲珑有致的曲线、锋芒、洛可可式的（rococo）装饰纹。一个办法是写个电脑程序让电脑记住人类在历史上青睐过的性质——着眼于它们的"类别"——然后电脑继续以同样的标准挑选未来的世代。但是这算不上仿真自然选择。请记住：自然不需要计算能力就能选择——除了少数例外，例如雌孔雀选择雄孔雀。在自然中，通常的选择媒介（agent）作风直接、赤裸又简单。它是台阴森的收割机。当然，存活的理由并不单纯——难怪自然选择能够创造出极为复杂的动物、植物。但是死亡却是粗陋、简单的。在自然界，在众表现型中做选择，只要通过"非随机死亡"就成了。表现型一旦选出，也等于选了它体内的基因。

若要电脑以令人感兴趣的方式模拟自然选择，我们就该忘记洛可可式的装饰纹与所有吸引视线的特征。我们应该致力于模拟"非随机死亡"。在电脑里，生物形应与虚拟的恶劣环境对抗。它们是否经得起环境的折腾，应与它们的形状有因果关联。理想状态是，恶劣的环境应包括其他的生物形——猎食者、猎物、寄生虫、竞争者——大家都在物竞天择，自求多福。举例来说，猎物与猎食者之间的斗争，胜负与它们的形状特征有因果关联。换言之，有些猎物由于体形的特征，易于逃过遭猎杀的命运。可是什么样的体形特征能协助个体逃过劫数，或让个体易遭劫数，不应由程序设计师事先决定。那些判生判死的标准应该是结果，就像生物形的演化一样，我们凭后见之明才能发觉。于是符合实情的演化剧就可以在电脑里上演了，因为条件已经齐备，一场不断增强的"军备竞赛"（arms race，参见第七章）即将发动，至于结局，我不敢臆测。不幸，我的程序设计本领还不足以建构这么一个虚拟演化世界。

什么人有这种本领呢？我想电玩店里"外星人入侵"之类的嘈杂、庸俗动作电玩你一定早已熟悉了，发展那些电玩的程序师就有这种本领。这些程序都在仿真想象的世界。在那个虚拟世界中，有地理情境，通常以三维空间呈现，也有快速移动的时间向度。其中有些对象在虚拟的三维空间中嗡嗡穿梭，在令人难以忍受的嘈杂声中彼此相撞、相互射击、互相吞噬。那个虚拟世界甚至逼真到操弄控制器的玩家都以为身临其境，情不自禁。我认为这种计算机程序设计最高段的产品，就是训练飞行员或宇宙飞船驾驶员的虚拟机了。但是与我们想要模拟的世界与情况相比，这些程序就太小儿科了。我们得模拟一个完整的生态系，猎物与猎食动物在其中演化，然后发展成愈演愈烈的军备竞赛！不过，这是做得到的。要是程序设计高手有意试试身手，与我合作接受挑战，请与我联络。

尽管模拟"军备竞赛"目前似乎是不可能的任务，还是有一些简单得多的事可做，我就打算暑假试试看。我会在花园里找个阴凉的地方，摆上一台电脑。屏幕要用彩色的。我手边有个"生物形"程序，其中有几个基因专门控制色彩，运作的方式就像那9个控制形状的基因一样。我会随便挑一个看来简洁、鲜艳的生物形做起点。然后电脑就展示出它的突变子女，整个屏幕上都是，有的颜色不同，有的形状不同，有的颜色、形状都不同。我相信蜜蜂、蝴蝶或其他昆虫会"造访"屏幕，它们"撞击"屏幕上特定生物形的位置，就表示它们"看上"了它——"选择"了它。等到昆虫访客超过一定数量之后，电脑就清理屏幕，以最受青睐的那个生物形代表第二世代，繁衍下一世代。于是屏幕上就出现了新一代的突变子女。

我很指望经过许多许多世代后野外的昆虫能让花朵在电脑里演化出来。果真的话，电脑花朵遭受的自然选择压力与野外的花朵完全一样——显花植物的演化驱力正是昆虫。我的指望可不是一厢情愿，事实上昆虫经常停留在女士衣服上的鲜艳处，科学家也系统地做过实验，研究昆虫的色彩癖好。另一个更令人兴奋的可能，是野生昆虫让类似昆虫的形状演化出来。这也有先例可援，绝非我瞎想：蜜蜂就是蜂兰演化的推手。蜂兰看来像似蜂后，引诱雄蜂与它交配，借以传播花粉。蜂兰今日的形态是它世代受到雄蜂垂青的累积结果。想象一下，要是图5中的"蜂花"是彩色的，你会不会以为它是蜜蜂？

我悲观的主要理由是：昆虫的视觉与我们的很不一样。映像管屏幕是为人眼设计的，而不是昆虫的眼睛。因此，虽然我们与蜜蜂殊途同归，都将蜂兰看作形似蜂后的东西，蜜蜂可能根本看不见映像管屏幕上的图像。蜜蜂也许只能看见625条扫描线而已。不过，这个实验仍然值得做。我想本书出版时，我就知道答案了。

常听人说：电脑输出的结果，不会比你输入的多。这个说法还有其他的版本，像是：电脑只能做你叫它做的事，因此电脑绝无创意。这些陈腔滥调的确是真的，可是又当不得真，这好有一比：莎士比亚一辈子写过的——字——也不过是他第一位老师教他写的那些玩意儿，不是吗？电脑跑的"演化"程序是我写的，可是图5上的那些图形都不是我事先构想的。压根儿我就没想到它们会出现，因此我认为说它们"突现"（emerge）挺实际的。没错，它们的演化以我的选择做向导，但是每一阶段我只能在一小撮随机突变的样本中做选择，我的选择谈不上"策略"，只能说投机、善变、短视。对生物形会演化成什么模样，我心无定见，自然选择也没有。

关于这一点，要是你听我说过一个故事，管保你印象更深刻。话说有一回，我的确试过在跑"演化"程序之前就默认了一个终极目标。不过我必须先来个坦白从宽。即使我不坦白，我想你也猜得到。图4的演化史是事后重建的。里面的"昆虫"不是我第一次见到的那些。当初它们出现在屏幕上，我心头响起了胜利的号角，可是我无法记录它们的基因式。它们就在眼前，在屏幕上，而我无法掌握它们，无法解开它们的基因式。我不愿把电脑关掉，一直在绞尽脑汁，希望想出什么办法来将它们的基因式记录下来，结果枉费心机。它们的基因埋藏在内部深处，真实生物的也是。我可以用打印机将它们的躯壳印出来，但是我失去了它们的基因。我立即修改了程序，以后的生物形都能留下基因式供日后查考，可是往者已矣，无从挽回。

于是我开始设法将它们找回来。既然它们演化出来过，难道不能再演化一次？记忆中的施特劳斯和弦萦绕心头，"我的"昆虫也挥之不去。我在生物形的国度里四处漫游,不知见过多少奇异的生物与事物,无奈过尽千帆皆不是,我没找到它们。我知道它们必然在什么地方。我知道它们的演化起点——始祖的基因式。我有它们的"画影图形"。我甚至连它们历代祖先的形貌都有记录。可是我不知道它们的基因式。

也许你以为重建它们的演化路径很容易,其实不然。理由是:演化世代要是到达某个数目,即使只涉及 9 个基因,可能的演化系谱也是个天文数字。好几次我遇上似乎可算"我的"昆虫的祖先,可是不管我怎么小心在意地选,以后的演化总不免步入歧途。最后,我在生物形国度里的演化漫游总算有了眉目——我又逮着了它们。那种胜利的心情,不亚于我第一次见到昆虫在屏幕上演化出来。我至今仍不清楚它们是否就是让我心中响起施特劳斯《查拉图斯特拉如是说》起始和弦的那些,还是它们只是趋同演化的产物,只不过形似而已。不过我已经很满意了。这一次不会再出错了:我把它们的基因式记了下来,现在我随时可以让"昆虫"演化了。

我承认这个故事有些地方我夸张了一些,但是我有深意。我希望读者明白的是:即使程序是我写的,电脑按照指令亦步亦趋行事,屏幕上演化出的动物也不是我规划的,我很清楚它们的"祖先"是什么模样,可是我见到它们时自己也万分惊讶。我完全不能控制演化,即便我想让某个"演化史"重演过一遍,依然无法得逞。好在那些"昆虫"的祖先每个世代我都打印过,留下了完整的图像记录,然而即使有图为凭,整个过程仍困难而沉闷。程序师不能控制或预测电脑图像的演化过程,你觉得困惑吗?难不成电脑里有什么我们难以理解甚至神秘的玩意儿在搞鬼?当然不是。真实生物的演化也不涉及什么神秘玩意儿。电脑模型可以帮助我们解决这个谜团，并对真实的演化过程有所认识。

我先交代一下，解决谜团的论证大致是这样的：有一个数目固定的生物形集合，每一个生物形都在一个数学空间中占据一个独特的位置。它们的位置是永久的，只要知道基因式就能立刻找到它们；而且每个生物形与四周的紧邻都只有一个基因的差异。因为我已知道我的"昆虫"的基因式，我可以随意复制它们，也可以让电脑从任何一个生物形朝向它们演化。你第一次以"人择"演化出新玩意儿的时候，会觉得那是一个创造的过程。也的确是。但是你实际在做的，只是在生物形国度的数学（基因）空间里"找寻"它们。我说这的确是个创造的过程，理由是：寻找任何一个特定的生物形极为困难，只因为生物形的国度非常非常大，居民几乎有无限多。在其中，漫无目的、毫无章法地搜寻根本不可行。你必须采取某种有效的——有创意的——搜寻策略。

有些人天真地以为会下棋的电脑是暗中试过所有可能的棋步后才落子的。要是他们输给电脑，这种想法可以令他们好过一点，但是他们的想法完全错了。棋局的可能棋步，数量实在太大了：在这么大的搜寻空间中使用闯空门的伎俩无异于大海捞针。写一个成功的下棋程序，秘诀在于找出有效的搜寻快捷方式。累积选择——无论是电脑模型的人择还是真实世界里的自然选择——是个有效的搜寻方式，它的结果看来就像是有创意的智能设计出来的。毕竟培里的设计论证着眼的就是那一点。就技术而言，我们在电脑上玩的生物形游戏，不过是从早已在数学空间就位的玩意儿中，搜寻觉得悦目的个体。整个过程让人觉得像是从事艺术创作。在一个很小的空间中搜寻的话，其中不过小猫三四只，通常不会觉得像是在创作什么。孩子玩的找东西游戏不会令人觉得有创意。随意瞎闯就想找到目标，通常只有在搜寻空间很小的时候才行得通。空间增大后，搜寻方式就得有点章法；空间越大，章法越得讲究。一旦空间大到一定的程度，有效的搜寻方式就与真正的创意无从分别了。

电脑生物形模型把这些论点展示得十分清楚，它们在人类的创造过程（例如构思赢得棋赛的策略）与自然选择（盲眼钟表匠）的演化创造之间构成一座有教育意义的桥梁。为了了解这一点，我们必须将"生物形国度"发展成一个数学"空间"，四面八方充满了形态有差异的生物形，它们有秩序地分布排列，各安其位，等待造访。图5的17个生物形，并没有什么特殊的安排。但是它们在生物形国度中，都有自己的独特位置，由基因式决定，四周也围绕着特定的邻居。在生物形国度中，它们彼此间都有明确的空间关系。那是什么意思？空间位置会有什么意义？

我们谈的空间是基因空间。在基因空间中，近邻都是基因式只差一个基因的个体。图3中央是基本形，周围的生物形是它在基因空间中18个近邻里的8个。那18个近邻都是它可能生产的子女，它也可能是它们的子女，这都是我们的电脑模型容许的。由那些近邻向外跨出一步，中央生物形的邻居就达到324个（18×18，暂且忽略"朝向祖先方向的"突变）。再跨出一步，邻居的数量就增加到5 832个（18×18×18），包括可能的曾祖/曾孙、表/堂兄弟姊妹等等。

为什么要谈基因空间呢？我们会得到什么结论呢？答案是：基因空间可以帮助我们了解演化是一个渐进、累积的过程。根据电脑模型的规则，每一个世代只能在基因空间中移动一步。自始祖起经过29个世代，落脚的位置不可能距始祖29步以上。每一部演化史都是基因空间中一个特定的路径，或叫"轨迹"。举例来说，图4所记录的演化史就是基因空间中一个特定的蜿蜒轨迹，连接一个点与一只昆虫，中间经过了28个世代。我以比喻的方式说我在生物形国度里"漫游"，指的就是这个。

本来我想将这个基因空间以一张图画来呈现。我遇到的问题是：图画是二维空间。生物形居住的基因空间不是二维空间。它甚至不是三维空间，而是九维空间！〔一谈到数学，千万记住别害怕。数学没那么可怕，尽管有时数学家会让你觉得数学难得不得了。每一次数学难着找了，我都会想起电机工程大师汤普森（Silvanus Thompson，1851—1916）在《轻松学习微积分》（*Calculus Made Easy*）中的箴言："要是一个傻子会做，每个傻子都会。"〕要是我们能够画出9个向度，就能以每个向度对应一个生物形基因组的基因。每个特定动物的位置，就说蝎子或蝙蝠或昆虫好了，都能在基因空间中以它的基因式定位。演化变化就是在这九维空间中一步一脚印创造出来的。两个动物的遗传差异，从一个演化成另一个所需的时间，以及演化的困难程度，都可以用它们在这九维空间中的距离来表示。

可是我们没有办法画出有九个向度的空间。我想找个办法来凑合，就是用一张二向度的图（平面图）来表达在（九度）基因空间中从一点移动到另一点的感觉。有许多办法都能达到这个目的，我挑了一个我叫作"三角形"的。请看图6。三角形以任意挑出的三个生物形为顶点。顶上那个是基本树形，左边是"我的"昆虫中的一个，右边的没有名字但是我觉得它很好看。它们每一个都有独特的基因式，与所有生物形一样，基因式决定了它们在（九维）基因空间中的位置。

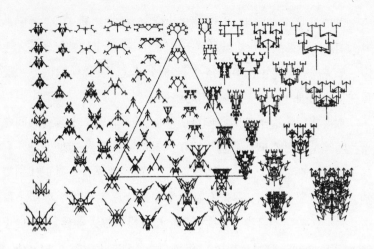

图6

这三角形在一个（二维）平面上，这个平面是（九维）基因空间的一个切面（一个傻子会做的，每个傻子都会）。这个平面就像一片插入果冻的平板玻璃。玻璃表面上画着一个三角形，以及凭基因式刚好位于玻璃面上的生物形。"凭基因式"是什么意思？这就要谈谈位于三角形三个顶点上的生物形了。我们管它们叫"锚地"（anchor）。

记得吗？我们谈基因空间中的"距离"，指的是遗传上相似的个体是"近"邻，遗传上相异的个体是"远"亲。在这一个平面上，三个"锚地"是计算所有距离的参考点。这片玻璃上的任一点，无论在三角形之内还是之外，基因式的计算方式都是求得距三个"锚地"生物形基因式的"加权平均数"。我想你已经猜到"加权"是怎么做的。就是以那个点到三个"锚地"的距离来加权的，精确地说，是它与三个"锚地"的接近程度。因此，那个点越接近昆虫就越像昆虫。要是你向树的方向看去，就会看见生物形的昆虫模样逐渐消失，反而越来越像树。当你的视线停留在三角形的中心，那儿见到的动物都因为三个"锚地"的影响表现出不同程度的"遗传夹缠"（Genetic Compromises）。

　　但是以上的说明对三个"锚地"生物形颇有抬举过当之嫌。电脑的确利用它们计算平面上任一点的基因式，无可否认。但是，在这个平面上任取三点都能完成这个任务，算出相同的数值。因此图7中，我就不画出三角形了。图7与图6是同样的图，只是另一个平面罢了。同一只昆虫仍是三个"锚地"之一，只是这会儿它在右手边。其他两个"锚地"是"悍妇"（第二次世界大战期间的英国海军飞机）与蜂花，图5上都有。在这个平面上，你也会注意到：近邻比远亲看来相似得多。例如"悍妇"就位于一中队类似机种之间，它们正以编队飞行。由于昆虫位于两个平面上，你可以想象两个平面相交，其间有一夹角。

　　我们的方法因为除去了三角形而有所改进，因为它岔开了我们的注意力。三角形过度凸显了处于"锚地"位置的三个生物形。不过我们的方法还得进一步改进。图6与图7中，空间距离代表遗传距离，但是比例都扭曲了。纵坐标的比例尺与横坐标的比例尺未必对应。为了修正，我们必须慎选当作"锚地"的生物形，使它们彼此的遗传距离都相等。图8就是修正后的结果。三角形同样没有画上。三个"锚地"分别是图5中的蝎子，同样的昆虫（又来了），以及顶上说不出名堂的一个玩意儿。这三个生物形彼此相距30个突变（遗传距离）。换言之，任何一个都可以演化成另外两个，一样容易。任何一个要演化成另外一个，至少需要30个遗

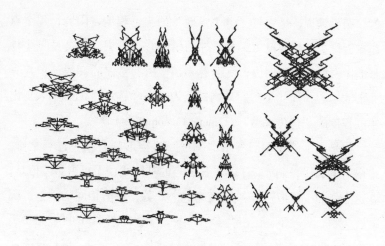

图 7

传步骤。图 8 下缘的标尺，标上了遗传距离的单位——基因。它可以被看作一把遗传尺。这把尺不仅能用在水平方向，你可以将它向任何方向倾斜，测量平面上任一点与另一点的遗传距离，以及所需的最低演化时间（让人懊恼的是：在图 8 的平面上，这并不确实，因为用来打印的打印机会扭曲比例，但是由于扭曲的比例很轻微，不值得计较。不过，要是你使用图 8 的标尺，记住：你得到的读数并不精确）。

　　这些切入九向度基因空间的二向度平面，让我们多少可以体会"在生物形国度中漫游"的意思。若要更实际些，你得记住演化并不局限在一个平面上。在真正的演化旅途上，你随时可能从一个平面掉到另一个平面上，例如从图 6 的平面掉到图 7 的平面上（在那只"昆虫"附近，因为两个平面在那里相交）。

　　我说过图 8 的"遗传尺"让我们能够计算从一点演化到另一

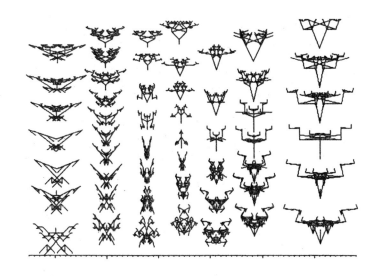

图 8

点需要的最短时间。就我们的模型而言，这是不错的，因为我们的模型内建了严格的演化规则，但是我想强调的是"最短"这个形容词。由于昆虫与蝎子相距 30 个基因单位，从昆虫演化成蝎子只要 30 个世代——要是一步都不错的话。可是"一步都不错"谈何容易？你得知道目标的基因式，想出前进的路径，并有"按表操课"的能力。这些机会——知道目标的基因式，想出前进的路径——在生物演化中完全不存在。

现在我们可以用生物形模型讨论先前以"猴子敲出莎士比亚作品"建立的论点了，那就是：渐进、逐步的变化是演化的关键，纯偶然性事件不是。首先我们要改变图 8 下方的标尺单位。距离不再是"（演化过程中）必须改变的基因数目"，而是"（完全凭偶然性）一次就能跳跃过该距离的概率"。为了方便讨论，我们得先软化一条电脑模型的内建规则，最后读者会了解为什么我一开始要设计那条规则。那条规则是：子女与父母的差异只限于一个基因。每一次只有一个基因可以突变，而且这个基因的"值"只准加1或减1。这条规则软化后，突变基因的数目不限，突变值也不限。这样软化，实际上的确太过分了，因为这等于突变值可以是正负无限之间的任意值。要是我们以个位数限定基因的突变值，例如正负9之间，就能恰当地契合我想推演的论点了。

那条规则适当地软化后，理论上生物形每个世代可能发生的变化，包括9个基因的任意组合。还有，每个基因的突变值也有许多可能，只要是个位数就可以了。这有什么意思呢？是这样的，理论上这么一来演化就是可以跳跃的：任何世代都可能在生物形国度中从一点跳到另一点。不只是一个平面上的另一点，而是整个九维超空间中的另一点。举例来说，要是你想从昆虫一步就演化成图5中的狐狸，办法如下：在基因1至9的值上加上下列数值，-2，2，2，-2，2，0，-4，-1，1。但是由于我们谈的是随机跳跃，每一次生物形国度中所有的点都有同样的机会成为目标。因此任何一个特定的点（例如狐狸）果真天降鸿运成为目标的概率就很容易计算了。那就要先算出超空间中所有生物形的总数。你一定已经看出来了，我们又要做天文数字的计算了。我们这次有9个基因，每个基因有19个可能的值（从-9到9），因此一次跳跃的可能目标有19的9次方个。总数是5 000亿。与阿西莫夫的"血红蛋白数字"比起来寒碜得很，但是我还是认为它是个"大数字"。要是你开始时是个昆虫，像个白痴跳蚤一样跳个5 000亿下，至少有一次你会跳成狐狸。

这对我们了解真正的演化有什么帮助呢？这个模型再一次让我们体认到"渐进、逐步变化"的重要。有些演化学者不认为演化需要这种"渐变假定"（gradualism）。生物形模型让我们结结实实地了解"渐进、逐步变化"很重要的理由。说起演化，我们预期那只昆虫会跳到它周遭近邻的位置，而不会一跃就到达狐狸或蝎子的位置。为什么？且听我分解。随机跳跃果真发生过，从昆虫跳到蝎子当然可能。它跳到近邻的位置一样可能。它跳到国度中任何一个生物形的位置都一样可能。但是现在问题来了，既然国度里生物形的总数达 5 000 亿个，而跳到任一个位置的概率与其他位置的概率完全一样，于是跳到任何一个特定位置的概率就小到可以忽略的地步。

请注意，假定生物形国度里流行着一股非随机"选择压力"，对我们没有任何帮助。即使国王设立大奖，颁给任何一跳就跳到蝎子位置的幸运儿，也无济于事。概率仍是 5 000 亿分之一，（与零相差多少？）但是，要是你不跳，而是走，一次一步，每一次你恰巧朝正确方向跨出一步的话就会得到一个小硬币作为奖励，你短时间内就能到达蝎子的位置。最快也要 30 步（世代），你不一定那么快，可是要不了太多时间，是可以肯定的。正因为一蹴而就的概率太低，一步一个脚印地前进，每一步都奠基于先前的成就，是唯一的可行之道。

前面几段的基调很容易引起误会，我非得"消毒"不可。我举的例子是从昆虫演化到蝎子，好像演化是针对某个遥远目标（例如蝎子）前进的过程。这个问题我们已经讨论过，演化从来不是个有目标的过程。但是如果所谓目标就是"任何能增进生存机会的条件"，我的论证仍然有效。如果一个动物有子女，它至少有本事活到成年。它的突变子女可能本事更大。但是如果子女的突变规模很大，遗传空间中的亲子距离拉得很开，子女因此拥有更大本领的概率有多大呢？答案是：很低。非常低。至于理由，我们在讨论生物形模型时已经讨论过了。要是突变的规模很大，可能的跳跃目标就会是个天文数字。而我们在第一章讨论过，因为死掉的方法比活着的方法多得多，在遗传空间中随机长距蹦跳显然是稳健的找死之道。在遗传空间中即使短距蹦跳都很可能闯入鬼门关。但是跳越的距离越短，死亡的概率越低，改善本领的概率越高。我们会在另一章回到这个主题。

那就是我想从生物形模型捻出的教训。我希望读者不会觉得太抽象。另有一个数学空间，充斥了有血有肉的动物，每个都由几十亿个细胞组成，每个细胞都包含几万个基因。这不是生物形空间，而是真正的基因空间。地球上生存过的真实动物，比起这个理论上可能生存的动物，数量简直微不足道。这些真实动物都是基因空间中演化路径的产物，真实的演化路径数量很少。动物空间中大多数理论路径都产生不可能生存的怪物。真实动物分布在理论怪物之间，这儿一些，那儿一些，在基因超空间中每个都有自己独特的位置。每个真实动物周遭的一小撮邻居位置，大部分从没有被真实动物填充过，但是有一些有，是它的祖先、苗裔、旁支亲族。

在这个巨大的数学空间中，人类、鬣狗、变形虫、土豚、扁虫（如涡虫）、乌贼、渡渡鸟与恐龙都有特定位置。要是我们有高明的基因工程技术，理论上我们就可以在动物空间中任意移动。我们就能在基因迷宫中逍遥自在，从任何一点出发都能找到抵达渡渡鸟（几百年前灭绝）、暴龙（中生代之末灭绝）与三叶虫

（古生代之末灭绝）的路径（也就是重新创造它们）。我们必须知道的，不过是哪些基因必须修理，染色体哪些片段要复制、颠倒或者"删掉"。我不大相信我们会有那么完整的知识来干这件事，但是这些令人着迷的已灭绝的动物是那个巨大基因超空间中的永久居民，它们躲在自己的私密角落里，只要我们有正确的知识，懂得在迷宫中如何找路，就能发现它们。我们甚至还可能以人择让鸽子演化成渡渡鸟的复本，不过我们得活上100万年才能完成这个实验。但是现实世界的遗憾，可以用想象力弥补。像我一样没受过专业数学训练的人，电脑是想象力的有力盟友。电脑就像数学，想象力不仅因而飞翔，也因而自律自制。

第四章

动物空间

眼睛由许多环环相扣的零件组成，构造复杂，设计精妙，难怪培里喜欢拿眼睛做例子，要说它当初并不起眼，经过一系列逐步变化后才形成的，许多人都难以相信，我们在第二章中已经说过了。现在我们要利用上一章以生物形模型得出的论点，再度讨论这个问题。请回答下列两个问题：

1. 人类的眼睛会不会是无中生有、一步登天的结果？
2. 人类的眼睛会不会直接源自与它稍有不同的事物 X？

问题 1 的答案很明显：不会。毋庸置疑。答案"会"的可能性，低到难以想象的地步。那等于在基因超空间中奋力一跃，不仅得穿越太虚，还得落点准确。机会渺茫。问题 2 的答案一样的明显：会。不过现代眼睛与它的直接前驱 X 差异必须很小。换言之，它们在充满所有可能构造的空间中必须非常接近。要是问题 2 明白地指出了眼睛与那个 X 的差异程度，因此答案是"不会"的话，我们只需缩小眼睛与 X 的差异程度，再问一遍问题 2 就成了。迟早我们会发现一个适当的差异程度，使问题 2 的答案变成明确的"会"。

X 的定义是：很像人类眼睛的东西，正因为非常相像，只要经过一个变化步骤，就可能变成人类的眼睛。如果你心中有个 X 的形象，而你觉得人类的眼睛不大可能直接由它演变出来，那只表示你弄错了 X。你可以在心中调整 X 的形象，让它逐渐越来越像人的眼睛，直到你发现一个你认为可能直接演变成人类眼睛的 X。必然有一个 X 令你觉得可能，即使你对"可能"的判断比我的更为审慎或什么的。

好了，X 找到了，问题 2 的答案是肯定的，现在我们要针对 X 问同样的问题。我们以同样的逻辑得到同样的结论：X 可能直接由一个稍微不同的 X'演变而来，只要一个变化步骤就够了。很明显的，我们可以再由 X'逆推到 X"，如此这般一直逆推下去。等到一长串 X 都找到了，我们就可以讨论人类眼睛从某个颇为不同的事物演化出来的过程了。只要我们以小步前进，想在"动物空间"中走上很长一段距离，就不会是"不可能的任务"了。于是我们现在可以回答第三个问题了。

3. 从现代人类眼睛逆推，经过一系列 X，可以达到没有眼睛的状态吗？

我认为答案很清楚，当然"可以"——只要这个 X 系列很长很长就成了。也许 100 个 X 你就觉得够多了，但是如果你需要更多步骤才觉得整个演变平顺而自然，不妨假定 X 有 1 万个。要是 1 万个还是不够，10 万个又何妨？当然，时间是个限制因素，你无法无限增加，要多少 X 有多少 X，因为每一世代只有一个 X。所以这个问题就变成：有足够的时间繁衍足够的连续世代吗？我们无法精确回答究竟需要多少世代。我们确实知道的是：地质时间很长很长。你知道有多长吗？这么说好了，我们人类与地球生命始祖的世代距离，数以"亿"计，怎么样？心中有谱了吧。就算只有 1 亿个 X 吧，有什么东西不能通过 1 亿个微小的变化步骤变成人的眼睛的！

到目前为止，我们以一个多少有点抽象的推论，得到眼睛可以无中生有的结论，因为我们可以想象一系列 X，相邻的彼此相似，很容易互相演变，可是只要这个系列够长，X 够多，从没有眼睛到完美的眼睛就是一个可能而且可以想象的过程。但是我们还没有证明这一系列 X 的确可能存在。我们还有两个问题得回答。

4. 我们假定有一系列 X 可以代表眼睛无中生有的过程，那么相邻的 X 是不是凭随机突变就能演化呢？

这其实是胚胎学的问题而不是遗传学的，它与那个让伯明翰主教蒙蒂菲奥里（请见第二章）等人担心的问题完全不同。突变必须能够改变既有的胚胎发育过程。有些类型的胚胎发育过程很容易朝某些方向变异，其他方向则不易发生变异，这都是可以讨论的。我会在第十一章回到这个论题，这儿我只想再度强调小变异与大变异的分别。你假定的变异越小，X′ 与 X″ 的差异就越小，因为基因突变使胚胎发生那种变化的可能性就越高。上一章我们讨论过了，从统计学的角度来说，任何特定的大规模突变本质上就比小型突变来得不可能。不论问题 4 会引发什么样的议题，我们至少可以确定任何相邻 X 之间的差异越小，议题就越没什么大不了。我的感觉是：导致眼睛出现的那个演化系列中，要是相邻 X

的差异小得可以，那么必要的突变几乎必然会发生。毕竟，我们一直讨论的都是既有胚胎发育过程的微小量变。记住，无论每一世代的胚胎有多复杂，每个突变造成的变化都可能是微小而单纯的。

我们得回答的最后一个问题是：

5. 我们假定有一系列 X 可以代表眼睛从无到有的过程，可是每一个 X 都能发挥功能，协助主子生存与生殖吗？

奇怪得很，有些人认为这个问题的答案是"不能"，而且简直不必用大脑想就知道。例如希钦（Francis Hitching）在《长颈鹿的脖子》（*The Neck of the Giraffe or Where Darwin Went Wrong*，1982）里就持这种论调。基本上相同的句子几乎任何"耶和华见证人"（出版《守望台》、《警醒》等刊物的教派，发源于美国）的出版品里都可以读到。《长颈鹿的脖子》包含了大量的错误，出版前只消请一位生物学研究所的毕业生，甚至主修生物的大学毕业生看一遍，随手就能挑出。请看希钦的论证：

　　眼睛要发挥功能，至少得经过下列步骤，彼此完美地协调呼应（同时还有许多其他步骤在进行，但是以下的叙述即使高度简化了实况，也足以暴露达尔文理论的问题）。眼睛必须干净、湿润，由泪腺与活动眼睑的互动负责，眼睑上的睫毛还有过滤阳光的功能。然后光线通过眼球表面一片透明的保护层（角膜），再由晶状体（lens）聚焦后投射到眼球后方的视网膜上。那里的 1.3 亿个感光细胞（杆状细胞与锥状细胞）接收到光线后，以光化学反应将光线转换成电脉冲。每秒大约有 10 亿个电流脉冲传入大脑，整个过程仍不十分清楚；大脑接收到信息后就会采取适当的行动。

用不着说，整个过程只要任一环节出了些许差错，就不会形成认得出来的视像，例如角膜不透明，瞳孔没有扩张，晶状体浑浊（白内障），聚焦机制出毛病等等。眼睛是个功能体，要么运转良好，要么就不运转。因此眼睛怎么可能以达尔文所说的缓慢、稳定、无限个微小的改善步骤演化？晶状体与视网膜彼此依赖、缺一不可，它们得同步演化，可是那不但涉及成千上万个幸运突变，它们还得凑巧同时发生，你说可能吗？一只看不见的眼睛能协助主子存活吗？

这个论证我们应该好好讨论，因为经常有人使用，我猜那是因为大家都愿意相信它的结论。希钦说："只要任一环节出了些许差错，就不会形成认得出来的视像，例如聚焦机制出毛病。"你觉得呢？我打赌戴着眼镜阅读本书的读者约有 1/2，要是你是眼镜族，请把眼镜摘下，四周张望一下，你会同意"认得出来的视像无法形成"吗？如果你是男性，每 12 人就有一个色盲。你可能有散光。摘掉了眼镜，你的视野可能会一片茫然。我就认得一位当今最著名的演化理论家，他很少清洁镜片，因此我们可以假定他的视野可能一片茫然，但是他似乎活得好好的，而且根据他的自述，他以前喜欢玩一种粗野的游戏——遮住一只眼打壁球。要是你的眼镜掉了，也许会因为在街上认不出朋友来而得罪人。但是你可能更受不了朋友对你这么说："因为你的视力不完美，你还是闭上眼走路吧，找回眼镜再睁开。"然而那却是希钦的意思。

希钦还说什么"晶状体与视网膜彼此依赖、缺一不可"，好像真的一样。凭什么？我有一个亲人两眼都动过手术摘除白内障。她两眼都没有玻璃体。不戴眼镜的话，她没法打网球，也无法以来复枪瞄准目标。但是她向我保证：有一个没有玻璃体的眼睛，比没有眼睛强多了。你走路不会撞墙，也不会撞到人。要是在野外，这种没有玻璃体的眼睛无疑可以让你察觉悄悄逼近的猎食兽身形，以及它的逼近方向。我们可以想象，在原始世界中，有的动物想享有眼睛没有玻璃体，有的动物根本没有眼睛，眼睛没有玻璃体的动物享有的便利，没有眼睛的动物门儿都没有。X 既然出现过一个连续变化系列，我们认为视像锐利程度每一次微小的改良——从模糊一片进步到完美的人类视觉——都能提升生物的存活概率，应属合理推测。

希钦还引用了美国哈佛大学著名古生物学（与科学史）教授古尔德（Stephen Jay Gould，1941—2002）的话：

> "5% 的眼睛有什么用？"好问题！我们不直接回答这个问题，我们会论证：这种原始阶段的眼睛一开始不是视觉器官。

古代动物的"眼睛"要是功能只有现代眼睛的 5%，它们也许真的拿它顶别的用途，不当作"视觉器官"。但是我觉得就算用它来"看"，5% 的眼睛顶 5% 的视觉，也不是不可能的。事实上我不认为这个问题问得好。任何动物即使视力只有我们眼睛的 5%，都占许多便宜，比一点视力都没有好多了。甚至 1% 都好。6% 比 5% 好，7% 比 6% 好，如此这般，在这个连续渐变系列中，总是后出转精，让"主子"过得好些。

这类问题已经让一些对动物"拟态"（mimicry）有兴趣的人感到不安。许多动物受拟态保护，躲过猎食者。例如竹节虫（stick insects）看来像竹枝或细枝，鸟儿没察觉，就能逃过一劫。叶竹节虫（leaf insects）看来像叶片。许多可口的蝴蝶长得像有恶臭或有毒的物种。这些动物拟态令人印象深刻，天上的云即使像黄鼠狼，怎么都比不上。许多例子逼真的程度比我的电脑"昆虫"还让人赞叹。（我的"昆虫"有 8 只脚，记得吗？真正的昆虫只有 6 只脚。）真正的自然选择过程有更多世代改进"拟态"的逼真程度，至少比我的电脑"昆虫"多百万倍以上。

竹节虫与叶竹节虫的模样，我们使用"拟态"这个词来指涉，可是我们并不认为这些动物有意识地模仿其他东西的模样，而是自然选择青睐那些被误认为其他东西的个体。换言之，竹节虫的祖先族群里，凡是看来不像竹枝的都没留下后裔。有些学者认为"拟态"在演化的早期阶段不大可能受自然选择青睐，德裔美籍遗传学家戈尔德施密特（Richard Goldschmidt，1878—1958）是其中最有名的。就像私淑戈尔德施密特的古尔德谈到"拟"粪堆"态"的昆虫时所说的："看来与粪堆只有 5% 的相似程度会有任何好处吗？"由于古尔德的影响力，最近为戈尔德施密特"恢复名誉"的言论颇为时髦，什么戈尔德施密特生前就受到打压啦，戈尔德施密特有些真知灼见值得发掘啦等等。且让我举个例子，让大家欣赏欣赏他的论证：

> （有人说）……某些个体因为基因发生突变，恰好长相与某个较不受猎食者青睐的物种相似，因此占了一些便宜。我们必须追问的是：究竟得多相似才能占到便宜？难不成我们必须假定鸟儿、猴子、螳螂的观察能力异常高明（或者有些聪明家伙很高明），只要一丁点儿相似都会当真，自动退避三

舍？我想这个要求太过分了。

戈尔德施密特的立论太不牢靠了，不该耍这种嘴皮子的。观察能力异常高明？聪明家伙？读者会以为他在说鸟儿、猴子、螳螂因为被极为原始的"拟态"骗了，反而占到便宜。戈尔德施密特应该这么说："难不成我们必须假定鸟儿、猴子、螳螂的视力那么糟（或者有些笨蛋真的糟到那个地步)?"然而，这的确是个不易解答的难题。竹节虫的祖先一开始与竹枝的相似程度必然不怎么样。只有视力烂透了的鸟儿才会上当，可是现代竹节虫与竹枝的相像程度实在惊人，连竹枝上的细节都仿冒得惟妙惟肖。鸟儿必然有绝佳的视力，至少集体来说是如此，它们选择性地捕食那些"次级品"，迫使竹节虫的拟态朝完美境地演化。鸟儿这一关绝对蒙混不了，不然它们的拟态绝不会如此完美，而且我们会发现拟态只有二三流水平的个体。我们如何解决这个看来难以自圆其说的难题？

有些学者认为鸟类的视觉与昆虫的伪装是在同一个演化时段里逐步改进的。也许吧，要是你不介意我轻浮一点，我会说鸟儿5%的视觉刚好配虫子5%的伪装，真是绝配。但是那不是我想提出的答案。事实上我觉得昆虫伪装（"拟态"）的演化，从"不怎么像"开始一直发展到完美的地步，速度非常快，而且在不同的昆虫族群中分别演化过好几次，在这段期间鸟儿的视力已经达到今日的水平。

其他学者提出的解答如下。也许每一种鸟儿或猴子的视力都很差，它们对昆虫感兴趣的地方只限于某一面相。也许一种猎食动物只注意颜色，另一种是形状，还有一种是质地，等等。于是只在某一方面像一根细枝的昆虫就能欺骗一种猎食动物，即使其他猎食动物还是不放过它。演化这么进行下去，昆虫的伪装便出现越来越多逼真的特征。最后，许多不同猎食动物造成的自然选择压力，合力打造出各方面都极为完美的拟态。那些猎食动物没有一个看见拟态的完美全貌，只有我们能。

这似乎意味着只有我们人类够聪明，才能全方位欣赏昆虫的精彩拟态。这未免太自命不凡了吧？不过我不接受这个解答，另有理由。这就是：任何猎食动物，即使在某些情况中视力极为锐利，也可能在其他情况中视力无从发挥。事实上，我们从自己熟悉的经验就足以体认"视力"不能一概而论，同一双眼睛的表现，从"不良"到"绝佳"都算正常，视状况而定。在阳光普照的大白天，鼻尖正前方 20 厘米的一只竹节虫，绝对难逃我的法眼。我会注意到它的长腿紧挨着躯干轮廓。我也许会注意到它的身体呈现的对称很不自然，真正的小细枝不会那么对称的。但是，要是我在傍晚穿过森林，同样的眼睛、同样的大脑可能就无法分辨颜色黯淡的昆虫与周遭触目都是的树枝。昆虫的影像也许落到我视网膜的边缘而不是视觉比较锐利的中央。昆虫也许在 150 米开外，落在我视网膜上的只是一个微小的影像。光线也许很差，我几乎什么都看不见。

事实上，昆虫与树枝的相似程度不论多么微不足道，光线、距离，还有注意力等因素，都可能使视力不弱的猎食动物误判。要是你想到一些例子，觉得怎么都不可能看错，请你将光线调暗试试，或者走远一点儿再看。我的意思是：许多昆虫因为与树枝、树叶或地面的粪粒有一丁点儿相似之处而保全了性命，当时或者它距猎食者很远，或猎食者出现时已是黄昏时分，或猎食者隔着雾在看它，或猎食者看到它时因为附近有发情的雌性而分心了。另一方面，许多昆虫因为与小树枝相似得离奇而保全了性命，因为猎食者刚好距它们很近、光线也很好，搞不好是同一头哩。无论光的强度、与猎食者的距离、影像在视网膜上的位置，以及类似的变项，重要的是它们都是连续变项。它们的测量值分布在"可见"与"不可见"这两极之间，任何一点都可以是它们的值。从"可见"与"不可见"，变化是连续的，邻近的值之间差异可以小到难以察觉的地步。这种连续变项孕育了连续、渐变的演化。

戈尔德施密特的问题（究竟得多相似才占得到便宜）原来根本不是问题！（戈尔德施密特对自然选择论有许多不满，那个问题只是其中之一；他出道后，有很长一段时间都在宣扬一种极端的信念：演化不是个积少成多的累进过程，而是个大破大立的跃进过程。）而且我们再度证明了"5%的视觉"也比没有视觉好。我视网膜边缘上的视力，也许还不到视网膜中央区视力的5%呢。但是我的眼角余光仍然可以侦测到大卡车或公共汽车。由于我每天骑自行车上下班，这个事实也许已救过我的性命呢。下雨天我戴着帽子，要是眼睛没注意到大卡车或公共汽车，很容易就做了轮下鬼啦。在暗夜中我的视力比起日头正当午时，必然5%都不到。许多人类祖先在午夜里也许就仗着能看见紧要东西的视力，才逃过一劫——例如附近的剑齿虎或前头的悬崖——得以传宗接代。

我们每个人有自己的切身体验，例如在暗夜中，都知道从伸手不见五指到一目了然两者间，其实是一系列连续变化的阶段，邻近的差异简直无从分辨，可是一步一脚印，每前进一步都能享有实质利益。任何人用过可变焦距双筒望远镜，都能体会调节焦距是个连续的渐进手续，向正确焦点推进的每一小步，相对于前

一步都能改善视野的清晰程度。逐渐旋转一台彩色电视机的彩色
平衡旋钮，就能发现从黑白到自然彩色事实上是个连续渐变过程。
虹膜控制瞳孔的大小，保护我们的视力不受强光的影响，让我们
在光线微弱时也看得见东西。我们都有夜里给车头灯照得暂时失
明的经验，因此可以想象没有虹膜的滋味。挺不愉快的，甚至危
险，对吧？但是眼睛还不至于完全失去功能。现在你知道了
吧——"眼睛有许多零件，但是它们不能各自为政，眼睛是完美
的功能体，要不，就一点儿功能都没有！"[1]——去他的，这么说
不只错了，而且不诚实，任何人只要花两秒钟回想自己熟悉的经
验就不至于这么说了。

　　让我们回到问题5。好吧，人类的眼睛是从没有眼睛的情况经
过一系列渐进变化的 X 演化出来的。那么这些 X 每一个都能充分
发挥功能，协助主子生存与生殖吗？反对达尔文演化论（自然选
择论）的学者假定答案显而易见，就是"不能"。这个答案未免天
真了些，我们已经讨论过了。可是回答"对的"就很明智吗？这
倒不是显而易见的，不过我认为这是正确的答案。看得见一点点
比什么都看不见来得好，用不着多说。但是我还有别的理由。我
们在现代的动物中也可以发现各种中间型（过渡型）的眼睛。当
然，我不是说这些现代动物的眼睛都真的代表我们眼睛的祖先型。
但是它们的确显示：中间型的眼睛可以运转、发挥功能。

　　有些单细胞动物体表有感光点，这一点后面有光敏色素构成
的"屏幕"。这个屏幕拦截（接收）从某个方向射入的光线，动物
因此对于光源有了"认知"。多细胞动物中，各种不同类型的蠕虫

---

[1] 这句话的意思是"不完美的"、"不完全的"眼睛不可能产生功能。——译者注

与一些软体动物都有类似的构造，但是含有光敏色素的细胞位于体表的一个小浅杯中。这种构造利于侦测光线的方向，因为各个细胞可以负责拦截不同方向的光线，于是就有了分工。从处于一平面上的一小群感光细胞，演化成一个浅杯，再演化成深杯，每一步无论多小，都能改进视觉。现在，要是你手边已有一个很深的"眼杯"，只要将杯四周翻下去，杯底翻上来，就成为一个没有晶状体的针孔相机了。从浅视杯到针孔相机，有一个逐步演进的连续系列。

针孔相机可以形成明确的影像，针孔越小，影像就越清晰（但是黯淡），针孔越大影像越明亮（但是模糊）。海洋软体动物鹦鹉螺，很像乌贼，是一种奇怪的动物，身体居住在类似菊石（鹦鹉螺的古生代祖先化石）与箭石（乌贼祖先化石）的壳里。鹦鹉螺有一对针孔相机眼睛。这对眼睛与我们的基本上形状相同，但是没有晶状体，瞳孔只是一个小孔，海水可以流入"眼球"里。实际上，鹦鹉螺是个谜。它们的祖先演化出针孔相机眼睛已经几亿年了，它们一直没有发现晶状体的奥秘吗？有了晶状体，影像就能既清晰又明亮。我替鹦鹉螺着急，因为从它视网膜的构造与功能看来，有了晶状体之后视力就可以立即改善，而且大大地改善。就像一套立体声音响，有一流的扩音器，可是唱盘上的针头却是钝的。这样的系统只消一个特定的改进手续，就不同凡响。在基因超空间里，鹦鹉螺似乎只要跨出一步就能走上一条改进之道，享受立即、明显的改良利益。可是它没有跨出这一步，为什么？英国萨塞克斯（Sussex）大学的兰德（Michael Land）一直很纳闷儿，我也很纳闷儿。是因为必要的突变无法发生，鹦鹉螺的胚胎发育过程经不起那样的折腾？我不相信，可是想不出更好的解释。至少鹦鹉螺更凸显了我们的论点：没有晶状体的眼睛比没有眼睛好。

有了眼杯之后，在针孔上覆盖一层物质，只要性质有一点像晶状体，都能改善影像，几乎任何凸圆的、透明的，或半透明的都成。晶状体的功能是：收集它表面上的光线，聚焦后投射在视网膜较小的面积上。只要粗糙、原始的晶状体出现了，就有连续、累进改善的机会，厚一点、透明一点，减少影像扭曲的程度这个趋势会止于至善——我们一眼就认出的真正晶状体。乌贼与章鱼是鹦鹉螺的亲戚（二者都属软体动物头足纲），它们的眼睛都有真正的晶状体，与我们的很像，不过它们的祖先是独立演化出整套照相机——眼睛的。根据兰德的推测，眼睛使用 9 种基本原理（机制）形成影像，在生命史上大部分都独立演化过好几次。举例来说，鹦鹉螺的眼睛使用碟形反射板机制，与我们的照相机——眼睛完全不同，可是这种机制许多不同的软体动物与甲壳类动物（节肢动物）分别"发明"过好几次。（我们制造无线电望远镜与最大的光学望远镜，也使用这种机制，因为大型镜面比大的透镜容易制造。）其他的甲壳动物拥有类似昆虫的复眼，就是一大堆微小眼睛的集合体，还有一些软体动物，我们前面说过，拥有与我们一样的照相机——眼睛，或是针孔相机眼睛。这些不同类型的眼睛，每一种都可以在现生动物中找到可算是"过渡"阶段的形式，而且都能发挥功能。

反演化论的宣传数据中，充满了所谓的例子，证明"复杂的系统无法通过渐进的过渡型演化出来"。不过从另一个角度来看，它们往往只不过是我们第二章谈过的"难以置信"论证，毫无价值。例如《长颈鹿的脖子》讨论过眼睛之后，继续讨论投弹手甲虫（bombardier beetle）：

> （这种甲虫）朝敌人面庞喷出一种致命的混合液体，含有
> 对苯二酚（hydroquinone）[1]与过氧化氢（即消毒用的双氧
> 水）。这两种化学物质一旦混合就会爆炸。为了在体内安全地
> 储存它们，投弹手甲虫演化出了一种化学抑制剂，使它们和
> 平共存。甲虫从尾巴喷射毒液的那一刻，加入抗抑制剂，使
> 混合液恢复爆炸性质。这个精妙的复杂、协作过程如何演化？
> 以一系列简单的生物步骤就能完成吗？我认为完全不成。因
> 为所涉及的化学平衡只要出了微小的差错，甲虫就会爆炸。

我找一位生物化学的同事要了一瓶双氧水，以及分量相当于
50只投弹手甲虫体内的对苯二酚。现在我就要将它们混合。根据
前述，混合液会炸到我的脸上。我已经将它们混合了……

哈哈，我还坐在这儿。我刚刚将双氧水倒进对苯二酚里，什
么都没有发生。混合液甚至没有发热。我当然知道这么做不会有
事：我才不是傻瓜呢。什么"对苯二酚与过氧化氢这两种化学物
质一旦混合就会爆炸"，根本是狗屎！尽管创造论信徒辗转传抄，
也没有成真。（咦！不是谎言说100遍就会成真吗？）对了，要是
你对投弹手甲虫真的发生了兴趣，告诉你真相也不妨。没错，这
种甲虫会喷出灼热的毒液对付敌人，正是对苯二酚与过氧化氢的
混合液。但是对苯二酚与过氧化氢不会发生剧烈的反应，除非加
入一种催化剂（触媒）。投弹手甲虫做的就是这事。至于这个毒液
系统的演化前驱，无论过氧化氢还是对苯二酚家族，在甲虫体内

---

[1] 美白化妆品的主成分。——译者注

都有其他用途。它们的祖先不过"征用"了两种体内早已存在的化学分子，开发出它们的新用途。通常演化就是这么回事。

《长颈鹿的脖子》讨论投弹手甲虫的那一页，有这么一个问题："半个肺有什么用？自然选择会扫除配备这些怪玩意儿的生物，而不是拣选它们。"一个健康的成人，每一侧的肺都有3亿个气泡，位于分枝的气管系统中每一根支气管的尖端。这些支气管的建构方式，与第三章图2最下方的生物形很像。在那幅树形图里树枝分枝的次数是8，由"基因9"决定。所以树枝尖端的数目共有2的8次方，就是256个。图2由上到下，树枝尖端逐个加倍。为了产生3亿个分枝，只要连续加倍29次即可。请留意：从一个单独肺泡到微肺泡，有一个连续阶梯可以攀登，每登一级就多一次分枝机会。这个变化可以用29次分枝完成，我们可以天真地将这个过程想象成在基因空间中堂堂地走上29步。

在肺里，气管不断分枝的结果，就是表面积超过60平方米。面积是肺的重要变项，因为面积决定了肺吸收氧气、排出二氧化碳的速率。读者想必已经看出来了，面积是个连续变量。面积不是那种全有或全无的东西。面积是可以多一些或少一些的东西。肺比大多数东西还要容易逐步渐变，从0一直到60平方米。

许多病人动手术切除一侧的肺，仍然能四处走动，有些人肺表面积只剩下正常人的三分之一。他们也许能走，但是不能走远，也不能走得很快。那正是我想提醒读者的地方。逐渐减少肺的表面积对存活的影响，不以"全有或全无"模式表现。病人走路的能力会受影响，可是影响力以一条连续平滑的上升曲线显现，与切除面积成比例。也会以同样的模式影响余命；并不存在一个临界值，只要低于它就会送命。一旦肺的表面积低于理想值以下，死亡的概率就会大增，可是增加的模式仍然是逐步的，而不是跃进式的。（肺的表面积高于理想值的话，死亡风险也会增加，但是理由不同，与生理系统的经济规模有关，这里不赘述。）

我们几乎可以确定，我们最早演化出肺脏的祖先，是生活在水中的。我们观察现代鱼类，可以得到一些线索，想象它们当初是怎么呼吸的。大多数现代鱼类在水中以鳃呼吸，但是许多鱼生活在泥泞的沼泽中，必须到水面上直接吸入空气。它们嘴里的气泡可以勉强充作肺，有时气泡增大，成为富含血管的呼吸囊。我们前面已经讨论过了，一个单独的呼吸囊只要不断地分枝下去，就能发展成一个含有 3 亿气泡的分枝系统，像我们正常人的肺一样，也就是说想象一个气泡与 3 亿个气泡系统之间有一个连续的 X 系列并不困难。

有趣的是，许多现代鱼类保留了当初那个单独的气泡，赋予它完全不同的任务。虽然它当年一开始扮演的是"呼吸器"，却在演化过程中变成鳔。鳔是非常巧妙的装置，功能像水位计（hydrostat），使鱼儿能在水中一直保持平衡。动物体内要是没有空气囊，一般而言就会比同体积的水稍重一些，所以会沉到水底。鲨鱼必须不断地游动，才不致沉入水中，就是这个缘故。动物体内的空气囊若很大，像我们的肺一样，就会浮在水面上。在这两个情况之间，存在着各种可能性，空气囊要是大小适中，动物就不下沉也不浮起，而是处于水中固定深度，既稳当又不费力。这是现代鱼类（硬骨鱼）新演化出来的本领，鲨鱼这种古老鱼类（软骨鱼）就没有。现代鱼不像鲨鱼，不必浪费精力维持身体在水中的深度。它们的鳍与尾巴只需负责前进的方向与速度。它们也不需要从外界取得空气注入鳔中，它们体内有特殊的腺体制造气体。现代鱼以这些腺体与其他方法准确地调节鳔里的气压，精确地维持身体在水中的平衡。

有几种现代鱼可以离水而居。最极端的例子是印度攀鲈（Indian climbing perch），它几乎不必回到水中。它独立演化出一种不同的肺——围绕着鳃的气囊。其他的鱼基本上仍是水栖动物，但是会登陆做短暂的停留。我们的祖先大概也这么干过。它们的登陆活动值得一谈，因为登陆的时间可以连续变化，从永久到零。要是你是一条鱼，主要在水中生活、呼吸，偶尔登陆冒险一回，也许只是在干旱时期不甘坐以待毙，所以"走出去"，从一个泥坑转进另一个泥坑，要是你有半个肺，甚至1%个肺，生机都能提升。你的肺究竟原始到什么程度都没有关系，重要的是：那个肺可以让你在陆上生存得久一点。时间是连续变量。水中呼吸与空气呼吸的动物并没有截然的区别。不同的动物或者花99%的时间在水中，或者98%、97%等等，直到0。这一路上，肺的面积哪怕只增加一点点都能增加存活的能力。这是一条连续、渐进的道路。

半个翅膀有什么用？翅膀怎么开始演化的？许多动物从一棵树跳到另一棵树，有时跌落地面。特别是小动物，可以用整个身体表面兜住空气，协助它们穿梭树间，或者阻止跌势。任何增加身体表面积与重量比例的趋势都有帮助，例如在关节处长出一片皮肤褶。于是朝向滑翔翼演化的一系列连续、渐变的 X 就有可能出现了，这整个演变的终点就是可以上下扑动的翅膀。用不着说，最早拥有原始翅膀的动物有些距离跳不过。同样用不着多说的是：无论原始的翅膀有多原始、多粗陋，只要能增加身体的表面积，就能协助主子跳过某个距离，而没有翅膀硬是跳不过。

另一方面，要是原始翅膀的功能是阻止动物的跌势，你不能说:"除非那翅膀达到一定尺寸,否则一点用也没有。"我们已经讨论过了,最初的翅膀无论是什么德行都不重要。世上必然有个高度,没有配备原始翅膀的个体要是坠落地面,一定摔断脖子,而配备了的,就能幸存。在这么一个关键高度,任何提升身体表面积的改进(以有效阻止跌势),都攸关生死。所以自然选择青睐那不起眼的原始翅膀。一旦族群中几乎个个都配备了原始翅膀,决生死的高度就会稍稍提升一点。因此原始翅膀的任何增长都能判阴阳、别幽明。如此这般,叫人赞叹的翅膀终于出现了。

这个连续演化过程,每个阶段都可以在现有动物中找到优美的例证。有些青蛙以脚趾间的巨蹼在空中滑翔,树蛇以扁平的身子兜住空气,阻止跌势,还有身体长出皮肤褶的蜥蜴;好几种不同的哺乳类以上下肢之间的皮膜滑翔,我们因此可以遥想当年蝙蝠的飞膜是怎么开始演化的。世上不仅常见"半个翅膀",1/4 个翅膀、3/4 个翅膀等等亦所在多有,与创造论者所说的正相反。要是我们还记得无论形状是什么样的小动物,往往都能轻盈地飘浮在空气中,前面讨论的"飞行的连续发展阶段"就益发令人信服了。因为动物体积也是个连续变量。

"经过许多步骤累积的微小变化"是极其有力的概念,能够解释一大片事物,其他的概念全都无法解释。蛇毒怎么开始演化的?许多动物都会以口齿咬敌自卫,只要唾液中含有蛋白质,一旦进入对手的伤口,就可能引起过敏反应。即使被所谓的无毒蛇咬伤,有些人都可能觉得痛苦不堪。从普通唾液到致死毒液,是一个连续、渐变的序列。

耳朵怎么开始演化的?只要让皮肤接触震动源,任何一片皮肤都能侦测震动。这是触觉的自然延伸。自然选择很容易强化这种感觉，只要逐步增加皮肤的敏感度就成了，最后连最轻微的接触震动都能察觉。这时皮肤已经十分敏感，空气传导的震动，只要强度够、距离近就能自然地察觉。自然选择会青睐特别化的感官——耳朵——的演化，以这个感官捕捉遥远震动源发出的空气传导震动。我们很容易看出这是一条连续的演化道路，感官的敏感度会逐步、渐进增强。回声定位的本领是怎么开始演化的？有听觉的动物也许就能听到回声。盲人往往学习利用这些回声。哺乳类祖先只要有一丁点儿这样的本领，就足够自然选择施展了；自然选择锤炼这个原始的本事，将它逐步、渐进地改善，终于打造成蝙蝠的回声定位系统。

5% 的视觉比没有视觉要好。5% 的听觉比没有听觉要好。5% 的飞行效率比不能飞要好。我们观察到的每一个器官或装备，都是动物空间中一条连续、圆滑轨迹的产品，在这条轨迹上每前进一步，存活与生殖的机会就增加一分。这个想法完全可信。无论什么地方我们发现一只活的动物有个 X，X 代表一个复杂的器官，不可能在动物空间中凭偶然性一步就创造出来，那么根据以自然选择为机制的演化论（达尔文理论），我们可以推论：动物拥有一部分 X 必然比没有 X 要好过，X 加多一点点比维持原状好过，完整的 X 比九成的 X 好过。我接受这些命题，毫无困难，无论 X 是眼睛；是耳朵，包括蝙蝠的耳朵；是翅膀；是以伪装或拟态自保的昆虫；蛇的上下颚；刺；布谷鸟利用其他鸟种为自己孵育幼雏的习惯；总之，所有反演化论文献中用来驳自然选择论的例子。我也同意：对许多可以想象的 X，上面的断言并不成立；许多想象得到的演化路径上，处于中间阶段并不会比前一阶段更好。但是那些 X 在真实世界中没有发现过。

达尔文在《物种起源论》（1859 年 11 月第一版）中写道：

> 如果世上有任何复杂的器官，不能以许多连续的微小改良造成，我的理论就垮了。

125 年了，我们对动植物的了解比达尔文多得多了，可是据我所知，还没有发现任何一个这样的例子。我不相信我们会发现这样的例子。果真发现了（它必须是个真正复杂的器官，而且本书以下各章会讨论到，对于"微小"这个形容词，你必须谨慎），我就不再相信达尔文演化论了。

有时候，逐渐变化的中间阶段（演化史）在现代动物的身体上留下了清楚的烙印，甚至以"最终产物一点都不完美"这个事实来提醒我们。古尔德写过一篇精彩的专栏文章《熊猫的拇指》（1976），将这一点发挥得淋漓尽致：不完美的器官比完美的器官更适合当作支持演化论的证据。我只想提出两个例子。

生活在海底的鱼，要是身体扁、贴近海床，会很有利。生活在海底的扁鱼有两大类，它们非常不同。一种是鲨鱼的亲戚，鳐鱼与鱼（skates and rays），它们的身体也许可以用"毫不出奇的扁平"来形容。它们的身体向两侧发育，最后形成"巨翅"。它们就像让压路机碾过的鲨鱼，可是仍保持身体原来的对称模式，而且上下的轴线也保留了。鲽鱼、鳎目鱼、大比目鱼以及它们的亲戚，是以不同的方式变成扁鱼的。它们都是硬骨鱼（现代鱼），身体里有鳔，与鲱鱼、鳟鱼是亲戚，而与鲨鱼（软骨鱼）没有关系。硬骨鱼与鲨鱼不同，一般说来身体朝纵轴发展。例如鲱鱼身体两侧向中央贴近，给人的感觉是它比较"高"。它的侧面扁平宽阔，是"游泳面"，以头尾纵轴（脊柱）上的波浪运动推动身体前进。因此鲽鱼、鳎鱼的祖先到海底生活后，很自然地就以一个侧面躺在海床上，而不像鳐鱼与鱼的祖先以腹面贴着海床。但是这样做引发了一个问题：一只眼睛永远向下贴近海床，一点用处都没有。它们在演化过程中解决了这个问题：将"底下"的眼睛移到上面来。[1]

这个眼睛移位的现象，每一条硬骨扁鱼在发育过程中都会重演一遍。幼鱼起先在接近水面的地方活动，它的体态与鲱鱼一样，左右对称，两侧贴近中央垂直线。然后它的颅骨开始以一种奇怪的不对称方式继续发育，并扭转过来，于是它的一只眼睛，就说是左眼好了，向另一侧移动，最后通过颅顶，到达右侧。这时幼鱼已经到海底生活了，一侧身体朝上，两只眼睛都在朝上的一面，一副奇怪的德行，像毕加索的画一样。对了，有的扁鱼种右侧朝下，有的左侧，有的左右不拘。

硬骨扁鱼的整个头骨是扭曲、变形了的，因此我们可以推测它的起源。它看来一点儿都不完美，反而是有力的证据，显示它是一步一步演变而成的，是特定历史的产物，而不是有意设计的。任何一位通情达理的设计师，要是有机会从零开始自由创造一条扁鱼，绝不会搞出这么一种怪物来。我猜大部分通情达理的设计师都会以类似鳐鱼的形态为设计的原型。

但是演化从来不是从零开始的故事。它必然从现成的东西开始。以鳐鱼的祖先来说，它的演化起点必然是类似鲨鱼的软骨鱼。一般来说，鲨鱼与鲱鱼之类的硬骨鱼不同，不是两侧朝中央靠拢的扁鱼。要说鲨鱼像个什么吧，它可说是上背有点儿贴下腹的扁鱼。也就是说，第一批到海底生活的某些古代鲨鱼，为了适应海

---

[1] 这就是"比目"一词的由来。——译者注

底的物理条件，以它们的既有形态而言，很容易走上朝向鳐鱼形态演化的途径，于是经过逐步、渐进的演变，它们的上背越来越贴着下腹，身子越来越扁了，海底的条件使这个发展每前进一步都对它们有利。

另一方面，鲽鱼、大比目鱼的祖先是像鲱鱼一样的"扁鱼"，就是两侧互相贴近的鱼，它们到了海底后，以一侧躺在海底，比以（像刀背一般窄的）腹部费力地维持身体平衡省力得多。即便它的演化之旅注定要抵达它们今日的模样——头骨必须变形，使两只眼睛都位于同一侧，这是个复杂而且可以说是个费事的过程——即便鲽鱼变成扁鱼的方式最后证明对硬骨鱼而言也是最佳设计，它演化必经的各个阶段比起以身体一侧躺在海底的"对手"，至少在短期内并无优势可言。对手只要因势利导，只要躺下几乎就大功告成了。在基因超空间里，从自由浮游的硬骨鱼到以身体一侧躺在海底、头骨变形的扁鱼，有一条平滑的轨迹。可这些硬骨鱼与以腹面躺在海底的扁鱼之间就没有。理论上有，要是真的实现的话，一路上处于各个连续变化阶段的个体都不会是成功的鱼。不错，它们的竞争劣势只是短期的，但是在生命世界中，只争朝夕。

一条演化发展途径即使是可以想象的，而且到达终点的生物可以获得的利益处于起点的个体无从享受，要是在现实中处于过渡阶段的个体缺乏竞争优势，这条途径也无从实现。我的第二个例子是我们的视网膜，或者应该说所有脊椎动物的视网膜。视神经是 12 对脑神经中的第二对，它与任何神经一样，是一条很粗的电缆，包含一束电线（神经纤维），每根电线都有绝缘体（脂质的神经鞘）包裹。视神经有 300 万条神经纤维，每一条都是视网膜上一个神经元向大脑传递视讯的"热线"。你可以把视神经想象成一条电缆，从一块包括300万个感光单元的感光板连接到大脑中负责分析视讯的计算机上。事实上每根视神经纤维传送的信息，都不是原始数据（raw data），而是许多感光神经元的原始数据经过初步处理后的结果。视神经纤维的神经元本体分布在整片视网膜上。每一个眼球的视神经纤维集合起来就成为视神经。

任何一个工程师都会很自然地假定视网膜神经元会朝向光源，它们的"电线"（神经纤维）朝向大脑。要是感光单元居然背向光源，而电线从比较接近光源的一侧离开"感光板"，他们一定会觉得可笑、不可思议。然而脊椎动物的视网膜正是这样设计的。视网膜位于眼球表面，视神经元组成柱状的功能单位（与眼球表面垂直），含有光敏色素的神经元（杆状细胞与锥状细胞）位于最上端，依序是次级神经元，发出视神经纤维的神经元在神经柱的底端。每根神经柱从底下发出神经纤维，贴着视网膜内面爬行，向一个点集中，再由那一点"钻出"眼球，成为视神经进入中枢神经系统。（因此那一点不可能有任何感光神经元，叫作"盲点"。）可是眼球埋藏在眼窝中，视网膜其实朝向大脑，而不是光源，因此感光神经元（杆状细胞与锥状细胞）反而是视觉神经柱里距光源最远的单位，而视神经纤维却朝向光源。更糟的是：朝向光源的视网膜"底部"爬满了"电线"，光线得先穿过电线丛林才能刺激感光细胞，这么一折腾信息至少会稀释甚至被歪曲吧？（事实上似乎没有什么大碍，即便如此，这种违反设计原则的安排，任何讲究条理的工程师还是不免抓狂。）

我不知道视网膜这种奇怪的设计该如何解释。当年的演化过程现在已无从寻绎。但是我愿打赌，它与我们前面讨论过的"演化轨迹"有关。在现实生物界里（请回想计算机中的"生物形国度"），改造今日的视网膜首先得逆溯它当年的演化轨迹返回祖先型，再朝向理想型重新演进。在动物超空间中也许真有这么一条理想的演化轨迹，只不过在实践过程中处于中间阶段的个体"暂时"无法与祖先型竞争，理想终归画饼。生命苦短，只争朝夕。中间型搞不好比革命对象的祖先型还糟，"有梦最美"，却改变不了生物界的现实：今天都活不了了，谈什么明天！此时此刻才是最真实的。

根据以比利时古生物学家多洛（Louis Dollo，1857—1931）命名的"多洛定律"（Dollo's Law），演化是不可逆的。许多人往往将它与唯心论者喜欢瞎扯的什么"进步是无可阻挡的"混淆了，而且他们还经常人云亦云地胡扯"演化违反了热力学第二定律"。[根据物理学家、小说家斯诺（C. P. Snow，1905—1980）的看法，受过良好教育的人有一半了解热力学第二定律，他们明白：要是婴儿发育都不违反热力学第二定律的话，演化怎么可能违反呢！]演化的一般趋势当然不是不可逆的。要是有段期间鹿角表现了逐渐增大的趋势，然后它朝相反的方向发展（越来越小），最后"恢复"原形，不会有什么困难。多洛定律的真义不过是：重蹈完全相同的演化轨迹（或任何特定轨迹），不论正向还是逆向，以统计学的观点来看都是不大可能的。单独的突变步骤很容易逆转，回到原点。但是大量的突变步骤，即使在只有 9 个基因控制的生物形空间里，事过境迁之后想亦步亦趋完全重演一遍，都会因为可能的轨迹太多了，机会极为渺茫。真实动物的基因组中基因的数目太大了，更不必说了。[1]因此多洛定律毫无神秘费解之处，也不是我们需要到田野"测验"的假说。只要懂基本的统计学（基本

---

[1] 估计人类基因组中只有两万多个基因。——译者注

的概率定律），就能推演出多洛定律。

在动物空间中，想"重蹈覆辙"亦步亦趋地走完相同的演化轨迹？[1]门儿都没有！至于两个不同的演化世系从两个不同的起点，居然"殊途同归"抵达同一个终点？绝无仅有，同理可证。

可是自然选择的力量因而更令人惊讶，因为我们在自然界可以发现许多例子，不同的演化世系从迥异的起点竟然像是殊途同归，抵达了看来相同的终点。那些殊途同归的例子，我们叫作趋同演化（convergence），的确令人忧虑，难道我们刚刚在讨论多洛定律的段落里所做的推论经不起田野的考验？可是一旦我们仔细观察了细节，就会发现"趋同"其实只是"表象"。只要深入细节，它们的狐狸尾巴就露出来了。显示各个演化世系都有独立起源的证据，全都难逃法眼。举例来说，章鱼的眼睛与我们的很像，但是它们的视神经纤维不像我们是从视网膜迎光面离开眼球的。就这一点而言，章鱼眼睛的设计才通情达理。章鱼属于无脊椎动物（软体动物头足纲），我们是脊椎动物（哺乳纲），虽然配备了看来类似的眼睛，细节却难掩各自的演化渊源。

这种表面上的趋同相似往往极其诡异，我要举出几个例子来讨论，以结束本章。这些例子将自然选择创造优良设计的力量展露得淋漓尽致。可是表面相似的设计仍有差异，透露了各自的演化渊源（起点与历史）。生物演化的基本原理是：要是一个设计（design）优良到值得演化一次，这个设计原理（design principle）就值得在动物界从不同的起点、不同的族系再演化一次。为了说明这一点，我们用来讨论优良设计的"回声定位"仍然是最好的

---

[1] "踏着先烈的血迹前进！"——译者注

例子。

我们对"回声定位"的知识，大部分来自对蝙蝠的研究（与人工仪器），但是许多与蝙蝠关系疏远的动物也有利用"回声定位"的本事。至少有两种鸟类也会利用回声，鲸豚类的"回声定位"本领更是高超。此外，蝙蝠中我们几乎可以确定至少有两种分别"发明"了"回声定位"法。那两种鸟儿分属不同的"目"，一是南美洲的嚎泣鸟（guacharo，夜行、以水果维生；夜鹰目），另一群是东南亚的金丝燕（雨燕目），华人视为补品的燕窝就是它们的巢。它们都在洞穴深处栖息，那里光线黯淡，甚至光线穿不透，它们都会发出咂舌声，利用回声在黑暗中巡弋。人类听得见它们的咂舌声，与蝙蝠发出的超声波不同。它们也没有发展出蝙蝠的高级回声定位本领。它们的咂舌声不是调频（FM）的，似乎也不适合用来做多普勒计算。也许它们与食果蝙蝠（Rousettus）一样，只是测量咂舌声与回声之间的时间差（以测量距离）。

这两种鸟独立发明了"回声定位"本领，与蝙蝠的无关，我们可以完全确定，而且它们也是分别独见创获的。这套推理过程演化学者经常使用。我们观察了几千种鸟，发现它们大部分没有以"回声"定位的本领。只有分属两个"目"的小"属"练成"回声定位"，它们除了都生活在洞穴中，别无其他相似之处。虽然我们相信所有鸟类与蝙蝠必然有过共同祖先（只要我们回溯得够远），那个共同祖先也是所有哺乳类与鸟类的共同祖先（因为蝙蝠是哺乳类）。绝大多数哺乳类与绝大多数鸟类都不使用"回声定位"，因此可以合理推断它们的共同祖先也不会以"回声定位"（也不会飞——飞行是另一个独立演化过好几次的技术）。于是我们可以推论："回声定位"技术是鸟类与蝙蝠独自发明的，就像英国、美国、德国的科学家分别发明了雷达一样。运用同样的推理，我们可以得到"嚎泣鸟与金丝燕的共同祖先不懂得'回声定位'"的结论，而且这两个属的"回声定位"功夫是分别演化出来的。

同样，在哺乳类中，蝙蝠不是唯一独立演化出"回声定位"的群体。其他的哺乳类，例如树鼩、老鼠、海豹，似乎也会利用回声，不过它们与盲人一样，这种本领还没发展到成熟的境界，唯一可以与蝙蝠别苗头的是鲸豚。鲸豚分为两类，就是有齿与无齿两群。用不着说，它们都是陆栖哺乳类的苗裔。可是它们也许源自不同的陆栖哺乳类祖先，分别发明了水栖本领与装备。有齿鲸包括抹香鲸、虎鲸，以及各种海豚，它们以颚捕食，主要是体形稍大的鱼和鱿鱼。好几种有齿鲸头部都有复杂的"回声定位"装备，其中只有海豚科学家深入研究过。

海豚会发出快速的高频咂舌音，有些我们听得见，有些是超声波，我们听不见。海豚头上像是戴了瓜皮帽，有个鼓起的圆顶，看来与英国空军"宁录"预警机（Nimrod）机首上鼓起的奇异雷达圆顶颇为相似——真是个令人愉快的巧合，不是吗?[1]科学家推测海豚的圆颅顶里有声呐信号发射系统，但是详情仍不明。海豚像蝙蝠一样，平常"巡航"时以较缓慢的速度发出咂舌声，一旦接近猎物，就会转成高速（每秒400次）。其实海豚"声呐"的"巡航速率"也很快。生活在淡水中的海豚（如印度河、亚马孙河海豚），论"回声定位"的本领，最具冠军相，因为它们的栖境在浑浊的河水中。但是大洋中的海豚，以某些测验结果来看，也相

---

[1] 宁录是诺亚的曾孙，"是历史上第一强人"。见《圣经·创世记》第十章八节。——译者注

当出色。一头大西洋瓶鼻海豚凭它的声呐就能区分不同的几何形，如同样面积的圆形、方形、三角形。在两个目标中，它能分辨哪个距离它较近；那是两米开外、相距不到 3 厘米的两个对象。20 米外，只有高尔夫球一半大小的球，它也侦测得到。这种表现比起人类的视力，在光天化日之下不见得好，但是在月光下大概就好多了。

有些人认为海豚其实能够毫不费力地互相传递"心像"（mental pictures），这个想法令人神往，但也不算离谱。科学家已经发现它们的发声模式既多样又复杂。它们只要以声波仿真特定对象反射的回声就能让同伴知道自己心中想象的对象是什么。目前还没有证据支持这个让人开心的念头。理论上蝙蝠也能做同样的事，但是海豚更有可能，因为后者的社会生活比较复杂。海豚也可能更"聪明"一些，但是这与我们现在正在讨论的可能性不一定有关系。收发回声图像需要的仪器，比起蝙蝠与海豚已经拥有的"回声定位仪"，不会更复杂。而且在使用声音制造回声与使用声音模拟回声之间，似乎很容易想象一条连续的演化轨迹。

在过去 1 亿年中独立演化出声呐技术的动物，至少有两种鸟、两种蝙蝠，以及有齿鲸豚。也许还有几种哺乳类动物也发展出同样的技术，只是粗具规模。搞不好已经灭绝的动物也独立演化过这种技术，例如翼手龙，只是我们无从知道罢了。

我们还没有发现会使用声呐的昆虫或鱼，但是有两种不同的鱼发展了类似的助航系统，看来与蝙蝠的声呐系统一样精巧，可以当作为解决同样的问题而演化出的不同——但是相关的技术。这两种鱼一种生活在南美洲，一种在非洲。它们都是所谓的"'弱'电鱼"。"弱"是相对于"强"而言的。电鱼通常指的是以电场电击猎物的鱼。值得在这里顺便一提的是，电击猎物的技术也有好几群没有亲缘关系的鱼分别独立发明，例如电鳗（与鳗没有关系，不过体形与鳗相像）与电鲶。

南美洲与非洲的"'弱'电鱼"没有亲缘关系，但是生活的水域有相似的性质，就是泥水浑浊，视觉无从发挥。它们利用的物理原理——水中的电场——比起蝙蝠与海豚所利用的，我们更觉得陌生。我们对回声至少还有主观印象，但是"对电场的知觉"我们就无从捉摸了。我们甚至直到两个世纪之前才知道电的存在。我们人类作为感受主体，很难对电鱼产生"移情"，但是作为物理学家，却能了解它们。

在餐桌上，我们很容易观察到（硬骨）鱼身体每一（侧）"面"都是一排肌肉节。大多数鱼会按顺序收缩这些肌肉节，使身体产生连续的波浪运动，让身子左右摆动，产生向前的推力。至于两种电鱼，它们的肌肉节构成了电池组。每一肌肉节都是一个电池单位——产生电压。电鳗的整组电池可以产生650伏特×1安培的电力（等于650瓦），足够将人电倒了。[1] "'弱'电鱼"不需要这么高的电压，它们只是以电场收集附近的环境信息罢了。

我们对于电鱼的"电流定位"（electrolocation）原理，有相当好的了解，不过那只限于物理学层次，我们对它们的感受无法产生移情的了解。以下的描述对非洲与南美洲的"'弱'电鱼"都适用，可见它们的趋同演化实在太神奇了。它们身体前半部分会发出电流，在水中沿一条曲线从尾端回到身体。电流并不真的是离

---

[1] 我们电插座的电压是220伏特，书桌上的台灯通常使用60瓦的灯泡。——译者注

散态的"线条",而是连续的"场"——它们的身体等于包裹在电流的茧里。不过,为了方便说明它们的"电流定位",我们可以想象它们前半个身子有一系列"舷窗",每个"舷窗"都向前发出电流,电流在水中从前头向后回转,沿一条曲线从尾巴回到身体。因为发出电流的"舷窗"有一系列,所以身体包围在一系列电流曲线中。这些鱼每个"舷窗"都有一个相当于"伏特计"的微小监视器,专门监视电压。要是鱼儿在水中不动,四周没有阻挡物的话,监视器上的电流线就是平滑的曲线。于是伏特计就记录"电压正常"。如果附近有某个阻挡物,电流线接触到它就会"变形";任何"舷窗"的电流线"变形"后,电压就会改变,变化的模式伏特计会记录下来。因此,理论上若每个"舷窗"的电压监视器都与一台电脑联机,这台电脑比较各"舷窗"的实时电压模式,就能计算出鱼儿附近水域的阻挡物模式——它们的分布、形状和大小。很明显,鱼儿脑子做的就是那些事。我必须再强调一遍,我并不是说这些鱼儿是聪明的数学家。它们拥有一台能够计算那些方程式的仪器,就像我们的大脑,每一次我们接到队友的传球,都没有意识到大脑已经计算过必要的方程式。

"'弱'电鱼"的身体必须维持绝对的僵直,因为它们脑子里的电脑无法处理"额外"的扰动。要是它们的身体与普通鱼一样,会沿头尾轴线进行不断的波浪运动,那么每个"舷窗"的电压模式也会随之变化。这些鱼儿已经至少两次独立地演化出这种精妙的航行方法,但是它们得付出代价:它们必须放弃鱼类的正常游泳方式,那可是极为有效的水中运动方式呢。这个问题的解决方案是:它们让身体像火钳一样僵直,可是它们从头到尾长出一片长鳍。它们的身子不能像蛇一样扭动,那片长鳍可以。它们在水中巡航的速度很慢，但是至少能够前进，而且牺牲快速前进的能力似乎是值得的：顺利地航行比快速地移动更性命攸关。令人觉得兴味盎然的是，南美电鱼演化出了几乎与非洲电鱼一模一样的解决方案，但是细节不同。它们的差异特别值得我们留意。这两群鱼都演化出长鳍以弥补身体僵直的不便，可是非洲鱼的长鳍在背上，南美鱼的长鳍在腹面。在趋同演化的结果中，这种差异是典型的。人类工程师的设计也有同样的现象，用不着多说。

不论在非洲还是南美洲，"'弱'电鱼"大多数物种都以"脉冲"形式放电，叫作脉冲种。少数物种的放电形式不同，叫作"波"种。我不想再进一步讨论它们的差异。就这一章的主题而言，值得我们注意的是：脉冲/波的差别在两个分离的大洲独立演化了两次。

趋同演化最不寻常的例子，据我所知就是所谓的"周期蝉"了（periodical cicadas）。不过在谈它们的趋同演化之前，我得先交代一些背景资料。许多昆虫的生命史都截然划分成两个阶段：幼年进食阶段，占它们一生绝大部分时间，以及相当短暂的成年生殖阶段。举例来说，蜉蝣大部分时间以幼虫（larvae）的形态在水面下捕食，然后离开水面以一天时间过完整个成年生活。我们可以将它们的成体比拟为植物（例如枫树）生命短暂的有翼种子，幼体（larva）比拟为那棵树，它们之间的差别是：枫树会在许多年内不断生产许多种子，散播出去，而蜉蝣幼体寿终时只能创造一个成体。总之，周期蝉将蜉蝣模式推展到了极致。蝉的成体只能活几个星期，可是它们的青少年期却长达 13 年或 17 年。（以专业术语来说，它们的青少年期是在蛹里过的，不能算"幼体"。）蝉在地面下幽居了 13 年或 17 年之后，会几乎同时破蛹出土。"蝉灾"在特定地区每隔13年（或17年）发生一次，每一次"爆发"景象都十分壮观，有些美国人甚至误以为那是"蝗灾"。这种蝉一共有两种——"13年蝉"与"17年蝉"——人们倒是知道得很清楚。

现在我要转入主题了。令人惊讶的事实是："13年蝉"与"17年蝉"不止一种。原来蝉有三个物种（species），每个物种都有"13年"族（variety or race）与"17年"族。这两个族的分别，三个物种各自演化出来，至少3次。也就是说它们不约而同地避开了"14年"、"15年"与"16年"，至少3次。为什么？我们不知道。思考过这个问题的人提出的唯一线索是："13"与"17"相对于"14"、"15"与"16"有何特异之处？——它们是质数（prime number，又译"素数"）。质数就是不能以其他整数除尽的数（1和自己除外）。根据这条线索，我们的思路是这样的：规律地以爆发模式大量涌现世上的动物，可以令猎食者与寄生虫不撑死就饿死。[1]要是"爆发"时间以质数年分隔开，例如每"13年"或"17年"爆发一次，就会使敌人调整生命史的策略（与"爆发"时间同步）难以收效。举例来说，要是蝉"灾"每14年"问世"一次，就摆脱不掉生命周期为7年的寄生虫了。这真是个极为古怪的逻辑，但是并不比蝉灾的现象更古怪。我们的确不知道"13年"与"17年"究竟有什么特异之处。就我们这一章讨论的主题而言，重要的是这两个数字必然有些特异之处，否则三个不同的物种怎么会不约而同地演化出同样的数字？！

---

〔1〕 大伙儿一拥而上，以量取胜；你有狼牙棒，我有天灵盖，让你打到手软，剩下的弟兄就可以扬长而去了。——译者注

在较大尺度上的趋同演化，可以举很久以前就分离的不同大洲为例，我们可以观察到没有亲缘关系的动物群演化出平行的"生业"类型（range of trades）。所谓"生业"我指的是谋生的方式，例如钻洞捕食虫子、掘洞捕食蚁、追逐大型食草动物、吃高树上的叶子等等。哺乳动物在南美洲、澳大利亚、旧世界都演化出同样的一套生计，是趋同演化的好例子。

这些大洲并不一直都是分离的。人寿几何？不过数十寒暑；文明、朝代兴亡，也不过数百年的光景。我们已经习惯将世界地图——各大洲的分布现状——视为永恒不变的了。大陆块会在地球表面上漂移的理论，很久以前德国地质学家魏格纳（Alfred Wegener，1880—1930）就提出来了，但是大多数人都嘲笑他，直到20世纪60年代初，学界的意见气候才开始改变。[1]南美洲与非洲像是同一张拼图中的相邻碎片，大家都承认，但是却假定那只是有趣的巧合。经过一场就速度、就规模而言都可算史无前例的科学革命之后，大陆漂移说现在已成为学界全面接受的板块运动论（plate tectonics）。各大洲在地球表面上的位置曾经变迁过，例如南美洲是从非洲分裂出来的，证据不胜枚举。我们在这儿必须特别留意的是：各大洲"漂移"的时间尺度与各动物群演化的时间尺度同样缓慢，要是想了解各大洲上动物演化的模式，我们不可忽视大陆漂移的事实。

直到1亿年以前，就是中生代白垩纪中期开始的时候，南美洲仍然东与非洲连在一起，南与南极洲连在一起。南极洲与澳大利亚连在一起，印度次大陆与马达加斯加及非洲连在一起。事实上

---

[1] 当年台湾大学地质系教授马廷英是大陆漂移说的早期支持者。——译者注

当年南半球有一块连续的大陆块，叫作古南方大陆（Gondwana-land），包括今日的南美洲、非洲、马达加斯加、印度、南极洲、澳大利亚。北半球也有一块连续的大陆块，叫作古北方大陆（Laurasia），包括今日的北美洲、格陵兰、欧洲、亚洲（不包括印度）。北美洲与南美洲分属南北两大陆，并不相连。大约1亿年前，两大陆块分裂了，今日的各大洲逐渐朝向今日的位置就位。（它们仍在"漂移"，并没有停顿。）非洲通过阿拉伯半岛和亚洲相连，成为我们所说的旧世界的一部分。北美洲离开了欧洲，南极洲朝南移动，到它今日冻死人的位置。印度离开了非洲，向亚洲投怀送抱，它的出轨遗迹就是印度洋，而它的热情，喜马拉雅山可做见证（印度次大陆冲入亚洲南缘，喜马拉雅山才隆起）。澳大利亚脱离南极洲，在大洋中成了孤岛洲。

古南方大陆分裂的时候，地球生命史正值恐龙时代。南美洲与澳大利亚独立之后，有很长一段时间与世相忘，自成一格。它们有自己的恐龙族群，还有当时并不起眼但是后来成为现代哺乳类祖先的动物。后来（6 500万年前）恐龙灭绝了（除了鸟类），那不只是局部事件，而是全球性的。全世界的恐龙都灭绝了。陆生动物的生业市场因此出现了真空。这个"真空"在几百万年之后终于填满了，主要是哺乳类。这儿令我们感兴趣的是，当年世上有三个各自独立的"真空"，澳大利亚、南美洲、旧世界，它们分别由不相干的哺乳类填满了。

恐龙灭绝的时候，刚好在这三块大陆上的原始哺乳类都是体形小、在生态系中不重要的小角色，也许主要在夜间活动，因为过去生活在恐龙的淫威之下，只好偷偷摸摸"赖活着"。在那三块大陆上它们本来有机会朝完全不同的方向演化的。在某个程度之内，可以说它们的确没有放弃那个机会。例如南美洲的巨型地树獭（ground sloth），旧世界就从来没有出现过类似的玩意儿（现在已经绝种了）。南美洲的哺乳动物种类很多，例如有一种巨型的天竺鼠（已灭绝），体形如犀牛，却是啮齿类鼠辈（我必须说这里我说的犀牛指的现代犀牛，旧世界曾经有过一种犀牛，体形可比两层楼房）。但是虽然各大洲都有独特的土产哺乳类，演化的一般模式却是一样的。各地的哺乳类，不管当初是什么德行，恐龙灭绝后立刻就四散摆开，进占各种生态区位，在很短时间内生态系中每一种生业都有哺乳类专家出现了，最惊人的是：各陆块的特别化哺乳类有许多极为相似。每一种生业都是两大陆块甚至三大陆块独立趋同演化的好题材，例如地下打洞维生的哺乳类、以猎食维生的大型兽、平原上草食为生的种群等等。除了那三大陆块上的独立演化，像马达加斯加之类的海岛也发生了有趣的平行演化，这里就不谈了。

除了澳大利亚的奇异卵生哺乳动物（鸭嘴兽与针鼹），现代哺乳动物可分为两大群：有袋类（胎儿出生后得在母兽的育儿袋内抚养）与胎盘类（其他的哺乳动物都是，包括我们人类）。有袋类是澳大利亚哺乳动物演化史的主角，胎盘类则是旧大陆的主角，在南美洲这两群就同样重要了。哺乳动物在南美洲的故事比较复杂，因为北美洲的"土著"三不五时就会侵入南美洲，搅局捣蛋！

好了，该交代的都交代了，让我们言归正传，谈谈生业与趋同演化吧。在草原上讨生活是哺乳类的重要生业。马（主要的非洲种是斑马，沙漠地区的是驴子）与牛（包括北美野牛，被人类猎得濒临绝种）都干这一行。典型的食草动物肠子很长，其中有各种发酵细菌，因为青草是低质量食物，需要仔细消化才能吸收、利用。食草动物不实行什么三餐制，它们可说是时时吃，随地吃，一辈子吃吃吃。每天大量植物川流不息地通过它们的身体。它们的体形往往很大，经常成群觅食。对有能力的猎食兽而言，这些大型食草动物每一头都像一座价值不凡的食物山。因此猎杀食草动物尽管困难，也成为一个专门的生业。虽然我使用了单数数词，说猎杀食草动物是"一个"生业，事实上，干这个营生还有不同的技术，例如狮子、豹子、猎豹、野狗、鬣狗各有各的绝艺，因此这个生业可以细分为许多次生业。"食草"也同样可以细分成许多不同的次生业，所有生业都能这么细分下去。

食草动物有敏锐的感官，随时警觉猎食兽的动静，通常食草动物跑得很快，可以逃脱追猎。为了逃脱猎食兽，它们的腿往往是细长的，并以趾尖着地，弹性好又省力，在演化过程中足趾因而拉长、强化了。这些特别化的足趾尖端的趾甲也变成大而坚硬，我们叫作蹄。牛每条腿着地的一端都有两根很大的足趾，就是所谓的"分"（cloven）蹄，或叫"偶蹄"。马也有一样的蹄，但是它们每条腿只有一只蹄，也许是历史的意外吧。马的单蹄源自（5根脚趾的）中趾。其他的趾头都在演化过程中退化消失了，不过偶尔还可以在畸形个体身上看见。

我们说过，马与牛演化的时候南美洲与其他各大洲已经分离了。但是南美洲有草原，因此独立演化出特有的食草动物。例如1833 年达尔文在阿根廷买到的弓齿兽（toxodon）化石，与犀牛很像，其实与犀牛毫无渊源。有些在地质时代"晓新世"食草动物的头骨（pyrotheres），显示它们独立"发明"了大象的长鼻。有些像骆驼，有些与今日的食草动物一点相似处都没有，或者像不同食草动物的混合体。一群叫作滑踵兽（litopterns）的有蹄类（已灭绝），腿的构造与现代马出奇的类似，其实它们与现代马毫无关系。19 世纪一位阿根廷古生物学家就被那些趋同演化的相似处迷糊住了，居然下结论道：它们是世上所有马的祖先。（我们当然可以原谅他的民族主义热情。）事实上滑踵兽与现代马的相似处非常肤浅，只是趋同演化的结果罢了。世界各地的草原环境大体相同，不同的动物群独立地演化出相似的适应方式，只因为它们以相似的手段解决相似的问题。特别是滑踵兽也像马一样，除了中趾外其他脚趾都退化或消失了，那根仅存的中趾增大后成为腿的底关节，最后发展成蹄。滑踵兽的腿与现代马几乎难以分别，然而这两群动物的亲缘关系却疏远得很。

在澳大利亚，大型食草动物就非常不同了——袋鼠。袋鼠也有快速移动的需要，但是它们以不同的方式达到快速移动的目的。马以四腿奔驰，将奔驰发展成一门绝艺，袋鼠将另一种步伐发展成绝艺：以两腿跳跃，并以巨大的尾巴平衡身体。辩论这两种步伐孰优孰劣甚为无谓。它们开发既有身体设计的特征，发展出有效移动身体的步伐，都成就空前。现代马与滑踵兽碰巧都是以四足奔驰的动物，因此最后演化出几乎相同的腿，以达到有效奔驰的目的。袋鼠碰巧是以两条后腿跳跃的动物，因此它们演化出能够有效跳跃的后腿与尾巴。袋鼠与现代马在动物空间中抵达了不同的终点，也许是因为它们的起点恰巧很不同。

现在让我们谈谈食草动物所逃避的肉食动物吧，我们发现了一些更有趣的趋同演化现象。在旧世界，我们都很熟悉狼、狗、鬣狗等大型猎食动物，以及"大猫"——狮、虎、豹、猎豹。最近（更新世结束前）才灭绝的一种大猫是剑齿虎，因为它的上犬齿看来像一把锋利的军刀，一张口就看得清楚，那副狰狞的样子让人想来就不寒而栗。直到最近，澳大利亚与新世界都没有过真正的猫科或犬科动物。（美洲豹与美洲虎都是最近才由旧世界的猫科动物演化出来的。）但是在这两块大陆上，有袋类都演化出了可以与猫科/犬科比美的肉食动物。澳大利亚袋狼（thylacine；又叫塔斯马尼亚狼，因为这个岛是它们最后残存的据点）是在 20 世纪灭绝的，我们记忆犹新。它们遭到大量屠杀，因为白人将它们当作"害兽"（pest），或者将杀害它们当作"运动"。也许在塔斯尼亚岛人迹罕至的地方现在还躲藏着一些，但是那些地方也可能在增加人类就业机会的口实下而遭到破坏。可别把澳大利亚袋狼与澳大利亚野狗（dingo）混淆，澳大利亚野狗是真正的狗，最近由澳大利亚土著引进澳大利亚的。[1] 20 世纪 30 年代有一部影片，记录了袋狼在动物园笼子里孤独地不断走动的身影，它与狗像极了，真绝，可是仔细观察它的骨盆与后腿的姿态，就不像狗了，那是有袋类的特征，想来可能与它们育儿袋的位置有关。对任何爱狗人士，观看这种设计狗的另类方式，实在是令人感动的经验，遥想它们在 1 亿年前分离，居然走上了平行的演化之道，它与狗看来那么相似，又与狗迥然不同，让人不禁怀疑眼前的一切，莫非幻境。也许它们对人类来说是"害兽"，但是人类对它们是更大的"害兽"；而袋狼消失，人类暴增。[2]

　　南美洲在孤立之后也没有真正的猫科与犬科动物，但是南美洲与澳大利亚一样，有袋类也演化出了类似的肉食动物。也许最惊人的是有袋剑齿虎（Thylacosmilus），它看来与旧世界刚灭绝的

---

〔1〕　澳大利亚土著的祖先至少 4 万年前已经抵达澳大利亚。——译者注

〔2〕　袋狼不死的传说一直在流传，也许在塔斯马尼亚，甚至新几内亚的某个角落里真的还有一群也未可知。——译者注

剑齿虎简直惟妙惟肖，要是你问我："怎么个像法？"我的回答只能是："太像了！"它的巨嘴甚至更宽，剑齿森然，在我的想象中它更可怕。它的学名提醒我们：它与剑齿虎（smilodon）、袋狼（thylacine）都有相似之处，但是血缘上它与两者都很疏远。它与袋狼亲近些，因为都是有袋类，但是它们在两个不同的大洲上分别演化出大型食肉目的体态；它们之间的相似处是趋同演化的结果，它们与胎盘哺乳类食肉目的相似处，更是趋同演化的产物。同样的猎食兽设计独立重复演化了许多遍！

澳大利亚、南美洲、旧世界还有更多重复独立演化的例子。澳大利亚有有袋鼹鼠，表面上与其他大洲的鼹鼠几乎没有差别，只不过它有育儿袋，因此它与其他鼹鼠一样地过日子，前肢同样强劲有力，适合挖土。澳大利亚也有有袋小鼠，但是它与旧世界的小鼠（mouse）不算相像，也不是干同样的生业。"食蚁"（"蚁"包括白蚁）也是一种生业，许多种不同的哺乳类不约而同干这营生。也许我们可以把食蚁兽分为三类：掘地的、爬树的、地面上行走的。在澳大利亚，如我们预期的，有袋类也有干"食蚁"营生的。一种叫作斑背食蚁兽（Myrmecobius），口鼻细长，适于伸入蚁窝，舌头又长又黏，方便它大快朵颐。它是一种在地面活动的食蚁兽。澳大利亚也有掘地道的食蚁兽，就是针鼹。它不是有袋类，而是更原始的卵生哺乳类，叫作单孔类（monotremes）。这一群哺乳类与我们的亲缘距离非常遥远，比较起来，有袋类反而是我们的近亲了。针鼹也有又长又尖的口鼻部，但是它浑身是刺，因此看来像刺猬而不像典型的食蚁兽。

南美洲的有袋类本来也很容易演化出食蚁兽，它们不是有剑齿虎了吗？但是没有，因为胎盘哺乳类很早就占据"食蚁"区位了。今日最大的食蚁兽是 Myrmecophaga（源自希腊文"食蚁兽"），它是南美洲最大的地面食蚁兽，也许是世界上最特别化的食蚁专家。它与澳大利亚的有袋类食蚁兽斑背食蚁兽一样，口鼻细长，可是细长得离谱，黏黏的舌头也长得离奇。南美洲也有较小的攀树食蚁兽，它与 Myrmecophaga 是表亲，看来像是一个模子翻出来的，只是体形较小，食蚁装备也不太夸张；还有一种体形介乎两者之间的食蚁兽。虽然它们都是胎盘哺乳类，这些食蚁兽与旧世界的任何胎盘哺乳类都不一样。它们属于南美洲特有的一科，其中还包括犰狳、树懒。这个（胎盘哺乳类）古老的科自从南美洲"独立"之后就与有袋类共处。

旧世界的食蚁兽包括热带非洲、亚洲的各种穿山甲[1]，攀树的、掘地的都有，它们身上都有鳞片，以及尖尖的口鼻。南非还有一种奇怪的食蚁熊，又叫土猪（aardvark），它有一些特别化的掘地本领。食蚁兽的共同特征是新陈代谢率极低，不管是有袋类、单孔类，还是胎盘类。新陈代谢率就是生物体内化学"火"的燃烧速率，最容易测量的就是血液温度。一般而言，哺乳类的新陈代谢率与体形成比例。小型动物新陈代谢率较高，正如小型车引擎转速较大型车高一样。但是有些动物以体形而言新陈代谢率"应该"比较低的，实际上反而高，而食蚁兽一律有新陈代谢率偏低的倾向。为什么？目前仍不清楚。鉴于这些哺乳动物除了食性有惊人的趋同演化——食蚁——之外，别无共同之处，我们几乎可以确定它们的低新陈代谢率与食蚁的食性有关。

我们前面讨论过，食蚁兽食用的"蚁"往往不是蚂蚁，而是

---

[1]　"穿山甲科"共有 8 个物种。——译者注

白蚁（等翅目）。白蚁虽然名字里有个"蚁"字，其实与蟑螂（网翅目）的亲缘较近，而与蚂蚁的关系较疏。蚂蚁与蜜蜂、黄蜂的关系较近，都属于膜翅目。白蚁与蚂蚁的相似处非常肤浅，它们因为采取了相同习性而趋同。我该说它们采用了相同的习性范围，因为蚂蚁/白蚁这一生业有许多不同的分枝，蚂蚁与白蚁不约而同地在大部分分枝都能干起营生。趋同演化的例子，往往观其异与观其同一样发人深省。

蚂蚁与白蚁都生活在大型聚落中，聚落成员主要是不育、无翅的工蚁。工蚁蝇营狗苟，只为制造有翅、有生殖能力的"选民"——它们飞出聚落，到别处建立新聚落。不过蚂蚁与白蚁有一个有趣的差异，蚂蚁聚落中的工蚁都是不育的雌性，白蚁聚落中的工蚁则有雌有雄。蚂蚁与白蚁聚落中都有一个体形硕大的"蚁后"（有时有好几个），有时蚁后的体形大得吓人。蚂蚁与白蚁聚落中都有特别化的阶级，兵蚁。有时兵蚁是纯粹的杀戮机器，特别是它们的巨颚，只能当攻击武器，连进食能力都失去了，需要由工蚁喂食（这是蚂蚁的情形，至于白蚁，有些兵蚁专门负责化学战，以装满毒液的身体攻敌）。特别的蚂蚁总能找到特别的白蚁匹配。举例来说，种植真菌分别由蚂蚁（新世界）、白蚁（非洲）独立演化出来。蚂蚁（或白蚁）四处搜寻它们不能消化的植物原料，搬回巢中，让它们发酵、形成堆肥，然后在堆肥上种植真菌。它们以真菌维生。而那些真菌只能在蚁巢的堆肥上生长。好几种甲虫也独立发现了种植真菌的营生，不止一次。

在蚂蚁中也有有趣的趋同演化。虽然大多数蚂蚁聚落生活在固定的巢里，位于固定的地点，集结成掠夺大军四处流浪、横行似乎也是成功的谋生方式。这叫作军团习性（legionary habit）。用不着说，所有蚂蚁都四处搜寻、觅食，但是大多数蚂蚁都会带着战利品回到固定的巢里，蚁后与幼虫都留在巢里。另一方面，四处流浪的军团习性，关键在大军带着蚁后与幼虫一起行动。卵与幼虫由工蚁衔在颚间。在非洲，这种习性由行军蚁（driver ant）演化出来。在中、南美洲则有陆军蚁（army ant），习性与外形都与行军蚁很像。它们并不是特别亲近的蚁种。毫无疑问，它们的军团习性是分别独立演化出来的，是趋同演化的产物。

行军蚁与陆军蚁的聚落都特别大，陆军蚁兵团达 100 万只，行军蚁则可达 2 000 万。它们的生活在"游牧期"与"扎营期"之间摆荡，永不定居。这两种蚂蚁，或者我们应该说蚂蚁兵团，在它们的地盘上都是无情、可怕的猎食者。它们的兵团可以视为一个变形虫单位。任何动物只要挡在它们面前，都会被切成碎片，它们都在故乡闯出恐怖的名号。据说南美洲有些村子，只要一大群陆军蚁逼近了，村民就会走避，并随身带走一切，等蚂蚁兵团出村了才回家，那时村里蟑螂、蜘蛛、蝎子都已清得一干二净，它们甚至连草屋顶上都不放过。我记得小时候在非洲，狮子、鳄鱼都比不上行军蚁让人害怕。谈了那么多这两种蚂蚁的恐怖名声，我觉得我该引用世界级蚂蚁专家威尔森 [E. O. Wilson，《社会生物学》（*Sociobiology*）作者] 的一段话，帮我们将它们的恐怖名声置于适当的视野中：

> 我经常收到关于蚂蚁的问题，其中最常问到的一个问题，我的答案是：不对，行军蚁并不真的是丛林中的恐怖。

虽然一个行军蚁兵团是个超过 20 公斤的"动物"，包括两千万张嘴与刺，毫无疑问是昆虫世界最可怕的创作，但是与流传的可怕故事相比，它相形见绌。想想看，这个兵团每三分钟才移动 1 米。任何有能力的灌木小鼠，别说人或大象了，都能闪到一旁，悠闲地观看地面上草根间的疯狂行动，那是一个奇景、奇迹，而不是威胁，是一个演化故事的高潮，这个故事与哺乳类的大不相同，你得拼命想象才想象得出来。

我长大后到过巴拿马，我闪到路旁观看行军蚁的新世界对应物（陆军蚁），我还记得孩提时在非洲对行军蚁的恐惧，蚂蚁军团像一条嘈杂的河流从我身边流过，我可以做证，我的确认为那是奇景、奇迹。我在那儿等蚁后出现，一小时又一小时，大军继续通过我面前，它们既走在地面上也走在其他蚁伴身上。蚁后终于出现了，模样真令人畏惧。它的身体我一点儿都看不见。一眼望去只见狂乱工蚁组成的移动浪潮，它们以脚上的钩爪联结成一个蚁球，沸腾蠕动。蚁后在层层工蚁联结成的沸腾球之中，而四周又有层层叠叠的兵蚁，面朝外，张巨颚，个个一副愿为蚁后奋不顾身、死而后已的德行。对蚁后的模样我实在好奇得不得了：我捡了一根长树枝戳那个蚁球，想驱散工蚁见见蚁后，没有成功。20 只兵蚁立即将巨钳般的大颚咬入树枝，也许永远不再松口了，另有几十只一拥而上，沿树枝奔我而来，我不得不利落地松手。

我没有见着蚁后，但是它在那个沸腾球中某个地方，它是中央数据库，是整个群落主要 DNA 的贮存所。那些兵蚁蓄势待发，准备随时为蚁后舍身一战，不是因为它们爱母亲，不是因为它们被军国主义彻底洗脑了，只不过因为负责制造它们大脑与颚的基因，是以蚁后身体里的主要基因印模翻制出来的。它们行动起来像勇敢的战士，因为它们继承的基因从一系列祖先蚁后一脉相传，那些蚁后的性命，与基因，都被与它们一样勇敢的战士拯救过。我的兵蚁从现在的蚁后继承的基因，就是过去的兵蚁从祖先蚁后身上继承的那些。我的兵蚁在守护蚁后，因为它体内有从蚁后来的指令，它们守护的，是那些指令的源文件。它们在守护祖先的智慧：约柜（Ark of the Covenant）。以上这些奇怪的说辞下一章会有明白的解说。

当时我觉得那是奇景、奇迹，可是我已淡忘了大半的儿时恐惧也恢复了，不过我已了解那些蚂蚁在做什么，小时候在非洲时我还没有这种了解，因此恐惧没有污染我的感受，而我的了解使我的感受升华、增强了。我知道这个蚂蚁军团的故事两次达到同样的演化高潮，而不止一次，这则知识也增强了我的感受。这些蚂蚁不是我童年梦魇中的行军蚁，无论它们看来多么相像，而是很疏远的新世界表亲。它们正在做行军蚁会做的事，目的也相同。暮色四合，我踏上归途，又是一个心怀敬畏的孩子了，但是心中雀跃不已，因为在知识的新世界里徜徉，黑暗的非洲恐惧已经被拔除了。

第五章

基因档案

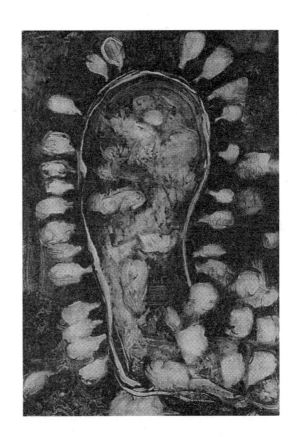

外边儿正在下 DNA。我的花园尽头，就在牛津运河边，有一棵很大的柳树，它正在释放大量的种子。柳絮迎风飘扬。风向不定，四面八方都是柳絮。运河上上下下，以我的双筒望远镜望去，河面上尽是白茫茫一片，其他方向，想必也是柳絮铺地。柳絮是因为表面有白色的绒毛、柔软如絮而得名，绒毛的成分是纤维素，藏在其中的种仁，就体积来说简直微不足道，种仁里装着 DNA 遗传信息。满天的柳絮里，DNA 只占微小的比例，为什么我说天上正在下 DNA，而不说外边正在下纤维素呢？答案是：DNA 才重要。纤维素绒毛尽管体积庞大，不过当作降落伞，用过就丢的。浮生若梦。柳树这出戏，棉质绒毛、花、树的本体等等，都是配角，主戏只有一场，情节只有一个，就是在乡间散布 DNA。可不是任何 DNA，而是建造另一棵柳树的 DNA，更精确地说，是含有特定文本的 DNA，那份文本是编过码的特定指令集，新的柳树在那套指令指挥之下发芽、成长、茁壮，然后开始散布新一代的柳絮。

飘散在空中的柳絮，正在散布制造自己的指令，不多也不少。它们现在随风飘散，正因为同样的事它们的祖先做得很成功。外边满天下的都是指令，满天下的都是程序，都是让柳树发育、柳絮飘扬的算则（algorithm，有明确执行步骤的指令集）。那不是隐喻（metaphor），而是明摆着的事实。即使我说天上正在下磁盘片，也不会更明白。

这是明摆着的事实，可是大家一直不了解。才不过几年前，要是你问："生物有什么特质，好与无生物分别的?"几乎每一个生物学家都会跟你大谈什么原生质（protoplasm）。原生质与任何其他物质都不同；它有生机，有活力，是动态的，有韵律的，对刺激有反应的。老师卖弄这些词藻，说穿了不过是指出原生质"会对外界刺激有所反应"（responsive）。要是你找来一个活的生物，将它逐步分解，最后就会得到纯原生质的小颗粒。当年"达尔文斗犬"赫胥黎（Thomas Huxley, 1825—1895）相信海底有一层纯原生质的生物（bathybius），它们是"均质、没有结构的物质，一种活的蛋白质颗粒，有营养、生殖功能"。德国演化论大师赫克尔（Haeckel, 1834—1919）认为这种"单质生物"（monera）是最原始的生物。我小时候这个概念已经过时了，可是老式教科书上还在讲原生质。现在这个词没有人提了，就像化学的"燃素"、物理的"以太"（aether），"原生质"已经死了。构成生物的物质没什么特别的。生物是分子的集合体，与其他的东西一样。

这些分子的特殊之处是：生物分子构造比较复杂，必须按照程序制造这些分子。程序是成套的指令，生物体内都有，生物就是按照体内程序发育的。生物也许有生机、有活力、是动态的、有韵律的，总之，对刺激会反应，而且有体温，但是这些性质全是突现的（emerge），附带的。每一个生物的核心，不是火，不是温暖的气息，不是"生命的火花"，而是信息、字、指令。如果你想打个比方，别想火啊、气息、火花什么的。试试"刻在芯片上的几十亿个离散状态的数字字符"。如果你想了解生命，忘了有活力的、会跳动的原生质还是别的什么，想想信息技术。我在上一章结束的地方提到蚁后是中央数据库，暗示的正是这一点。

先进信息技术的基本需求，是某种记忆容量超大的储存媒体。媒体中每个记忆位置都能处于几个离散态中的某个特定"态"。现在人工制品世界的主流技术——数字信息技术——正有这种特色。信息技术也可以走另一条路，就是以模拟信息为基础。过去的胶盘唱片储存的就是模拟信息——储存在波状的沟槽里（以唱针"读"取）。激光唱片（CD）储存的是数字信息，记录在唱片上一系列微小的"坑"里，每个对应一个特定离散态，绝无模棱之处。那是数字系统的诊断特征：它最基本的要素不是处于一个状态，就是另一状态，没有半个状态的，也没有中间状态的。

基因的信息技术是数字式的。这个事实是 19 世纪的孟德尔（Gregor Mendel，1822—1884；他的家乡现在捷克境内）发现的，当然，他还没有"数字信息"的概念。孟德尔以豌豆做实验，演绎出的结论是：生物的子代不是亲代基因"混合"的结果。我们从亲代接收的"遗传"是以分离的粒子形式进入合子（受精卵）的。就每一个特定遗传粒子而言，我们不是从亲代得到了，就是没有得到。其实，正如数学遗传学家费希尔（R. A. Fisher，1890—1962）指出的，这个"粒子遗传"事实是显而易见的，只要想想有性生殖就成了。我们的父母（亲代）是一男一女（或一雄一雌），但是我们不是男就是女，没有"中间态"（雌雄莫辨）的。

每个新生儿从父母亲遗传男性或者女性的概率大约相等，但是任何一个新生儿不是男孩就是女孩，不会两者混合（加起来除以二?）。我们现在知道所有我们从父母继承的粒子都是这样。它们不会混合，即使在世代遗传过程中它们会不断地被"洗牌"（重新组合）。当然，诸遗传单位对身体的影响往往会造成"它们混合了"的强烈印象。要是一个高个子与一个矮个子，或者一个白人与一个黑人结婚了，他们的子女往往看来是"中间型"。但是"混合"的表现只适用于遗传粒子对于身体的影响，因为影响身体的粒子数量很大，而每个遗传粒子对身体都有微小的影响，身体表现的是大量粒子影响力的集合。可是在遗传过程中，遗传粒子彼此独立、不相混合。

混合遗传与粒子遗传的区别，在演化思想史上非常重要。达尔文在世时，每个人都相信遗传就是亲代特质的混合。（只有孟德尔例外，他的划时代论文于1865年发表，四年后又宣读了另一篇，可是他1868年当选修道院的"住持"，无暇再接再厉或宣传自己的研究成绩，学界到19世纪结束时才觉悟他的结论的意义。）苏格兰电机工程师弗莱明·杰肯（Fleeming Jenkin，1833—1885）1867年（当时是伦敦大学电机工程学教授）指出：光是混合遗传这个事实，自然选择就不可能是值得考虑的演化机制。达尔文的反应是：（杰肯教授）"缺乏知识"。一个多世纪后，哈佛大学德裔美籍演化论大师迈尔（Ernst Mayr，1904—2005）对杰肯仍不同情。他于1982年评论道：杰肯《评〈物种起源〉》立论完全"基于当时物理科学家流行的偏见与误解"。然而，杰肯的论证却让达尔文十分忧虑。杰肯以一个船难寓言将他驳斥自然选择论的意旨发挥得淋漓尽致。话说船失事后，有一个白人船员漂流到一个有黑人土著的小岛上……

让我们假定这位白人拥有一切我们所知优于黑人的天赋；我们同意：在生存竞争的战场上，他享高寿的机会比土著酋长大多了；然而，即便如此，我们也无法推出这么一个结论：过了若干世代之后（暂不管确切的数字），岛民就会成为白人。我们的白人船难英雄可能会当上小岛的国王；为了生存，他会杀死许多黑人土著；他会有许多妻子，生许多孩子，而他的臣民中有许多男人因娶不到老婆而绝后……我们白人的优异天赋无疑会让他活到高寿，但是他一个人无论花多少世代也不可能将他臣民的后裔变成白人……在第一了代中，有许多聪明的年轻混血儿，平均说来比黑人优秀多了。我们也许可以期望以下几个世代国王宝座都由多少可说是黄皮肤的人占据；但是有人相信岛上整个族群都会逐渐变成白人吗，甚至黄人？或岛民会逐渐变得有活力、有勇气、有智巧、有耐心、有毅力、能自制？——我们的白人英雄不就是凭着那些天赋打败岛民、留下大量子裔的吗?! 事实上这些质量正是在生存竞争中淬炼出来的，不是吗?[1]

请读者不要被杰肯论证中弥漫的白人优越意识岔开了注意力。在杰肯与达尔文的时代，这些种族偏见（racism）就像我们习以为常的物种（species）优越意识一样，"人"权、"人"的尊严、"人"命是神圣的等等，是有识之士随口就能大谈的东西。我们可以用比较中性的例子改写杰肯的论证。如果你混合白漆与黑漆，就会得到灰漆。可是将灰漆与灰漆混合，无法还原白漆与黑漆。

---

[1] 19 世纪的西方学者认为黄种人介于白种人与黑种人之间，处于黑人"进化"成白人的过渡阶段。——译者注

混合漆的实验足以代表孟德尔遗传定律大白于世之前的遗传学，即使到了现在，通俗文化中仍然保留了"一加一除以二"的血液混合遗传观念。杰肯的论证其实就是"淹没"效应。依据混合遗传的假设，随着世代交替，少数个体的优异天赋必然会逐代"淹没"、冲淡。整体而言，个别性逐代抹杀，于是族群就"统一"了，根本没有自然选择的余地。而个体间的遗传差异是自然选择的原料。

这个论证你一定觉得非常可信，可是它不只是驳斥自然选择的论证，它还驳斥了遗传过程中无法抵赖的事实！它摆明了就不对，个体间的差异何曾在世代交替过程中消失?！我们彼此间的差异并不比我们祖父母那一辈还要小。个别差异仍然维持着，不多也不少。族群中有个别差异，足够自然选择运作。这是 1908 年德国医师温伯格（Wilhelm Weinberg, 1862—1937）与英国数学家哈代（G. H. Hardy, 1877—1947）殊途同归，以数学指出的事实（即高中生物学课本中的"哈—温定律"）。哈代是个不同流俗的学者，他当年（1919—1931）在牛津大学担任过几何学讲座教授，就待在我这个学院里（新学院，New College，14 世纪末成立），他在我们学院的"打赌簿"上留下了一段佳话。原来他接受了一位同事半个便士的赌金（近 1/480 镑），拿全部家产赌"太阳明天仍然会升起"。但是以孟德尔"遗传粒子"（基因）理论完整地破解了杰肯的论证的，是费希尔等人领导的生物统计学派，他们奠定了现代族群遗传学的基础。在当时这颇令人尴尬，因为这批 20 世纪初期孟德尔信徒的领袖人物都自认为是反达尔文的（见最后一章）。费希尔等人证明了：要是在演化中变化的是各个遗传粒子（基因）的相对频率，而且任何一个生物个体中各个基因不是"有"就是

"没有"，那么达尔文的自然选择理论就讲得通了，杰肯的问题因而漂亮地解决了。1930 年，费希尔的经典著作《自然选择的遗传理论》出版之后，"新达尔文主义"（neo-Darwinism）之名便不胫而走。它的数字本质可不是个恰巧与遗传信息技术吻合的事实。搞不好生物遗传的数位性质是达尔文演化论必要的先决条件。

在我们的电子技术中，离散的、数字的位置每个都只有两种状态，依惯例以 0 与 1 表示，当然你也可以用高与低、开与关、上与下来表示，只要它们不会混淆，而且它们的状态模式可以"读取"（传讯），以影响某个事物即可。电子技术使用各种材质储存以 0 与 1 编码的信息，例如磁盘、磁卡、打孔卡片、打孔带，以及智能芯片（其中包括大量微小的半导体单位）。

所有其他生物细胞，管它是柳树种子、蚂蚁还是什么的，主要以化学媒体储存信息，而不是电子媒体。这种媒体利用某些分子种类的"聚合"（polymerizing）性质储存信息。所谓聚合，就是分子彼此相连、成一长链，而且长度没有限制。聚合体有许多种。举个例子来说，聚乙烯是乙烯（一种小分子）聚合成的长链。淀粉与纤维素是聚合糖。有些聚合体是由一种以上的小分子聚合成的，与聚乙烯不一样。一旦聚合体有了异质性（长链由一种以上的分子聚合成的），理论上就可供信息技术利用。要是聚合体长链由两种小分子构成，它们就可以分别代表 0 与 1，于是任何数量、任何种类的信息都可以储存在这种聚合体长链上，只要分子链够长。生物细胞利用的聚合体是多核苷酸（polynucleotides）。在生物细胞中多核苷酸有两个主要的家族，简称 DNA 与 RNA。它们都是核苷酸组成的长链。DNA 与 RNA 都是异质链，由四种不同的核苷酸组成。当然，这正是它们可以用来储存信息的理由。生物细胞的信息技术使用的不是二态码（0 与 1），而是四态码，按惯例以 A、T、C、G 代表（即四种核苷酸的英文缩写）。就原理来说，我们使用的二态信息技术与生物细胞的四态信息技术没什么不同。

我在第一章结束时说过，每个人体细胞用来储存信息的空间，足以容纳三四套《大英百科全书》（一套 30 册）。我不知道柳树种子或蚂蚁细胞的信息容量，但是它们应该与人类属于同一个数量级。一粒百合种子或蝾螈（salamander，一种两栖类）精子储存的信息量相当于 60 套《大英百科全书》以上。变形虫是原生生物，够"原始"了吧？可是变形虫有些物种，细胞核 DNA 足以储存相当于 100 套《大英百科全书》的信息。

令人惊讶的是：有些生物细胞的遗传信息，似乎只有 1% 实际派上用场，人类细胞就是一个例子，大约相当于一册《大英百科全书》。其他的 99% 为什么会在细胞中？没有人知道。我曾经指出它们也许是"寄生虫"，占那 1% 的便宜，它们搭便车进入细胞中，这个理论最近分子生物学家很感兴趣，为它取了个名字，叫它"自利的 DNA"。细菌携带的遗传信息比人类细胞少得多，大约只有人类的千分之一，可是细菌的遗传信息也许每一笔都有用：没有什么空间容纳寄生虫。细菌的 DNA "只"能容纳一本《新约》！

现代基因工程师已经发展出适当的技术，能够将《新约》或任何其他信息加载到细菌的 DNA 中。任何信息技术使用的符号、意义都可以任意规定，而 DNA 中有四个核苷酸"字母"（A、T、C、G），我们可以规定：以三个连续的核苷酸"字母"为一组（共有 64 种组合），每组都对应一个英文字母表中的字母，于是除了大、小写英文字母（共 52 个），还可对应 12 个标点符号。可是把《新约》写入细菌的 DNA 中，得花 5 个"人—世纪"，也就是说，要是一个人来做，5 个世纪才做得完，我看不会有人想做的。不过，万一这工作完成了，以细菌的繁殖率而言，一天就能复制 1 000 万本《新约》，要是人类能阅读细菌 DNA 中的字母多好！传教士的美梦也不过如此吧？可惜细菌 DNA 中的字母实在太小了，即使是 1 000 万本《新约》，仍然能在一根大头针的"圆顶"上共舞。

计算机的内存一般区分为 ROM 与 RAM 两种。ROM 就是"只读存储器"。严格一点儿说，就是"只能写入一次，可是能读许多次"的内存。制造时只要将以 0 与 1 编过码的信息"烧"（写）入内存内，就万事大吉了。内存这样"记下"的信息经久不变，爱读几次就读几次。至于 RAM，它是既能读又能写的内存，因此 ROM 能做的事它也能做，它还能做 ROM 不能做的事。你随时可以将信息写入 RAM 中的任何地方，爱写几次就写几次。计算机里的内存，大部分是 RAM。我现在在计算机上打出这些字句，它们全都先存到 RAM 里，我的文字处理程序也暂存在 RAM 里，但是理论上也可以将它烧在 ROM 里，从此不再改变它。ROM 里存的是一组固定的标准程序，计算机在运算过程中会反复呼叫那些程序，你不能改变它们，即使真心想，也不成。

DNA 就是 ROM。它可以"读出"几百万次，但是只能"写入"一次——每个细胞里的 DNA 在细胞形成之初就（复制）组装完毕。任何一个人，身体里每个细胞的 DNA 都是"烧入"的，终身不变，偶尔发生罕见的随机退化倒不无可能。不过，它能复制。细胞一分裂，它就得复制一份。新生儿发育，增加的新细胞数以万计，每个新细胞的 DNA 都以先前细胞的 DNA 为模板，一五一十地复制出来，所有核苷酸（A、T、C、G）的序列都必须忠实无误。每个个体受孕的那一刻，一套新而独特的信息模式就"烧入"他的 DNA 的 ROM 中，此后终其一生摆脱不了那个模式。那套信息复制到他身体的每个细胞里（只有生殖细胞例外，他的每个生殖细胞都只得到半套信息，可是由于那半套是临时随机组合出来的，因此每个生殖细胞里的遗传信息都不相同）。

所有计算机内存，ROM 也好，还是 RAM，都有"地址"。就是说内存中每个位置都有一个卷标，通常是个数字，但是只要约定俗成，用什么当标签都无妨。重要的是：得分别每个记忆位置的地址与内容。每个位置有个地址。举例来说，我的计算机 RAM 里有 65536 个记忆位置，我刚刚随手敲进的两个字母现在登录在地址 6446 与 6447 里。以后那两个地址里的内容就不同了。每个位置里的内容，就是最近写入那个地址里的东西。ROM 里每个位置也有地址与内容，只是一旦写入了任何东西，以后就无法更改了。

DNA 是构成染色体的主要分子，它的结构像长的绳梯，平时长梯纠结缠绕，不容易看出头绪。不过 DNA 分子倒可比作计算机磁盘。我们身体每个细胞里的 DNA 都与 ROM 或计算机磁盘一样，上面的每笔信息都有地址卷标。用什么标记位置，数字也好，名字也好，都不重要。重要的是：我的 DNA 上任何一个特定位置，你的 DNA 上都有，丝丝入扣，它们地址相同。我的 DNA 地址 321762 的内容，也许与你的 DNA 地址 321762 的内容一样或不一样。但是我的地址 321762 在我的细胞中，与你的地址 321762 在你的细胞中，位置完全一样。这儿"位置"指的是某一特定染色体上的位置。至于这个染色体在各自的细胞中究竟位于什么地方，无关紧要。反正染色体悬浮在细胞核中，位置本就不是固定的。但是染色体长轴上的每个位置都有精确的地址，前后有一定的顺序，就像计算机磁盘也有精确的地址，即使整卷散乱在地面上，而不是整齐地卷起，凭地址也可以找到需要的段落。我们所有的人，所有"智人"，都有同样一套 DNA 地址，至于同一个地址是不是登录了同样的内容，则不一定。那是我们彼此不同的主要理由。

物种之间没有同样的一套地址。举例来说，黑猩猩有 48 个染色体，而我们只有 46 个。严格说来，不同物种不可能比较遗传信息的内容，因为地址对不上号。不过，亲缘关系密切的物种，像人与黑猩猩，染色体上许多"大块文章"里都有同样的内容，连组织都一样，我们很容易判定它们基本上是相同的，虽然它们并不使用同样的地址系统。确定不同个体属于同一物种的判断标准是：它们的 DNA 使用同一个地址系统。同一个物种的成员，都有同样数目的染色体，只有少数例外，而每一条染色体都有同样的地址、同样的地址顺序。不同个体间的差异，是那些地址中的内容（基因版本）不同导致的。

至于同一地址中的不同基因版本怎样造成个体间的差异，我现在要解释，但是我必须先强调：我所说的只适用于实行有性生殖的物种，而我们正是实行有性生殖的动物。我们的精子或卵子，每个都有 23 条染色体。一个人类精子中的任何一个基因地址，所有其他精子中都有对应的地址，不管是我的精子还是任何人的；卵子中也有。我身体里其他的细胞都有 46 条染色体——两套（成双）。那些细胞里同一个地址使用了两次。每一个细胞里第 9 号染色体都有两条，换言之，"9 号染色体地址 7230"有两个。这两个地址里的基因版本不一定相同，（同一物种）其他成员的也不一定相同。含有 23 条染色体的精子，是从含有 46 条染色体的细胞形成的，同一地址的两个基因每个精子只得到一个。至于是两个中的哪一个，就难说了，我们可以假定那与抛硬币的结果类似——服从随机定律。卵子也一样。结果，虽然同一物种的每个个体都使用同一套地址系统（暂不谈例外情况），以每个地址中的内容（基因版本）而言，每个精子与卵子都是独一无二的。卵子让精子受精后，就有了 46 条染色体；然后这个受精卵发育成胚胎，每个细胞中的 46 条染色体，都是受精卵里 46 条染色体的复本。

我说过，ROM（只读存储器）只有在第一次制造的时候才能写入，制造完成后就不能写入了，细胞里的 DNA 也一样，不过在复制的过程中，偶尔会发生随机错误。但是，整个物种的ROM——个别 ROM 的集合——可以写入有利于生存、繁殖的新指令。个体的存活、繁殖不是随机的事件，因此每个世代繁殖成功的个体都无异在物种基因库中写入了改良的存活指令。物种演化，主要是指世代间（同一地址）不同基因版本的比例变化。当然，在每个特定时间点上，每个基因版本都存在于个体的身体里。可是就演化而言，重要的是每个基因地址的不同基因版本"在族群中"的分布。地址系统一直没变，但是族群中不同基因版本的分布，在几世纪中会发生变化。

地址系统也会变，但那可是千载难逢的机缘。黑猩猩有 24 对染色体，我们有 23 对。事实上非洲的三种大猿都有 24 对染色体。我们与黑猩猩源自一个共同祖先，因此在过去某个时候，我们的祖系染色体数目发生了变化：原先的两个染色体合并成一个。换言之，过去至少有一个人，体内的染色体数目与父母的不同。在整个基因系统中，还可能发生其他的变化。我们下面就要讨论，染色体上一整段 DNA 偶尔会复制到不同的染色体上。我们知道这类事件发生过，因为在不同的染色体上，我们发现了完全相同的长串 DNA 碱基序列。

一旦计算机从内存某个地址中读取了信息，这份信息的命运可能有二：一是被写到其他地方去，二是成为某个"动作"的一个成分。"写入其他地方"的意思，就是"复制"。我们知道 DNA 很容易从一个细胞复制到新细胞中，而且大段大段的 DNA 也可以从一个人复制到另一个人体内，就是他的孩子。"动作"就比较复杂了。在计算机中，有一类动作就是执行程序指令。在我计算机的 ROM（只读存储器）中，地址 64489、64490、64491 的内容合并起来，形成的特定（0 与 1）模式可以解释成指令，使计算机的小喇叭发出一声"哔!"，那一信息模式是 101011010011000011000000。那个信息模式，与"哔!"或噪音没有什么内蕴的关联。那个模式对扬声器的影响（使它发出特定的声音），表面看不出来。那个模式的效果完全是计算机组装方式设定的。同样，DNA 上以四个字母组成的"代码"（基因），与功能——例如影响眼睛（虹膜）的颜色，或行为——也没有什么一眼就能看出的关联。它们的影响，是由胚胎其他部分的发育模式决定的，而那个发育模式又是由 DNA 上其他基因模式控制的。本书第七章的主题就是基因间的互动。

DNA 上的基因，在涉入任何一种行动之前，都得翻译到另一个媒体上。首先，DNA 上的基因得译成 RNA，一个字母都不能差。RNA 也以四个字母构成。从 RNA 再翻译成另一种不同的聚合体，就是多肽或蛋白质。它也许可以叫作氨基酸聚合体，因为它以氨基酸为基本单位。生物细胞中共有 20 种氨基酸。所有生物体内的蛋白质都是由这 20 种氨基酸组成的长链。虽然蛋白质是氨基酸聚合成的长链，大多数蛋白质都不是长条形的。蛋白质每条链都盘缠成一个复杂的结，结的形状由氨基酸顺序决定。因此氨基酸顺序相同的蛋白质长链，会盘缠成相同形状的结，不容变异。氨基酸的顺序是由 DNA 上的碱基序列（经由 RNA）决定的。因此，蛋白质的三向度（空间）盘缠形状，可说是由 DNA 上的单向度信息（碱基序列）决定的。

翻译程序包括著名的"基因码"（genetic codes，旧译"遗传密码"）。这是一本字典，DNA 上每三个字母，最后都可以译成一个氨基酸代码，或"停止读取"符号。四个基本字母可以组成 64 个"三字母"码，对应 20 个氨基酸绰绰有余。至于"停止读取"符号，共有三个。许多氨基酸有好几个"三字母"码对应——我想你一定猜得到，因为氨基酸只有 20 种，而代码有 64 个。整个翻译工作，从单维的 DNA 只读存储器（ROM）到精确的蛋白质三维结构，是数字信息技术的绝活儿。至于基因影响身体的循序步骤，就不容易以计算机模型来说明了。

每一个活细胞，即使只是一个细菌，都可以想象成一个巨大的化学工厂。基因（DNA 上的字母模式）的功能，表现在对工厂中事件、流程的影响上；它们有这种影响力，关键在它们支配了蛋白质的三维结构。我使用的形容词"巨大的"可能会令你觉得惊讶，尤其是细菌的尺度以一微米为单位，一微米只有百万分之一米。但是你一定记得每个细胞都能装下整部《新约》的纯文本档，此外，说它"巨大"，从它包含大量的精密机器这个事实来说，也绝不夸张。每一台机器都是一个大型蛋白质分子，是在 DNA 上某一特定段落（基因）的影响之下组装的。有一群蛋白质分子，学者叫作"酶"的，我认为都是机器，意思是：每一个酶都能促发一个特定的化学反应。每一种蛋白质机器都会生产特定化学产品。它们利用漂荡在细胞中的分子当原料，那些分子很可能是其他蛋白质机器的产品。你想知道这些蛋白质机器的大小吗？每一个大约由 6 000 个原子组成。就分子而言，算是相当大了。每一个细胞里约有 100 万个这类大型分子机器，可区别为 2 000 种，每一种都在化学工厂（细胞）中担负专门的任务。这些酶特有的化学产品，是细胞分化的基础，无论形状还是功能。

　　所有身体细胞都有同样的基因，可是身体细胞之间却发展出很大的差异，这也许令人觉得惊讶。原因是：每个细胞虽然都有完整的基因组，可是为了维持生存、发挥功能，只需"读取"其中一小组基因就成了，其他的基因就"存而不论"了；而不同种类的细胞，读取的基因不同。在肝细胞中，DNA 的只读存储器（ROM）中有关建造肾细胞的特殊指令就不读了，反之亦然。细胞的形状与行为，由细胞读取的基因与从基因译成的蛋白质产物而定。而细胞会读取哪些基因，又受细胞中已有化学物的调控。那些化学物一方面源自细胞先前读过的基因，另一方面又与邻近细胞有关。细胞分裂时，两个子细胞不一定相同。例如原来的受精卵中，某些化学物聚集在细胞的一端，其他的在另一端。这么一个"两极化"的细胞分裂后，两个子细胞接收的化学物组成不同。也就是说，两个子细胞会读取不同的基因，就这样，源自细胞内部的因素就能推动细胞分化的过程。整个生物体最后的形状、四肢的大小、大脑神经线路的铺设、行为模式的发生顺序，都是不同种类的细胞互动的间接结果，而细胞不同，是因为读取的基因不同。这些分化过程，最好以第三章讨论过的"递归"程序来理解，而不是什么中央控制中枢根据某个伟大蓝图排演出来的。在递归程序中，局部要素都能自主。

遗传学家提到"基因的表现效应"时，讨论的就是本章所谓的基因"行动"。DNA 对身体、眼睛颜色（瞳孔四周的虹膜颜色）、头发的蜷曲程度、侵略行为的强度，还有其他几千种观察得到的特征，都有影响，都叫作基因的表现效应。DNA 起先只在局部施展这些效应，一旦被 RNA 读取了，翻译成蛋白质，那些蛋白质就会影响细胞的形状与行为。DNA 模式中蕴含的信息，有两种读取的方式，这是其中一种。另一种就是复制新的 DNA 链，我们先前讨论过。

这两种传递 DNA 信息的方式，根本就不同，一是垂直传递，一是横向传递。垂直传递是传递到其他细胞的 DNA，那些细胞能制造其他细胞，最后制造精子或卵子。因此，DNA 信息垂直传递到下一个世代，然后再垂直传递到无数的未来世代。我管这种 DNA 叫作"档案 DNA"。它们有不朽的潜力。传递"档案 DNA"的细胞系列，叫作生殖系（germ line）。每个身体里都有一套细胞，最后会衍生出精子或卵子，因此就是未来世代的祖先，那套细胞就是生殖系。DNA 的信息也能横向传递：传给生殖系以外细胞的 DNA，例如肝细胞或皮肤细胞；在这些细胞中再传给 RNA，然后是蛋白质，以及各种对于胚胎发育的影响，因而影响成体的形状与行为。你可以将横向传递与垂直传递对应于第三章谈过的两个子程序，发育与生殖。

自然选择就是不同 DNA 竞争垂直传递管道的结果，当然，不同的 DNA 进入物种"档案 DNA"的成功率并不相同。任何一个 DNA 的竞争对手，就是在物种染色体特定地址上注册了不同信息的 DNA。有些基因比对手基因更成功地留在物种档案中（物种

ROM）。"成功"的终极意义是留在物种档案中，成功的判断标准通常是基因通过横向管道对于身体的"行动"。这也与计算机里的生物形模型很相似。举例来说吧。假定老虎有一个特定基因，通过横向管道影响了上下颚的细胞，使牙齿变得不怎么锐利，可是这个基因的对手基因，却会使牙齿变得更尖利。老虎的牙齿要是特别尖利，就能更利落地杀死猎物，因此就会有更多的子女，因此就能垂直传递更多"利齿"基因的复本。这头老虎同时也传递了其他的基因，不错，但是平均而言，拥有利齿的老虎体内才有利齿基因。就垂直传递而言，这个基因得益于它对各种身体的平均影响力。

DNA 作为档案媒体，表现非凡。它保存信息的能力，远胜石板。乳牛与豌豆（以及我们人类）都有一个几乎一样的组蛋白 H4 基因。它在 DNA 上，由 306 个字码组成。我们不能说它在所有物种中都登记在同一个地址下，因为我们无法有意义地比较物种之间的地址卷标。我们能说的是：乳牛 DNA 上有一串字码，共 306 个，豌豆 DNA 上也有这一串 306 个字码，几乎完全一样。两者只差两个字母。我们不知道乳牛与豌豆的共同祖先究竟生活在什么时候，但是化石证据显示：那必然在 10 亿到 20 亿年前。就说 15 亿年前吧。以我们人类来说，15 亿年可真难以想象，在那么悠长的岁月中，从那位远古共同祖先分化出来的两个生物世系，居然将原始信息中的 306 个字码保存了 305 个（这是平均数：也许一个世系保存了所有 306 个字码，另一个世系保存了 304 个）。刻在墓碑上的字母，不过几百年就难以卒读了。

组蛋白 H4 这份 DNA 文件还有一个特征，与石板不同，因此信息能够忠实保存下来更令人觉得不可思议，那就是：它并不是因为材质耐久，所以登录的信息能完整保存。这份文件一代又一代地反复复制过，就像古代的希伯来经典，每80年就由抄手（书记）隆重地誊录一通，免得抄本耗损、字迹漫漶。从豌豆与乳牛的共同祖先，一直传到今天的乳牛身上，这份组蛋白H4文件不知誊录过多少次了，实际的次数说不准，但是可能经过200亿次连续誊录，应是合理的推测。经过200亿次连续誊录仍能准确地保存信息内容的99%，这实在难以找到适当的标尺来打分数。我们可以试着用一种传递游戏来当标尺。请想象：有200亿个打字员坐成一排，这一排可以环绕地球500圈。第一个打字员打出一页文件，然后传给邻座的打字员。他重打一遍，再将打出的复本传给下一个打字员。他重打一遍，将打出的复本再传给下一个打字员。如此这般，一直到复本传到最后一位打字员手里。好了，让我们读读这份文件（或者说，这第200亿位打字员读这份文件）。你猜这份文件与原始文件会有何差别？

为了回答这个问题，我们得对打字员的出错率做些假定。让我们将这个问题扭转过来。每个打字员必须多么仔细，才比得上DNA的表现？答案几乎可说太过荒谬，不值一提。一万亿分之一！连续打一万亿个字母，只准错一个。换言之，整本《圣经》一次誊录25万个复本，只准错一个字母。现在的秘书，每页只出一个错就算不错了。算来组蛋白H4基因的出错率必须放大5亿倍才比得上。一排秘书辗转抄录这份以306个字母写成的文件，到第20名，这份文件只保存了原始文件的99%。到了第10 000名秘书的手上，原始文件中的信息只剩下1%。别忘了，整排秘书共有200亿位，这时还有99.9995%没见到复写本呢。

我承认，这个比较多少有点儿诈欺的成分，但是有趣的也在这里，而且这个面相颇富玄机，值得讨论。我的讨论让人产生的印象是：我们想测量的是复制过程中的出错率。但是组蛋白 H4 文件不只要复制，还必须受自然选择考验。组蛋白关系生物体的生存，极为重要。染色体的结构工程就要用到组蛋白。也许组蛋白 H4 基因在复制过程中出过许多错，但是带有组蛋白 H4 突变基因的个体都无法存活，或者至少无法繁殖。为了让比较公平些，我们应该在我们的想象实验中加上些条件，例如每个打字员的打字机与一把枪联机，只要打字员一出错，扳机就会扣动，无异找死。下一名打字员就自动递补上来。（要是读者觉得枪毙太残酷了，也许可以想象打字员坐在弹射椅上，只要一出错，就给弹射出去，但是枪毙比较符合自然选择运作的逻辑。）

你看出来了吧，前面测量 DNA 恒定性的方法，就是检查特定 DNA 片段（基因）在地质时间中的变化量，其实混淆了真正的复制忠实度与自然选择的过滤效果。我们只能观察到成功的 DNA 变异（突变）。导致死亡的突变我们观察不到。我们能够测量到真实的复制忠实度吗？就是每一世代自然选择开始运行之前的情况。可以。取所谓突变率的倒数就成了，突变率是可以测量的。结果，在任何一个复制 DNA 的事例中，任何一个字母复制错误（点突变）的概率略高于十亿分之一。组蛋白 H4 基因在演化过程中实际发生的突变远低于这个数字，反映的是自然选择保存这份古代文件的效能。

以基因的标准来说，组蛋白 H4 基因经得起十数亿年岁月的消磨，是个例外，而非常态。其他的基因变化率就高了，想来自然选择对于它们的变异较能容忍。举个例子好了，血纤维蛋白肽（fibrinopeptides，在凝血过程中形成的蛋白质）在演化中的变化率与基本突变率相去不远。这也许表示血纤维蛋白肽的结构即使出了什么差错也不是性命交关的事。血红蛋白基因的变化率则介于组蛋白与血纤维蛋白肽之间。血红蛋白在血液中执行重要的任务，它的结构的确重要；但是几种不同的版本似乎都能圆满达成任务。

这儿我们碰上了一个似乎难以自圆其说的现象，我们得好好想想才能脱困。演化速率最慢的分子，例如组蛋白，正是受到自然选择严密监控的分子。血纤维蛋白肽演化的速率非常高，只因自然选择并不在乎。它们能变就变了，所以演化速率接近自然突变率。我们觉得两者似乎格格不入，只因为我们太过强调"自然选择是演化的驱动力量"。因此，我们会觉得要是没有自然选择，就没有演化了。反过来说，强大的自然选择压力也许会导致快速的演化。这样想其实颇合理。可是我们却发现自然选择施展的却是踩刹车的力量。要是没有了自然选择，演化的基础速率，就是最大的可能速率。而所谓演化的基础速率，与突变率是同义词。

这一点都不难以解释。只要我们仔细思量，就会觉悟那是理所当然的。以自然选择为机制的演化，不可能快过突变率，因为说到底，突变是唯一创造种内变异的方式。自然选择所能做的，是接受某些新的变异，排斥其他的变异。突变率必然是演化率的上限。实际上，自然选择所关心的大部分是防止"演化变化"（简称"演化"）发生，而不是驱动演化。不过我得在这儿加上一句，我的意思并不是自然选择只是个毁灭的过程。自然选择也能创造，我会在第七章解释。

可是突变率的确很低。换言之，即使没有自然选择，精确保存档案的表现都令人印象极为深刻。保守一点估计，即使没有自然选择，DNA 都能精确地复制，大约 500 万个复制世代才会"抄错"1%个字母。在我们的思想实验中，打字员的表现比起DNA来，实在望尘莫及，即使没有自然选择。想达到DNA的基础水平（没有自然选择的情况），每个打字员都必须打一遍《新约》只错一个字母。也就是说，就打字的本领而言，他们必须比典型的秘书好上450倍。用不着说，这个数字比起"5亿倍"让人觉得踏实多了，但仍然令人肃然起敬（前面说过，在自然选择监控之下，组蛋白基因的复制出错率，相当于誊录整部《圣经》25万次，只错一个字母）。

但是我对打字员并不公平。我等于假定他们无法察觉自己犯的错误，并改正过来。我假定完全没有"校对"的这回事。在实务上，他们当然会校对。因此，我这排数以亿计的打字员，不会让文件的原始文本像我说的那么容易失真。DNA的复制机制会自动进行同样的侦错/除错工作。要是它不做校对，就不会达成我报道过的复制正确率，那可是个惊人的成就。DNA的复制程序包含了各种校对步骤。由于DNA码的字母不像刻在大理石上的象形文字，不是静态的，校对更为重要。DNA上的"字母"分子非常小（记得我用过的比喻吗？一本DNA《新约》一根大头针的头顶都放得下），因此不断地受到冲击——分子受热后变得不安分，相互推挤是十分寻常的事。DNA分子本身也在不断变动，好比信息中的字母不断更新。每一个人类细胞中，每天有5 000个DNA"字母"退化，必须以修补机制立即补上。要不是修补机制随时工作、不停工作，细胞核中的遗传信息就会逐渐消散掉。校对刚复制出的文本只是正常修补工作的特例罢了。DNA储存信息既精确又忠实，主要就靠校对机制。

我们已经知道：DNA分子是一种神妙的信息技术的核心。它能将庞大而精确的数字信息收录在极小的空间中；它又能将这份信息保存很长一段时间，单位以百万年计，虽然不可能不出错，可是出错率低得惊人。这些事实会领我们到什么地方去？它们指引我们方向，朝向地球生命的核心真理。本章一开始我谈到柳絮、种仁，就在暗示那个真理：生物是为了 DNA 的利益而活，而不是颠倒过来。这可不是不言自明的真理，但是我希望能够说服你。DNA 分子上的信息，要是以个体生命史的尺度来衡量，几乎可算不朽。DNA 信息（加减一些突变）的生命史是以百万年到亿年为单位来衡量的；或者，换句话说，相当于 1 万个个体到 1 万亿个个体的生命史。每个生物个体都应视为暂时的传播媒介，DNA 信息在漫长的生命史中，不过以生物体为逆旅罢了。

世上充满了存有物！没错，我没有异议，但是这样说不能帮助我们厘清问题。东西存在，要么因为它们最近才出现，要么它们拥有一些特质，使它们在过去不可能被摧毁。岩石不会很快形成，一旦出现了，就坚硬得很，经得起岁月摧折。不然，就不是岩石了，而是沙。也真是，有些岩石变成了沙，所以海滨才有沙滩。耐久的才会以岩石之姿存在世上。另一方面，露珠存在世上，不是因为它们耐久，只因为它们刚形成，还没时间蒸发。我们似乎有两种"存有性"（existenceworthiness）：露珠类，简言之就是"可能出现但不会持久"；以及岩石类，"不容易出现，一旦出现了，就可能持续一段时间"。岩石有耐久性，露珠"易于问世"（generatability）。

DNA 则左右逢源。DNA 分子作为一种实体存有物，就像露珠。在适当的条件下，它们很快就会出现，但是它们不能长期存在世上，几个月内就会被摧毁。DNA 分子不像岩石那样耐久。但是它们身上的字母"模式"却像最坚硬的岩石一样耐久。它们有本事存在几百万年之久，因此它们现在仍然存在。DNA 与露珠最根本的不同是：新的露珠不是由老的露珠生产的。露珠与露珠都很相似，毫无疑问，但是它们不会特别像"亲代"露珠。露珠与 DNA 分子不同，不会形成世系，因此不传递信息。露珠是自然发生的，DNA 信息必须复制。

"世上充满了东西，个个都有在世上混的本钱！"这样的说辞不仅是废话，而且无关痛痒，几乎可笑，除非我们将这种说辞应用到一种特殊的耐久性上——以大量复本、世系表现的耐久性。DNA 信息的耐久性与岩石的不同，它们易于问世，但与露珠不同。就 DNA 分子而言，说它们"有在世上混的本钱"可不是泛泛之谈，也不是废话。原来 DNA 分子在世上混的本钱，包括建造像你、我一样的"机器"，那可是已知宇宙中最复杂的东西了。这怎么可能呢？

基本上，理由是：DNA 的性质正是任何累积选择过程必要的基本要素。第三章的电脑模型中，我们有意地将累积选择的基本要素设计进去。如果累积选择真的会在世上发生，就必须有某些实体，而且它们的性质构成那些基本要素。现在让我们看看那些要素究竟是什么。我们必须记住一个事实：这些要素必然早已在地球上自然出现了，至少是以某种粗陋的形式存在着，否则累积演化，以及生命，绝不可能发生。我们正在谈的，不一定只涉及DNA，而是生命在宇宙中任何地方出现都必需的基本要素。

当年，犹太人先知以西结被上帝的灵带到堆满骸骨的山谷中。他遵从上帝的命令，向骸骨发预言，使枯骨连接起来，生筋长肉。但是那些躯体仍然没有生气。它们还缺生命要素。一颗没有生物的行星上，有原子、分子、大块物质，随机地互相推挤、依偎，服从的是物理定律。有时物理定律使原子、分子结合在一起，就像以西结的枯骨，有时物理定律使它们分裂、分离。原子有时会形成相当大的集结体，然后瓦解、分崩。但是它们里面仍然没有生气。

以西结召唤四方之风将生气吹入枯骨形成的躯体中。像早期地球一样的死行星（没有生物的行星），必许具备哪些生机，才有机会成为活行星？不是生气，不是风，也不是任何仙丹、妙药。根本不是任何实体，而是一种性质，就是自我复制的性质。这是累积选择的基本要素。必须出现能够复制自己的实体，我叫它们"复制子"（replicators）。至于它们怎么出现的，细节仍不清楚，但它们是在寻常的物理定律支配下出现的，而不是奇迹，殆无疑义。在现代生物中，这个角色几乎完全由 DNA 扮演，但是任何能复制自己的东西都能胜任这个角色。我们猜测原始地球上的第一个复制子也许不是 DNA 分子。功能完全的 DNA 分子不大可能一下子就出现了，通常它得有其他分子的协助才成，而那些分子通常只有生物细胞中才有。最早的复制子也许比 DNA 粗陋而简单。

另外还有两个基本要素，通常只要第一个（自我复制）有了，就会自动出现。在复制自己的过程中，必然偶尔会出错；即使 DNA 系统不常出错，也是会出错的，地球上第一个复制子就更容易出错了。此外，至少有些复制子有"力量"（power）影响自己的前途。这最后一个要素，听来比实际上要邪恶。我的意思不过是：复制子的某些性质应会影响它们被复制的概率。这很可能是自我复制的基本事实导致的必然结果，至少会以简陋的形式表现出来。

　　于是每个复制子都制造了好几个自己的复本。每个复本都与原版相同，拥有原版的性质。当然，这些性质包括"制作更多自己的复本"（复本难免偶尔会夹带错误）。因此，每个复制子都有潜力成为一个世系的始祖，子孙复制子瓜瓞绵绵。每个新的复本必然都是以原料建造的，就是四周游荡的小建材。想来复制子可以当作某种模型或模板。小建材在模型里组装在一起，于是另一个模型就产生了。然后复本脱离模型，自身成为复制另一个复本的模型。因此一个有增殖潜力的复制子族群就形成了。族群不会无限成长下去，因为原料的供应是有限的。

　　现在我们要讨论我们论证的第二个要素。有时候复制并不完美。错误会发生。任何复制过程都无法完全消弭出错的可能，只能降低发生的概率。这是高级音响制造商一直在努力的事，而DNA复制过程在降低出错率方面，表现亮丽、非凡，我们已经谈过了。但是现代生物的DNA复制机制是个高级技术，包括精密的校对技术，经过许多世代的累积选择，已达成熟的境地。前面说过了，最早的复制子复制本领可能稀松平常多了，以忠实度而言，当然比不上今日的后出转精。

　　现在回头来看那群远古的复制子族群，瞧瞧复制失误会产生什么后果。用不着说，那不是个由相同的复制子组成的单调族群，其中有变异。复制失误的后果，也许就是丧失自我复制的能力。但是有些失真的复本仍能自我复制，只是与亲代在其他方面有些不同。于是那些带有错误的复本就在族群中繁衍了。

　　这儿使用"错误"（或"失误"）这个词，你千万别误会，得抹杀它的所有"贬义"。它是相对于高度忠实的复本而言的。复制错误搞不好能产生正面的结果，存活或复制本事反倒提升了，谁知道呢。我敢说许多精致的美食都是意外创造的，原来厨师只想遵循食谱炮制一番，哪知出了岔，新奇的美食因而诞生。要说有什么科学点子是我首创的，有时不过是误解或误读别人的点子罢了。回到太古复制子吧。大多数复制错误也许会降低复制效率，甚至使复制机制死机，但是少数错误反而能提升复制效能，于是带有这种复制"缺陷"的子代成为更好的复制子，亲代"原版"比不上。

"更好"是什么意思？基本上，指的是复制效率更好，但是实务上呢？说到这儿，就得谈第三个要素了。我说过，它就是"力量"，你很快就会了解我的理由。我以"小建材在模型里组装"讨论过复制过程，我说过整个过程的最后一步就是复本脱离模型，成为复制下一个复本的模型。可是"脱离"的时刻"旧模子"的性质也许会有影响，例如一种我叫作"黏度"的性质。假定在太古的复制子族群中，由于过去累积的复制错误，已经有好些不同的变异品种，其中有些品种正巧比较黏——复本不易脱离。最黏的，复本平均要花一小时才能脱离，去干自己的复制事业。比较不黏的，复制完成后，不要一秒钟复本就脱离了，可以立即制造下一个复本。最后哪个品种会在族群中占优势？答案不言而喻。如果这是那两个品种的唯一差异，比较黏的那个注定成为族群中的少数。不黏的品种制造复本的速率，比较黏的品种瞠乎其后，望尘莫及。中间黏度的品种，则速率平平。于是一个朝向低黏度的"演化潮流"就形成了。

这种基本的自然选择过程科学家已经在试管中观察到了类似的例子。有一种叫作 Q-beta 的病毒，寄生在大肠菌中。Q-beta 没有 DNA，但是有一条相关的 RNA 分子，事实上 Q-beta 主要就是一个

RNA 分子构成的。RNA 也能像 DNA 一样地复制。

在正常细胞中，蛋白质分子是根据 RNA "模板" 组装出来的，不同的 RNA "模板" 组装出不同的蛋白质。而 RNA "模板" 是从保存在细胞档案室中的 DNA 主板翻制出来的。但是理论上，建造一个特别的机器（和其他的细胞内机器一样，也是一个蛋白质分子），以 RNA "模板" 翻制更多 RNA "模板" 是可能的。RNA 复制酶就是这样的机器。在细菌细胞内这样的机器通常毫无用处，细菌根本不会建造它。但是由于复制酶是个蛋白质，就像其他蛋白质一样，细菌细胞中建造蛋白质的机器多才多艺，很容易转而制造复制酶，就像汽车工厂中的机器工具，在战时很快就能征用来制造军火：只要给它们正确的蓝图就成了。这正是 Q-beta 干的事。

那个病毒干活儿的零件是一个 RNA "模板"。表面上，它与细菌细胞中游荡的其他 RNA "模板" 没什么差别，那些模板是从细菌 DNA 翻制出来的。但是，要是你仔细阅读那个病毒 RNA 中的文本，就会发现其中包藏祸心：那是一份制造 RNA 复制酶的计划。别忘了，RNA 复制酶是制造 RNA "模板" 的机器，因此那个病毒 RNA 就能大量复制了，数量以指数成长。

于是细菌的生命工厂就被这些自利的蓝图劫持了。我们甚至可以说，它是咎由自取。要是你在工厂里设置的机器尽是些多才多艺的，给它们任何蓝图都能顺利制造出产品来，那么迟早会出现一张蓝图，让那些机器制造那蓝图的复本。于是这些恶棍机器在工厂里越来越多，到处都是，每个都吐出恶棍蓝图，制造复制自己的机器。最后，这个不幸的细菌撑不住了，裂开了，释放出数以百万计的病毒，侵入其他的细菌。这就是病毒在自然中的生命循环。

我把 RNA 复制酶叫作机器，RNA（模板）叫作蓝图，是有理由的，我会在另一章讨论。但是 RNA 复制酶与 RNA 也都是分子，化学家可以将它们从生物体内抽出、纯化，装入瓶子，储存在实验室的试剂架上。这正是美国哥伦比亚大学的分子生物学家施皮格尔曼（Sol Spiegelman，1914—1983）与同事在 20 世纪 60 年代做的事。然后他们将这两种分子一起放入试管溶液中，结果发生了有趣的事。在试管中，RNA 分子就像个模板，专门合成自己的复本，但是这个过程必须有 RNA 复制酶的协助才能进行。先是，机器工具与蓝图分别被取出、隔离储存。然后，让它们在水中接近，并供应必要的小分子原料。虽然这时它们是在一个试管中，而不是在活细胞中，两者都恢复了过去的老把式。

从这个实验再跨出一小步，就能在实验室中观察自然选择与演化了。这只不过是（电脑）"生物形"模型的化学版。基本上，实验是这么做的：取一排试管，每一根都注入 RNA 复制酶溶液，以及合成 RNA 需要的小分子。每根试管都有机器工具与原料，但是啥事也没发生，因为缺了蓝图。现在将微量 RNA 倒入第一根试管。复制酶（机器工具）立即开始工作，制造出许多刚加入的 RNA 分子的复本，那些 RNA 分子在试管溶液的每个角落都可以发现。现在从这根试管取出一滴溶液，滴入第二根试管中。同样的过程也在第二根试管中上演了，然后从第二根试管取出一滴溶液当种子，"种入"第三根试管，再下一根试管，如此这般，直到最后一根试管。

偶尔，由于随机的复制失误，试管中会出现稍微不同的（突变的）RNA 分子。要是变异的 RNA 分子（突变种）比原先的优异，很快就会在试管中占数量的优势（这里不讨论"优异"的缘由，纯以观察到的复制效率做判断标准）。不用说，试管取出的"种子"溶液，也是变异 RNA 占优势。因此下一个试管中，原先的 RNA 与变异 RNA 都是种子。从出现变异 RNA 的试管起，检验一系列试管（"世代"），观察到的现象就是不折不扣的"演化变化"（简称"演化"）。从许多回实验的最后一根试管，搜集到最具竞争优势的变异 RNA，装瓶、贴标签后可供日后使用。举个例子好了，有个变异 RNA 叫作 V2，比正常的 Q-beta RNA 复制效率高很多，也许是因为它比较小。V2 与 Q-beta 不同，它不必携带制造复制酶的蓝图。复制酶是由实验者免费供应的。美国加州萨克研究所（Salk Institute）的奥格尔（Leslie Orgel，1927—2007，英国人，1951 年获得牛津大学博士学位）以 V2 做过一个有趣的实验。他的团队为它设计了一个艰困的环境。

他们在试管中加入了溴化乙锭，那是一种毒性试剂，能抑制 RNA 的合成，就是使机器工具（复制酶）出现故障。一开始，奥格尔使用的毒液非常稀薄。最初几根试管中，毒剂使 RNA 合成的速率降低了，但是经过 9 根试管的移转之后，经得起毒剂荼毒的 RNA 新品种就脱颖而出了（给"选择"出来了）。变异 RNA 的合成率，相当于正常 V2 RNA 在没有毒剂的试管中。然后奥格尔的团队将毒剂加重一倍。RNA 合成的速率再度降低，但是经过 10 根（以上）试管的移转之后，经得起高剂量毒剂荼毒的新品种又演化出来了。然后，毒剂再加重一倍。就这样，以逐步加倍毒剂的程序，他们想演化出即使在极高浓度的溴化乙锭溶液中仍能复制的 RNA 品种。结果 RNA V40 演化出来了，它在 10 倍浓度的毒液中仍能复制——那是以抑制"祖先"种（V2 RNA）复制的浓度为计算基准的。从 V2 演化成 V40，要经过 100 根试管的移转（100 个"世代"；当然，在真实世界中，每一次试管移转都对应许多 RNA 复制世代，而不只是两个）。

奥格尔的实验并未动用复制酶。他发现 RNA 分子在这些条件下能够自动地自我复制，只不过速率很慢。它们似乎需要其他的催化物质，例如锌。这个发现非常重要，因为在生命史的初期，复制子刚出现的时候，可能还没有协助它们复制的酶。锌倒可能有。

1976 年，德国马克斯·普朗克生物物理化学研究所做了一个实验，与奥格尔的实验互补。在生命起源的研究上，那是个影响力很大的研究机构，由 1967 年诺贝尔化学奖得主艾根（Manfred Eigen, 1927—　 ）领导。艾根的团队在试管中放入复制酶与制造 RNA 分子所需的原料分子，但是不在溶液中播种（RNA 分子）。然而，一个特别的 RNA 大分子自然地演化出来了，而且在以后的独立实验中，同样的分子一再地演化出来！会不会是试管无意中被 RNA 分子"污染"了？仔细检查后，这个可能被排除了。这实在是不得了的结果：同样的大分子自动地演化了两次？概率太低了！这比猴子在计算机键盘上随意敲出哈姆雷特的一句话还不可能（还记得吗？我们在第三章讨论过）。那个特别的 RNA 分子，就像那句话在我们的计算机模型中演化一样，是逐步、累积演化组装成的。

反复在这些实验中产生的那个 RNA 分子，与施皮格尔曼制造出的，大小相同，结构也相同。只不过施皮格尔曼的 RNA 分子是从自然界的 Q-beta RNA "变化"出来的，艾根的却几乎可说是"无中生有"演化出来的。这张蓝图特别适应加了复制酶的试管环境。因此从两个非常不同的起点出发，通过累积演化，抵达同一终点，可说是由环境选择的。大型的 Q-beta RNA 分子不太适应试管环境，却非常适应大肠菌的环境。

这样的实验帮助我们了解自然选择具有自动、非蓄意的性质。复制酶"机器"不"知道"它们干吗要制造 RNA 分子：它们那么做，只不过是它们的形状作祟，并非蓄意。RNA 分子也没有筹划自我复制的策略。即使它们能思考，我们也得解释会思考的实体为何会有自我复制的动机。就算我知道复制自己的方法，我也拿不准我会在生涯规划中将复制自己列为优先事项，干吗呀?! 可是分子说不上动机。那个病毒 RNA 的结构只不过刚巧发动了细菌细胞中的机关，于是它的复本就源源不断地生产出来了。任何实体，不管在宇宙中的任何角落，要是刚巧具有复制自己的绝佳本事，那个实体的复本就一定会源源不断地现身，完全自动。还有呢，由于它们自动形成世系，又偶尔会出错，于是在累进演化强有力的指引下，新版本的复制本领往往青出于蓝，后来居上。这个发展道理极为简单，过程又是自动的，一切都在预料之中，简直就不可避免。

在试管中，一个"成功的" RNA 分子，关键在它有某种直接、内在的性质，可与我假设例子中的"黏度"比拟。但是"黏度"之类的性质并不引人入胜，只不过是复制子的基本性质罢了——直接影响复制利益的性质。复制子还可能影响其他的事物，那些事物对其他事物有影响，那些事物又影响到其他事物，最后间接影响到复制子复制自己的机会。你可以看出，要是像前面说的因果长链果真存在，我们反复说过的基本原理仍然站得住。复制子只要有复制自己的本事，就会在世上占优势，无论它的复制利益受多长的因果链影响，因果关系多么间接，都不会改变这个原理。同理，世界会被这因果链上的环节占据。我们会讨论那些环节，并对它们大为惊奇。

在现代生物中，我们随时都能看见它们，就是眼睛、皮肤、骨骼、脚趾、大脑、本能。这些事物是复制 DNA 的工具。它们是 DNA 造成的；眼睛、皮肤、骨骼、本能等彼此不同，也是 DNA 的不同造成的。导致它们的 DNA，复制的概率受它们的影响，因为它们影响身体的生存与繁殖——身体包含同样的 DNA，因此身体与 DNA 同舟一命。因此，DNA 通过身体的特质，影响自己的复制。我们可说 DNA 有影响自己前途的力量，身体、器官、行为模式则是那个力量的工具。

说到力量，我们说的是后果，能够影响自身前途的复制子产生的后果，不管那些后果是多么的间接。从因到果的链子由多少环节组成并不重要。如果"因"是一个能复制自己的实体，"果"不管多遥远、多间接，都受自然选择的监视。我要借一个河狸的故事，来勾勒这个原理。故事的细节多是臆测之词，但大体上不会太离谱。虽然没有人研究过河狸大脑神经线路的发育，科学家研究过其他动物的，例如线虫。我从那些研究摘取结论，应用到河狸身上，因为对许多人来说，河狸比较有趣、宜人。

河狸的一个突变基因，只不过是一个字母的改变，而完整的基因组文本包含 10 亿个字母；这个改变发生在基因 G。随着小河狸日渐发育长大，改变的字母也与文本中其他字母一起复制到所有细胞里。大多数细胞中，基因 G 不会被读出来；其他的基因，只要涉及其他细胞类型的运转，就会读出。不过，发育中的大脑有些细胞会读出基因 G。它被读出后，就转译成 RNA。那些 RNA

工作复本在细胞里四处游荡，最后有些撞上制造蛋白质的机器，核糖体。核糖体细读 RNA 工作计划，按规格生产新的蛋白质分子。每个蛋白质都有特定的氨基酸顺序，因而折叠成特定的形状。那些氨基酸顺序是基因 G 的 DNA 碱基序列决定的。基因 G 突变了之后，使原先的氨基酸序列发生了重大的变化，因此蛋白质分子的折叠形状也改变了。

这些稍微改变了的蛋白质分子，在发育中的大脑细胞中由核糖体大量生产出来。它们是酶，就是在细胞中制造其他化合物（基因产物）的机器。基因 G 的产物会进入细胞膜，与细胞纤维有关，就是与其他细胞建立联系的管道。因为原先的 DNA 计划发生了微小的改变，这些细胞膜化合物有一些生产率就改变了。因此某些发育中的脑细胞彼此相连的情形也改变了。河狸大脑某一部分的神经线路于是就发生了微妙的变化——DNA 文本的一个变化导致的间接、遥远的后果。

河狸大脑这一部分因其在整个神经网络的位置，正巧与河狸的筑坝行为有关。当然，不论河狸什么时候筑坝，都必须使用大部分大脑，但是基因 G 突变影响了大脑网络的特定部分，因而对行为有一特定的影响。于是河狸在水中以嘴咬着圆木游泳时，会把头抬得很高——相对于体内没有突变基因 G 的个休而言。这使得圆木上沾的泥巴不大可能在运送途中被水冲走，圆木彼此的附着程度因而增加。这么一来，河狸将圆木塞入水坝后，圆木比较不容易松动。凡是体内有这个突变基因的河狸，塞入水坝的圆木都不易松动。建造水坝的圆木比较紧密地附着在一起，是 DNA 文本的一个变化导致的后果——间接的后果。

圆木比较紧密地附着在一起，使水坝的结构更坚实，不容易被水冲垮。于是水坝拦住的湖水就增加了，湖中央的巢穴更为安全，不容易受猎食动物的侵袭。这么一来河狸生养成功的子女数量就会增加。要是观察整个河狸族群，那些带有突变基因的个体平均说来生殖成功率较高。那些子女通常都从父母继承了同一突变基因的档案复本。因此，在族群中，这个基因的这一形式数量会随着世代递嬗而越来越多。最后它成为主流、正常形式，不能再以"突变型"指涉了。这时，河狸坝一般而言又改进了一级。

我承认这个故事只是个假说，细节也许不正确，但是那与我的论点无关。河狸坝的演化，受自然选择的监控，因此真实的情况除了细节外，与我的故事不会有什么出入。这个生命观的大意，我在《延伸的表现型》（*The Extended Phenotype*，1982；1999）一书中解释、演绎过，这儿就不重复了。你可能注意到：在这个虚拟故事里，至少有 11 个因果环节将基因与改善了的生存（生殖）串联在一起。在实际的例子中，涉及的环节也许更多。那些环节每一个都是由 DNA 上的一个变化造成的，无论是对细胞化学的影响，后来对大脑细胞链接模式的影响，再后来对行为的影响，或最后对水坝拦截的水量的影响。即使那些环节不止 11 个，而是111 个，也无妨。基因的变化（突变），只要影响自我复制的概率，就会受自然选择的筛拣。这道理实在太简单了，过程是自动的、不待筹度的。只要累积选择的基本要素——复制、失误、力量——出现了，这样的事（累积演化）是不可避免的。但是这如何发生？地球上，在生命出现之前，那些要素怎么出现的？下一章，我们要讨论如何回答这个困难的问题。

第六章

天何言哉

偶然、运气、巧合、奇迹。奇迹是这一章的主题之一，某些事我们认为是奇迹，那是什么意思？我的论旨是：我们通称为"奇迹"的那些事件，并不真是超自然的，自然界本就有一些多少可说"不太可能"的事，发生概率各有高低，奇迹就是其中的一部分。换言之，果真奇迹发生了，也只是罕见的幸运罢了。世事本就不易截然划分成自然事件与奇迹的。

　　当然，有些事即使有发生的可能，也因为令人觉得不可思议，完全不在考虑范围。但是我们还是得先做计算，才能判断。为了做计算，我们必须知道有多少时间让那件事发生，以更一般性的说辞来说，就是那件事有多少机会发生。要是时间是无限的，或机会无限，任何事都可能发生。我们常用"天文数字"表示庞大的数量，"地质时间"表示渺焉悠邈的时间，两者结合后，我们依据日常生活经验建立的"奇迹"的标准就被颠覆了。我要以一个具体的例子，来发挥这个论点，那就是本章的另一个主题——

"起源"。这个例子是地球上生命起源的问题。为了充分发挥我的论点，我会随意选一个生命起源的理论，仔细讨论，现在有好几个生命起源理论，其实任何一个都能当作例子。

在我们的解释中，我们容许运气扮演一个角色，但分量不会太重。问题在于：多少算"不太重"？比较不可能的巧劲儿在法庭上我们最好提也别提，可是地质时间年湮代远，我们振振有词倒也理直气壮，可是总有个限度。所有解释生命的现代理论，都以累积选择为关键。它将一系列讲得过去的幸运事件（随机突变），串接成非随机的序列，使序列终点的产物，让人瞧着觉得需要天大的运气才成得了，简直不可能就那么偶然地出现了，即使整个宇宙的历史再拉长个百万倍也不成。累积选择是关键，但是它总得有个开头，我们免不了要假定一个单步骤偶然事件，才好谈累积选择的起源。

那破天荒的第一步的确难以跨出，因为事件的核心，似乎蕴藏了一个矛盾。我们所知道的复制过程，似乎需要复杂的机器装备才能完成。有了复制酶这种"机器工具"，RNA 分子片段才能演化，演化过程不但能重演，还会朝向同一终极目标汇聚，而要不是你仔细考虑过累积选择的力量，达到那个终极目标的"概率"你一定会觉得简直小得可怜。DNA 分子以细胞内的复杂机器复制，文件在复印机中复制，一旦没有了复制机器，它们似乎都不能自动复制。复印机可以复制制造自己的蓝图，但是无法无中生有。要是计算机配备了适当的程序，生物形很容易复制，但是它们无法自己写程序，或者造一台电脑跑那个程序。只要我们可以将复制以及累积选择视为理所当然，"盲眼钟表匠"理论就非常有力。但是，要是复制需要复杂的机器，我们就麻烦了，因为我们知道：

世上出现复杂机器的唯一方式是累积选择。

用不着说，现代的生物细胞处处可见经过自然选择长期淬炼的痕迹，它们是特制的机器，专门复制 DNA 与合成蛋白质。细胞是个精确的信息储存器，效能让人叹为观止，上一章我们讨论过。细胞非常小，简直超级的小，可是论设计之精密、复杂，与较大的眼睛同一等级。任何人只要动过脑筋，都同意：像眼睛那么复杂的器官不可能一蹴而就。很不幸，至少细胞中用来复制 DNA 的机器也适用这个结论，不只我们人类与变形虫的细胞，原始生物也一样，如细菌与蓝绿菌。

总之，累积选择能制造复杂的事物，而单步骤选择不行。但是除非先有某种最低限度的复制机器与复制子力量（效应），累积选择无从进行；而已知的复制机器又似乎太复杂了，不经过许多世代的选择累积，根本不会出现。有些人认为这是"盲眼钟表匠"理论的根本缺陷。他们认为这反而证明了：当初必然有个设计者，他不是个盲眼的钟表匠，而是一个有远见的超自然钟表匠。根据他们的论证，创造者也许不会控制演化事件的日常过程；也许他没有设计老虎与绵羊，也许他没造过一棵树，但是他的确安装了世上第一台复制机器，并安排了复制子力量（效应），那台复制DNA 与蛋白质的机器，使累积选择以及整个演化史有机会展开。

这个论证一听就知道站不住脚，它摆明了就是弄巧成拙。有组织的复杂事物正是我们难以解释的东西。要是有组织的复杂事物可以任我们说了算，就说世上已有 DNA 与蛋白质复制引擎那种有组织的复杂事物好了，解释更有组织的复杂事物就容易了，拿它们当引子就成了。看官，那可是贯穿本书大部分篇幅的主题呢。但是，当然喽，任何神祇要是能够匠心独运，设计出像 DNA 与蛋白质复制机器那么复杂的事物，他至少得和它们一样的复杂、有组织才成。要是我们还要假定他具备更为先进的功能，例如听取祷告、赦免罪过，那他就是更为复杂的事物了。召唤一个超自然的设计者来解释 DNA 与蛋白质复制机器的起源，其实什么都没解释，因为设计者的起源没有解释。你必须说什么"上帝是自有永有的"，而要是你容许自己以那种懒惰的方式溜走，你大可以同样地说"DNA 是自有永有的"或者"生命是自有永有的"，就心满意足了。

我们得抛弃奇迹，不以不大可能发生的事当作突破历史的关键，不依赖巧妙的巧劲儿或大型偶发事件，还得将大型偶发事件分解成小型偶发事件的累积序列，才能建构出令理性的心灵满意的解释。但是在这一章里，我们要讨论的是：为了重建那关键的生命第一步，那是一个单一事件，我们究竟能容许多大的"不可能"、"奇迹"式因素。我们要建构一个解释生命的理论，为了心安理得，我们所能容许的单一事件究竟是什么样的？我讲的可是纯属巧合、简直像奇迹的事件呢！猴子在打字机键盘上随机敲出"我觉得像一只黄鼠狼"这行字，运气得非常非常好，但是那仍然是可以估计的。我们计算后，知道那是 1/10 的 40 次方的运气（必须押注那么多次——10^{40} 次——才能赢一次的胜率）。这么大的数字没有人真的能理解或想象，我们径自将这种等级的胜率视为不可能。但是虽然我们的心灵无法理解这种层次的胜率，我们也不该一听到这些数字就惊惶地逃跑。10^{40} 也许真的很大，但是我们仍然可以将它写在纸上，用它来计算。说到底，还有更大的数字啊，例如 10^{46}，它可不只是一个"较大的"数字而已；你必须将 10^{40} 加100 万遍，才能得到 10^{46}。要是我们能一次动员 10^{46} 只猴子，每只都发给一台打字机呢？（怎么可能你就甭管了。）怪怪！好家伙！有一只就庄严地打出了"我觉得像一只黄鼠狼"，另一只打的是"我思故我在"。当然，问题在：我们无法动员那么多猴子。即使宇宙中所有的物质都化为猴子的血肉，都没有那么多猴子。一只猴子在打字机上敲出"我觉得像一只黄鼠狼"，是个奇迹，而且是个数量级极为巨大的奇迹，巨大的程度我们算得出来，我们的理论要解释的是实际上真正发生过的事，绝容不下它。但是我们得先坐下、计算，才能得到这个结论。

好了，生命起源这码事得靠运气，可是碰那种运气，不但我们贫弱的想象力觉得不可思议，连冷静的计算都告诉我们：门儿都没有，你说怎么着吧。但是，让我重复这个问题：我们在假设中容许的运气或奇迹，必须是什么样的才会心安呢？可别只是因为这个问题涉及庞大的数字而逃避它。它是个非常恰当的问题。我们至少知道为了计算答案我们需要哪些信息。

现在我有个绝妙的点子。让我们先讨论：地球是宇宙中唯一有生命的地方呢，还是宇宙中到处都有生命？回答我们前面问的问题，要看我们对这个问题提出的答案。我们确实知道生命出现过一次，就在地球上。至于宇宙中其他地方有没有生命，我们毫无概念。要说没有也是绝对可能的。有人计算过，认为宇宙中必然还有一些地方有生物。他们的论据是这样的：宇宙中算得上适合生物生存的行星，至少有 1 万万万亿个（10^{20}）。我们知道生物在这里（地球）出现了，因此生命在其他的行星上出现，并不是那么不可能。因此结论几乎必然是：在那些亿万又亿万个行星中，至少有一颗有生物。

这个论证的破绽在于它的推论：生命既然已经在这里出现过

了，就不会是难如登天的事。请注意，这个推论中藏着一个没有明白说出的假设：无论什么事，只要在地球上发生过，就可能在其他地方发生，而这却是原先的问题（宇宙中其他的地方也有生命吗?）所要追究的。换言之，那种统计论证（"既然生命在地球上发生过了，宇宙中其他地方必然也会有生物"）其实根本就将"待证实的论点"当作"已知的假设"。当然，这个论证的结论不见得因为这个谬误而错了。我想其他的行星上搞不好真的有生物。我不过想指出：推出那个结论的论证，其实不是论证，而是预设立场。也就是说，那个论证其实只是个假设。

为了方便讨论，让我们考虑一下相对的假设：生命只出现过一次，就是在地球上。这个假设很容易招人反感，我们难免会反对。举例来说，这个假设难道不会令你想起中世纪？在中世纪，教会教导我们地球是宇宙的中心，天上点点繁星只是娱人眼目的装饰。有些人更离谱，居然以为天上的星星会在乎我们渺小的生命，甚至还费心对我们施展星象魔力。宇宙至广，行星数量何止恒河沙数？地球何德何能，竟然成为宇宙中唯一的生命居所？银河系在宇宙算老几？太阳系在银河系又算老几？地球是生命唯一的家？凭什么？老天！求求你告诉我为什么我们的地球会蒙恩宠？

我真的很遗憾，因为我实在很庆幸我们已经逃脱了中世纪教会那种狭隘心态，我也瞧不起现代的占星家，但是我不得不说：前一段那些义愤的"算老几?"说辞全是空话。咱们这颗不起眼的地球是生命出现过的唯一行星，没有什么不可能的，完全可能！我想指出的是：如果宇宙中只有一颗行星出现过生命，那颗行星必然就是地球，用不着多说！因为我们正在这里讨论这个问题。要是生命起源的概率非常非常低，因此宇宙中只有一颗行星发生过，那么地球必然就是那颗行星。这么一来，我们就不能用地球上有生命的事实做出"生命必然也会在其他行星上出现"的结论。那是循环论证。我们必须先用一个独立的论证，证明生命在行星上出现的概率是高是低，然后再讨论宇宙中究竟有多少行星已出现了生命。

不过那可不是我们一开始想要探讨的问题。我们的问题是：关于地球上生命起源这档事，我们可以容许多大的运气？我说过，这个问题的答案要看生命在宇宙中起源过几次而定。宇宙某一特定类型的行星中，要是任选一个，生命会发生的概率有多大？暂不管概率大小，不妨先给这个数字取个名字，我们就叫它"自然发生概率"吧，简称 SGP（spontaneous generation probability）。我们要计算的是：有复制能力的分子在一个典型行星大气层中的"自然发生概率"。要是我们手边有一本化学教科书，就可以坐下计算，或到实验室在模拟大气中放电，试试运气。假定我们竭尽所能，得到了一个小得可怜的估计值，就说十亿分之一吧。这个概率的确太小，简直等于奇迹，因此我们根本不能期望在实验室中重现这么一个极其幸运的事件。不过，为了方便讨论，我们也可以假定生命在宇宙中只出现过一次，于是我们的生命起源理论就必须有很大的运气成分，因为宇宙中生命可能发生的行星，数量何止万千。有人估计过，宇宙中有 1 万万万亿个行星（10^{20}），即使以我们觉得毫无希望的 SGP（十亿分之一）来计算，有生物生存的行星也该有 1 000 亿颗。总之，在考虑特定的生命起源理论之前，我们得先决定我们容许多大的运气，以数字表示的话，我们容许的最大运气，就是 N 分之一，N 代表宇宙中适合生物起源的行星数量。"适合"一词藏了不少东西没明白说出，但是我们可以为那份运气提出个上限，根据我们的论证就是 10^{20} 分之一。

请想想这个数字的意义是什么。我们去找一位化学家，对他说：拿出教科书与电脑来；削尖铅笔、发动脑筋；在脑子里动员公式，并在实验室的烧瓶中灌入原始行星大气层（在生物出现之前）的成分——甲烷、氨（阿摩尼亚）、二氧化碳等气体；将它们混合加热；在烧瓶中的模拟大气里放电花，记得脑筋也需要智慧的火花点燃；显显你的化学家本事让咱们开开眼，算算一颗典型行星自然产生"生物分子"就是有复制能力的分子的概率。或者我们可以换个方式问，我们得等多久，行星上的随机化学事件（原子、分子因热扰动而发生的随机推撞）才会产生有复制能力的分子？

这个问题的答案，化学家也不知道。大部分现代化学家大概会说：以人类寿命的标准而言，我们必须等上很长一段时间，不过以宇宙时间来衡量的话，也许就不算长了。根据地球化石史，我们大约得等 10 亿年，因为地球大约在 45 亿年前形成，而最早的生物出现在 35 亿年前。但是"行星数量"论证的意旨是：即使化学家说我们得等待奇迹，或必须等亿万又亿万年——比宇宙的历史还长许久，我们仍然可以冷静地接受他的"判决"。宇宙中行星的数量搞不好比亿万又亿万还多。要是每颗行星的寿命至少与地球一样长，那我们就有亿万又亿万又亿万个"行星年"供生命发生。那就成了。瞧！我们以乘积将奇迹翻译成政治实务了。[1]

这个论证中其实藏了一个假设。说真的，事实上不止一个，

---

[1] 搜寻外层空间智慧生物，例如美国的 SETI，需要经费，募款时必须说出道理来。否则公家、私人都不会赞助。——译者注

而是好几个，但是我想讨论的只是其中之一。那就是：一旦生命（就是复制子与累积选择）出现了，就一定会发展到闪耀智慧的阶段——有些生物拥有足够的智慧，能够思考自己的起源。不然，我们对生命起源的发生概率就得向下修正了。以精确一些的方式来表达，我们可以问：相对于任何一颗出现了生命的行星，就有多少颗行星没有生命呢？我们的理论容许的最大值是：以宇宙中适合生命发生的行星总数除以"生命演化出智慧的概率"。

"有足够的智慧，能够思考自己的起源"在我们的理论中居然是个变项，也许你会觉得奇怪。为了了解我的理由，请你考虑一下另一个假说选项。假定生命起源的发生概率并不低，但是后来的智慧演化，概率却低得不得了，非得天大的运气不可。假定智慧起源极难发生，因此宇宙中虽然生命已在许多颗行星上出现了，却只有一颗行星有智慧生物。那么，由于我们知道我们已经聪明得可以讨论这个问题，因此地球就是那颗行星。现在再假定生命起源，以及生命起源之后接着的智慧起源，都是非常不可能的事。那么任何一颗行星，就说是地球好了，不但出现生物，而且生物还演化出智慧的概率，就是两个很低的概率相乘的结果——一个更低的数字。

这就好像在说明我们在地球上怎么出现的理论中，可以预设一定"配额"的运气。这个分量有个上限，就是宇宙中合格行星的数量。既然我们有一定分量的运气配额，我们可以将它视为稀有商品，小心合计运用的方式。要是我们为了解释生命起源而几乎用光了配额，那么我们理论中的后续部分（大脑与智慧的累积演化）就没有多少运气可以利用了。要是生命起源没有用光运气配额，等到累积选择开始后，接着的生命演化就有一些运气可以利用了。要是我们想在智慧起源的理论中用尽运气配额，那么生命起源就没有多少运气成分了：我们必须想出一个理论，说明生命的发生几乎是个不可避免的结果。要是我们在建构理论的两阶段都没用光运气配额，我们可以将余额用来推测"生命出现在宇宙其他地方"。

我个人的感觉是：一旦累积选择妥善地上路了，以后的生物与智慧演化，相对而言，需要的运气就不多了。我觉得累积选择只要上路了，就有足够的力量，智慧演化就算不是无可避免的，至少非常可能接着发生。也就是说，只要我们愿意，可以将运气配额一股脑儿用在生命在行星上起源的理论上。因此，在建构生命起源的理论时，我们手上可以运用的概率，以1万万万亿分之一（或者任何我们相信的宇宙行星数量）为上限。这是我们的理论可以容许的最大运气。举例来说，假定我们想提议DNA与它以蛋白质为基础的复制机器完全是自然发生的，纯属巧合。这样的巧合要是发生的概率不小于1万万万亿分之一，我们就不必介意它的夸张模样。

这样的运气似乎太大了。有了这么大的运气，搞不好DNA或RNA都能自然形成。但是我们还需要累积选择，这么大的运气成就的事物可成不了气候。组成一个设计精良的身体，飞翔如燕子，游泳如海豚，或目光如鹰隼，可以单凭一股巧劲儿吗？——单步骤选择？那个运气的尺度，就不是以宇宙中的行星总数来衡量了，而是原子总数！总之，我们需要大量的累积选择才能解释生命。

但是，在我们的生命起源理论中，虽然我们可以容许很大的巧劲儿（发生概率1万万万亿分之一），我直觉地认为我们需要的巧劲儿不必那么大，一些就够了。生命在行星上出现，以我们的日常尺度来衡量，或者以化学实验室的标准来说，的确是件不大可能的事，不过它仍然有发生的可能，而且已经发生了，不止一次，而是很多次。我们可以将这个以行星数量为基础的统计论证视为绝招，不轻易动用。在本章结尾处，我会提出一个看来矛盾的论点：我们正在寻找的理论，在我们的主观判断里，搞不好的确看来不可能，甚至像个奇迹。（都是我们的主观判断搞的鬼。）不过，一开始就打定主意找不让人觉得"不可能"的理论，仍然是明智的。要是我们刚才提议的理论（"DNA与它蛋白质为基础的复制机器完全是自然发生的，纯属巧合"）实在太不可能了，如果我们坚持的话，非得假定生命在宇宙中极为罕见不可，甚至可能只在地球上发生过，那么我们最好另外找个比较说得过去的理论。好了，我们还有什么点子吗？必须是个比较可能发生的事件，只要累积选择就能让它发生。大家都得天马行空，有的想了。

"天马行空"这词通常都带着贬义，但是这儿用不着。大家得记住：我们讨论的事件发生在一个不同的时空中，那在40亿年前，当时的世界与今日的截然不同。举个例子好了，当时的大气中绝对没有游离的氧分子。要是不"天马行空"，让我们怎么想？虽然当时的地球化学成分到现在已经变了，化学的定律却没变。定律还是定律，才是定律。现代化学家熟悉那些化学定律，因此可以做一些有根据的臆测；那些臆测必须合理，由化学定律严格把关。你不能大大咧咧地随便臆测，天马行空也得有个谱，从科幻小说中任意拣出个什么"超驱动力"、"时间弯曲"、"无限的不可能引擎"来搪塞可不成。关于生命起源，大多数臆测都违反化学定律，根本不必考虑，即使我们动用绝招（以行星数量为基础的统计论证），也救不回来。因此仔细地过滤臆测是个有建设性的知识操兵。不过你得是个化学家才成。

我是个生物学家，不是个化学家，我必须依赖化学家搞定他们本行的把戏。理论并不少，而不同的化学家有不同的最爱。我可以将这些理论摊在你的面前，一视同仁。要是我写的是给学生用的教科书，那会是个适当的做法。可是本书不是给学生用的教科书。本书的基本想法是：为了了解生命，或宇宙中任何东西，我们都不需要假定有个设计者存在。这里讨论的是：我们寻找的解答究竟是什么？回答问题得针锋相对，丝丝入扣，什么样的问题，就有什么样的答案。让我来解释。我想我最好举一个生命起源理论做例子，而不要罗列一堆理论，来说明我们怎样回答我们的基本问题——累积选择如何让生命起源这档事有个开头？

我该选哪个理论作为代表性的例子呢？大多数教科书青睐的一"族"理论都是从有机"太古浓汤"假设衍生出来的。地球上还没有生命的时候，原始大气层很可能与现在仍没有生命的行星一样。没有氧，氢、水、二氧化碳倒不少，可能还有一些氨、甲烷，以及其他的简单有机气体。化学家知道像这种没有氧的大气，是有机化合物自然发生的温床。他们在烧瓶中灌入气体，模拟地球早期大气的组成，再以电极在烧瓶中放电，模拟闪电，并用紫外线照射烧瓶中的气体。当年大气中还没有氧，更不会有臭氧层吸收紫外线，因此地面受到的紫外线辐射，比今天的强多了。这些实验的结果，令人很兴奋。在这些烧瓶中，有机分子自然形成了，有一些与那些通常只在生物体内发现的，属于同一类型。还没有 DNA 或 RNA，但是有嘌呤、嘧啶——DNA 与 RNA 的构成单位。也许有一天它们会出现。

我说过，我想讨论的是：为了适当地回答我们的问题，得找哪一类型的解答？但是，无论太古浓汤里出现了DNA（或RNA）没有，我都不想拿它当例子。反正我已经在《自私的基因》里（1976年初版，1989年新版）讨论过太古浓汤了。这次我要举一个不怎么流行的理论当例子，它最近已经开始有证据支持了，要是给它一个公平的机会，搞不好会脱颖而出呢。它很大胆，所以吸引人，而且任何解释生命起源的理论都必须拥有的特质，它都可以做范例。它就是"无机矿物质理论"，20世纪60年代由英国苏格兰格拉斯克大学的化学家卡林斯–史密斯（A. G. Cairns-Smith，1931— ）发展出来的。卡林斯–史密斯写过三本书阐释这个理论，最近的一本是《生命起源的七个线索》（*Seven Clues to the Origin of Life*，1985），将生命起源当成一桩推理疑案，需要福尔摩斯之流的神探才能揭开谜底。

根据史密斯的看法，DNA/蛋白质机制大概出现得相当晚，也许30亿年前吧。到了那时候，累积选择已经不知进行了多少世代——那时的复制子不是DNA，而是非常不同的东西。DNA出现后，由于复制效率高，对自我繁衍的影响更大（即上一章所说的"力量"），于是先前孕育了DNA的复制系统，地位就被袭夺了，最后湮灭，与世相忘。根据这个看法，现代DNA复制机制后来居上，颠覆了先前较原始的基础复制子。这样的袭夺、颠覆大戏搞不好不止发生了一次，但是原先的复制过程必然非常简单，只要我所谓的"单步骤选择"就能出现了。

化学家将他们的研究领域划分成有机与无机两大分支。有机化学是研究一个特定元素的化学——碳（C），无机化学研究其他的元素。碳元素非常重要，因其独占化学一个分支，一方面生命的化学就是碳的化学，另一方面碳化学的性质不只适合生命，还适合工业生产，例如塑料工业的制程。碳原子的基本性质，适合做生命的基本建材与工业合成物，因为它们可以以键连接在一起，形成大分子，种类不计其数。硅元素（Si）也有一些这样的性质。虽然现在地球上的生物全是碳化学产品，可是在宇宙其他角落里演化出来的生物未必会以碳化学为基础，即使地球生物也不总是碳化学的产物。史密斯相信地球上最早的生命源自有复制能力的无机晶体，例如硅酸盐。果真如此，有机复制子以及最后的 DNA 必然是后来居上、取而代之的篡位者。

史密斯提出了几个论证，指出这个"取代"理论颇有可取之处。举例来说，石头构成的拱形结构，非常稳固，即使不用黏着剂（如灰浆、水泥），也能屹立多年。复杂的结构要演化出来，就像建一座石拱门，不但不准用灰浆，还一次只准放置一块石头。这个差事你要是想得天真一点儿，会觉得"门儿都没有"。一旦最后一块石头就位了，拱门就完成了，但是在建造的中间阶段，未完工的拱门一直都不稳固。不过，要是在建造时你不但可以加石头，还能拿掉石头，那就好办了。你可以一开始先垒一堆石头，然后以这堆石头为基础建一个拱门。等到拱门建好了，连拱门顶中间那块石头都安上了，所有石头就定位了，再小心将支撑的石头移开，大概只要一点点运气，拱门就站得住了。伦敦近郊的史前巨石阵（Stonehenge），乍看之下难以理解是怎么建造的，但是只要想到当年的建筑工人使用了某种支撑架构就能恍然大悟了，他们也许用的只是土堆成的斜坡，只是现在已经不在那儿了。我们看见的是最后的产品，而建造过程中使用的支撑架构，就必须推测了。同样，DNA 与蛋白质是一座拱门的两个支柱，拱门稳固又优雅，一旦所有建材同时就位了，就屹立不摇。要说这座拱门是以一步一脚印的方式建成的，实在很难想象，除非早先有过某种支架，只不过后来完全消失了。那个支架必然也是由先前的累积选择建构的，我们现在只能猜测那个过程是怎么回事。但是它必然是有力量的复制子干的好事。[1]

卡林斯－史密斯的猜测是：最早的复制子是无机物的晶体，黏土与泥土中就有。所谓晶体，是大量原子或分子有秩序的固态组合。原子与小分子会自然地以固定而有秩序的方式结合起来，那是因为它们有些我们可以称之为"形状"的性质。它们会以特定的方式组合成晶体，就好像它们"想要"那么做似的，其实只因为它们的"形状"不容许其他的组合。它们"偏好"的组合方式决定了整个晶体的形状。另一方面，晶体内任一部分都与其他部分完全一样，甚至在钻石之类的大晶体中也是一样——只有出现"瑕疵"的地方例外。要是我们缩小到原子那么大，就可以在晶体内看见整齐的原子行列，行列不计其数，每行的原子也不计其数，一直绵延到天边；四面八方全是重复的几何形，令人叹为观止。

因为我们感兴趣的是复制，我们必须知道的第一件事就是：晶体可以复制自己的结构吗？晶体是许多层原子（或类似的玩意儿）构成的，而且层层相因。原子（或离子，暂不论它与原子的差别）在溶液中可以自由四处浮荡，不过要是碰巧遇上一个晶体，它们就会自然而然地嵌入晶体表面。食盐（氯化钠）的溶液中，钠离子与氯离子混杂在一起，略无章法，颇似混沌。食盐的晶体中，钠离子与氯离子紧密整齐地穿插排列，两者永远保持90度的夹角。溶液中浮游的离子一旦撞上一个晶体坚硬的表面，通常会

---

[1] 所谓"力量"指的是对自己前途的影响力，见上一章。——译者注

嵌在那儿。它们嵌在那儿的方式，恰好能够在晶体表面形成一个新层，结构与原来的表面层完全一样。就这样，晶体一旦形成，就会成长，每一层都与原来那层一模一样。

有时晶体会在溶液中自发地形成。有时溶液中必须"撒种"才会出现晶体，尘粒可以当"种子"，在别处形成的晶粒也成。卡林斯-史密斯鼓励我们进行如下的实验。在一杯非常热的水中，溶入大量胶卷定影剂"海波"（学名为硫代硫酸钠）。然后让这杯溶液冷却，小心别让尘粒掉入。这时溶液已经"过饱和"了，随时都会有结晶析出，"只欠东风"——还没有促成这个过程的晶"种"。接着，我还是引用卡林斯-史密斯在《生命起源的七个线索》中的话吧：

> 小心揭开杯子的盖子，在溶液表面投下一粒海波结晶，然后注意以后发生的事，你一定会觉得惊讶的。你会看见你的晶粒在"长大"：它不断碎裂，碎片也会长大……不久你的杯子里就会都是晶体，有的长达几厘米。再过几分钟，结晶过程全都停止了。这杯魔液已经失去魔力了——不过，要是你想再表演一次，只要再加热一次，再让它冷却，重复上述过程就成了……过饱和的意思是：在溶液中溶入过多的溶质……过饱和溶液冷却后，简直就是"不知该做什么"。所以我们得告诉它：加入一粒海波结晶，这粒晶体就是海波结晶的范式，其中不知有多少单位已经排列组合成海波结晶特有的模式。这杯溶液必须被"下种"。

有些化学物质有几种不同的结晶模式。例如石墨与钻石都是纯碳的晶体。它们的组成原子完全一样。这两种物质唯一的差别，就是碳原子排列组合的几何模式不同。在钻石中，基本的晶体单位是碳原子组成的四面体，那是极为稳固的结构。因此钻石非常坚硬。在石墨中，碳原子组成六角形平面，层层叠起；由于层与层之间的键很微弱，所以层与层很容易相对滑动。难怪石墨摸起来滑手，可以做润滑剂。不幸得很，"种"出海波晶体的方法不能用来"种"钻石，不然你就发财了。但是再仔细一想，即使你能，也不会因此发财，因为任何笨蛋都能做的事，不可能让人发财。

现在假定我们有一杯过饱和溶液，溶质像海波一样，很容易从这样的溶液中析出，也像碳一样，有两种结晶的模式。一种也许与石墨多少有点类似，就是原子成层地组合，形成扁平的晶体；另一种形成钻石形的立体结晶。现在我们在这杯过饱和溶液中同时投入一小片扁晶、一小块钻石形晶粒。会发生什么事呢？我们可以发挥卡林斯-史密斯的文字来描述。注意以后发生的事，你一定会觉得惊讶的。你会看见你的两种晶体在"长大"：它们不断碎裂，碎片也会长大。扁平晶体种子产生了一大堆扁平晶体。块状晶种产生了一堆块状晶体。要是一种晶体成长、分裂得比另一种晶体快，我们观察到的就是个具体而微的"自然选择"了。但是这个过程仍然缺乏一个重要的元素，因此不能导致演化（变化）。那个元素就是遗传变异（或等价的玩意儿）。光两种结晶形态还不够，必须每一种都有一连串微小变异，每个变异都能世代相传，有时还会突变，形成新的变异形式。真实的晶体有相当于遗传突变的性质吗？

黏土、泥巴、岩石都是由微小的晶体构成的。在地球上它们的量十分巨大，而且可能一向如此。要是你用扫描电子显微镜观察某些黏土或其他矿物质的表面，你会为眼前的美景赞叹不已。

晶体的模样多彩多姿，像成排的花或仙人掌行列，像玫瑰花瓣的花园，像多汁植物横切面那样的微小螺旋体，像丛生的管风琴风管，像复杂的多角形折纸作品，以及透迤如蠕虫或挤出的牙膏。放大倍率提高后，有秩序的模式看来更令人惊艳。到了原子位置都能显示的倍率，晶体表面看来就像机器织出的人字呢一般，极其规律。但是——注意，这是要点——你可以看见瑕疵。在一大片极规律的人字花纹中，会有一小块脱序，或者是人字的夹角稍有不同，或者人字的两撇不对称等等。几乎所有自然形成的晶体都有瑕疵。瑕疵一旦出现了，要是新的晶层在瑕疵层之上形成了，通常会复制那个瑕疵。

晶体表面任何一个地方都可能出现瑕疵。要是你和我一样，常思考信息储存量的问题，你就可以想象在一个晶体表面可以创造出多少不同的瑕疵模式。那是个庞大的数量。上一章里我们想象过将《新约》文本编进一个细菌的 DNA 里，同样的计算几乎可以用来谈任何一个晶体。DNA 比起一般的晶体，长处在：已有一套方法可以读取它的信息。现在暂不谈读取技术，我们很容易设计出一套编码系统，使晶体原子结构中的瑕疵对应于二元数字（以 0 与 1 写成的数字）。我们可以将《新约》文本编进一个与大头针"圆顶"一样大的矿物质晶体。以大一点的尺度来说，储存音乐的激光唱片就是以同样的原理制作的。音乐音符先由计算机转换成二元数字。然后以激光在光盘的光滑镜面上刻出微小的瑕疵模式。每个激光刻成的小坑对应于 1（或 0，约定俗成即可）。激光唱盘播放音乐，就是以激光束读取瑕疵模式，再由专门的计算机将二元数字转换成声波，经过扩大线路放大后我们就听见音乐了。

虽然激光光盘今天主要用来储存音乐，你也可以将整套《大英百科全书》存入一张光盘，再以同样的激光技术读取。在原子尺度上的晶体瑕疵，比刻在激光光盘表面上的"坑"小多了，因此以面积论，晶体能够储存的信息多得多了。一点不错。在尺度上，DNA 分子与晶体可以模拟，而 DNA 储存信息的容量的确令人印象深刻。虽然黏土晶体理论上可以储存大量信息，像 DNA 分子或激光光盘一样，可是没有人认为黏土的确干过那档子事。在卡林斯–史密斯的理论中，黏土与其他矿物质晶体的角色是最初的"低端"（low-tech）复制子——它们最后被"高端的"（high-tech）DNA 取代了。在地球上，它们在水中自然形成，不像 DNA 需要复杂的机器才能生产；它们会自然生成瑕疵，有些可以在晶体的新生层复制。要是有"适当"瑕疵的晶体后来破碎了，我们可以想象它们扮演"种子"的角色，形成新的晶体，每个新生晶体都"继承"了"亲代"的瑕疵模式。

于是我们现在对于生命在太古地球上的发生经过就可以臆测勾画了。起先是自然形成的矿物质晶体，它们有复制、繁衍、遗传、突变等性质，要不是那些性质，某种形式的累积选择根本无法开展。不过在这幅图画中，还缺一个要素，就是"力量"——复制子的性质必须影响自身的复制前途。我们将复制子当作一个抽象的概念来讨论的时候，我们会认为"力量"也许只是复制子直接的、内在的特性，例如黏性。在这一基本的层面上，使用"力量"这个词似乎有点儿"杀鸡用牛刀"，太小题大做了。我使用这个词，只因为在后来的演化阶段中它就不会只是黏性之类的性质。举个例子好了，蛇的毒牙有何"力量"？答案是：使 DNA上的毒牙基因进入下个世代（以及以后的世代），因为它对毒蛇的存活有间接的影响。无论最初的"低端"（low-tech）复制子是矿物质晶体，还是后来直接演化成 DNA 的有机物前驱，我们都可以猜测它们拥有的"力量"是直接而基本的，例如黏性。蛇的毒牙或兰花的花朵，是先进层次的"力量"，都是后来才演化出来的。

对黏土而言，"力量"有何意义？什么样的偶然性质能提升黏土在田野中繁衍散布的机会？黏土的成分是硅酸盐、金属离子之类的化学物质，河、溪的水就是它们的溶液，是上游岩石风化后溶入水流的。那些化学物质在下游处，要是条件适当，就会从溶液中结晶出来，形成黏土。（事实上我所说的河、溪，指的更可能是地下水而不是地面上奔流的溪水。但是为了简化行文，我会继续使用河、溪等词。）在河、溪中，任何一种黏土晶体的形成，除了其他的条件外，与水流的流速与模式都有关。但是沉淀的黏土也可以影响水流。那是因为黏土沉淀后，溪床的高度、形状、质地都会改变。当然，那不是有意的。假定有一种黏土刚好能够改变泥土的结构，所以河水的流速提升了。结果这种黏土反而被冲掉了。根据我们的定义，这种黏土就不"成功"。另一种不成功的例子，就是本身的性质反而创造了使竞争对手易于形成的条件。

当然，我们并不认为黏土"有意"在世上继续存在。我们谈的，一直都是无意的结果，就是复制子刚巧拥有的性质导致的事件。我们再举一种黏土当例子好了。这种黏土恰巧能够减缓河水流速，因此提升了自身沉淀的机会。用不着说，这种黏土会越来越普遍，因为它恰巧能够以有利于自己的方式操纵河水。这种黏土就是成功的黏土。但是，到目前为止，我们讨论的只是单步骤选择。累积选择呢？

让我们做进一步的臆测。假定有一种黏土，可以淤积成堤，更增加了自身沉淀的机会。这是它的结构上有一种独特的瑕疵造成的无意结果。在任何河流中，只要这种黏土存在，淤堤上的水流就会成为静滞的浅水池，河水的主流就会岔开，另辟河道。在这些浅池中，会有更多这种黏土沉淀。任何一条河流只要凑巧被这种黏土的种子晶体"感染"了，一路上就会出现许多这种浅水池。好了，由于河流改道了，在旱季中浅水池很容易干涸。黏土干燥后，在阳光下不免龟裂，表层破碎后随风飘扬，成为空气中的灰尘。每一颗尘粒都"继承"了亲代的特有瑕疵结构，就是造成河床淤堤的那种性质。上一章一开始我就提到窗外的柳树正在迎风飘撒遗传信息，同样的，我们也可以说每颗尘粒都携带了淤塞河、溪的"指令"——到头来等于"制造更多尘粒"的指令。尘粒随风飘荡，可以穿越很长的距离，有些可能掉落另一条溪流，而那条溪流从来没被"感染"过。河溪一旦受"感染"，就会出现"造堤"黏土的晶体，于是整个沉淀、淤堤、干涸、风飘循环再度开始。

将这个循环称作"生命"循环，等于回避一个重要的问题，但是它的确是一种循环，而且与真正的生命循环一样，能够促成累积选择。由于有些河溪是源自其他河溪的尘粒"种子"感染的，我们可以将各个河溪区分成亲代与子代。源自甲溪的尘粒"种子"感染了乙溪之后，乙溪中的浅水池最后干涸了，制造了许多尘粒，感染了丙溪与丁溪。以它们各自的淤堤黏土来源而言，我们可以将这四条溪流的关系安排成一棵"家族树"。每一条受感染的溪，都有一条"亲"溪，它自己的"子"溪又可能不止一条。每一条溪都可以比拟成一具身体，这具身体的"发育"会受尘粒"基因"的影响，最后它产生新的尘粒"种子"。源自亲代河溪的种子晶体，以尘粒的形式开始新的"世代"循环。每颗尘粒的晶体结构是从亲代河溪中的黏土复制出来的。它将那个晶体结构传递到子代河溪中，在那儿它生长、繁衍，最后再度送出"种子"。

祖先晶体结构一代一代保存下来，不过在晶体成长过程中偶然发生的错误，会改变原子排列组合的模式。同一晶体的新生层会复制同样的瑕疵，要是那个晶体碎成两块，就会形成两个同样晶体的族群。那么要是改变了的晶体结构使淤积/干涸/风蚀循环的效率也改变了，就会影响那种晶体在以后世代中的复本数量。举个例子来说，改变了的晶体可能更容易分裂（"繁殖"）。由改变了的晶体形成的黏土在许多情况中可能更容易淤积。它也许在阳光下更容易龟裂。它也许更容易化为尘土。尘粒可能更容易迎风扬起，就像柳树种子上的绒毛（整个叫柳絮）。有些种类的晶体也许可以缩短"生命循环"的周期，结果加速了它们的"演化"。它们在连续的"世代"中有许多机会演化出越来越好的本事，更容易繁衍接续的世代。换言之，累积选择的原始形式有许多机会演化。

以上这些纯属想象力的操作，源自卡林斯-史密斯的点子，而矿物质的"生命循环"可能有许多种，每一种都可能在地球生命史的关键时刻发动累积选择，我们谈的只是其中一种而已。举例来说，说不定晶体的不同"变体"不是以尘粒的形式进入新的河溪，而是将它们的河溪切割成许多小溪，将晶体流布四方，最后那些小溪与新的河溪汇合，于是感染了新的河流系统。有些变体也许会使瀑布冲击岩石的力道更大，加速岩石的冲蚀，于是使岩石中的矿物质晶体更容易溶入河流中，到了下游就形成新的黏土了。有些晶体变体也许可以制造情境，使竞争原料的"对手"不易存在。有些变体也许会成为"猎食者"，可以分解"对手"，并将"对手"的组成分子纳为己用。请记住：我并不是在谈"有意的"设计制作，无论是黏土，还是以 DNA 为基础的现代生物。我的意思只不过是：世上往往布满特定类型的黏土（或 DNA），那是因为它们刚巧拥有某些性质，使它们不仅在世上持续存在，还容易散布四方；一切都自然而然，却理所当然。

现在让我们进入论证的下一阶段。有些晶体世系也许碰巧催化了某种化学反应，合成了新物质，那些物质又有利于晶体的世代传承。这些衍生出来的化学物质不会（至少一开始不会）自己形成世系，可以区分出所谓亲代与子代，它们由每一世代的晶体（初级复制子）重新制造。它们可以视为晶体世系的工具，原始"表现型"（phenotypes）的起源。卡林斯-史密斯相信：当年的无机晶体复制子有许多本身并不复制的工具，其中以有机分子扮演的角色最突出。现代商业无机化学工业常利用有机分子，因为有机分子对液体流动率、对无机分子的分解与生长都有影响。简言之，那些影响在当年也可能是晶体世系复制成败的关键。

举例来说，有一种叫作蒙脱石（montmorillonite）的黏土矿物质（主成分是含水铝硅酸盐，"蒙脱"是法国西部的地名），遇上一种叫作羧甲基纤维素（Carboxymethyl Cellulose，简写 CMC；牙膏中的保水定型剂）的有机分子后，很容易碎裂。另一方面，羧甲基纤维素的量要是很少，反而会对蒙脱石产生相反的影响，就是使蒙脱石不易碎裂。影响红酒口感的单宁（tannins，葡萄皮里的成分），是另一种有机分子，石油钻探中常使用，因为可以使泥土容易钻透。石油钻探人员能利用有机分子改变水流和泥土的可钻探性，方便石油钻探，不断复制自己的矿物质怎么会不能？没有理由相信累积选择不会导致同样的"念头"。

就这一点而言，卡林斯-史密斯的理论得到了意外的赠品，益发令人信服了。原来其他的化学家为了支持传统的有机太古浓汤理论，早就认为当年黏土矿物质发挥过功能。例如安德森（Du-wayne M. Anderson，1927—2002）在 1983 年写道："在地球历史上，有复制能力的微生物，很早就在黏土矿物质或其他无机物质的表面附近出现了，那个过程涉及非生物的化学反应与化学程序，也许数量还不少。在学界这个观点已获得广泛支持。"那么黏土矿物质如何协助生命的发生呢？他列举了黏土矿物质的五大功能，例如"以吸附作用提升化学反应物质的浓度"，不过我们不必在这里一一详述，即使不了解也无妨。从我们的观点来说，重要的是：所谓黏土矿物质的五大功能全都能"反过来说"。安德森的论证显示了有机化学合成与黏土表面可以有密切的关系。因此他无意中加强了相反的论点：黏土复制子合成有机分子，并利用有机分子达成自己的目的。

早期地球上，蛋白质、糖类等有机分子，以及其中最重要的核酸，例如 RNA，对卡林斯-史密斯所谓的黏土复制子究竟有什么用处？他仔细讨论过这个问题，不过这里我不能详谈。他认为 RNA 一开始只是纯粹的"结构剂"，就像石油钻探业者利用单宁或我们使用肥皂与清洁剂，都是为了它们能影响其他物质的结构。RNA 之类的分子，由于它们的骨干带负电荷，往往会形成黏土粒子的"外衣"。再讨论下去的话，我们就得进入超过我们程度的化学领域。现在我们只要记住：RNA 之类的分子早就出现了，它们的复制能力是后来才发展出来的。还有，使它们演化出复制能力的，是矿物质晶体"基因"，目的在改进 RNA 分子（或类似分子）的制造效率。但是，一旦新的复制分子出现了，累积选择的新类型就会开始发展。新的复制子原先只是配角，却因为复制效率惊人，而将原先的主角——晶体——瓜代了。它们继续演化，不断改进，最后成为我们现在知道的 DNA 基因码。原先的矿物质复制子就像个老旧的支架，被挪到一边，所有现代生物都是从后起的共同祖先演化出来的，大家的遗传系统都是从它那儿来的，因此不但基因代码完全相同，生化机制也大体相同。

我在《自私的基因》中臆想过：我们现在也许正处于另一个遗传革命的前夕，一种新型的遗传系统即将替代传统的 DNA 系统。DNA 复制子（基因）为自己建造了"续命机器"（survival machines）——生物的身体，包括我们的身体。身体演化出种种装备，协助基因达成复制、繁衍目的，大脑——随身计算机——就是装备之一。大脑演化出与其他大脑沟通的能力，以语言、文化传统为工具。但是文化传统创造了新情境，为新型复制子敞开了演化之门。新型的复制子不是 DNA，也不是黏土晶体，而是信息模式，它们只能在大脑中发荣滋长，或在大脑的人工产品中，例如书籍、计算机等等。我把这些新的复制子叫作"谜因"（meme），好与"基因"（gene）有个区别。但是，只要世上有大脑、书籍、计算机，这些谜因就能从一个大脑散布到另一个大脑中，从大脑到书中，从书到大脑，从大脑到计算机，从计算机到计算机。它们在传播的过程中也会发生变化——突变。也许突变谜因能够施展我叫作"复制子力量"的影响力。记得吗？我所说的影响力，只要能影响复制子繁衍可能性的，都算。受这种新型复制子影响的演化——谜因演化——仍在襁褓期。在我们称为"文化演化"的现象中，可以观察到谜因演化的迹象。文化演化比起以 DNA 为基础的演化，快了不知多少倍，因此更让人不由得思考生命史上的"替代"（颠覆/篡位）事件。要是一种新的复制子篡位事件已经开始了，可想而知，结果必然是这种复制子的亲代——DNA——被远远抛在后面，望尘莫及，祖代（黏土，要是卡林斯-史密斯对的话）就用不着说了。果真如此，电脑大概会是先锋吧。

在遥远的未来，拥有智慧的计算机会不会有一天开始臆想自己已消失的根源？搞不好它们之中真有一个会得到一个相当异端的结论：它们源自一种古代的生命形式，以有机化学（碳化学）为基础，而不是以硅晶为基础的电子学，那才是它们身体的建造原理。说不定会出现一个机器卡林斯-史密斯写出一本叫作《电子篡位》的书来。他不知怎地发现了某个电子版的"拱形结构"隐喻，因而了悟计算机不可能自然地出现，必然源自累积选择，而且是一种早期的形式。他会仔细地重建 DNA 分子，把它视为可能的早期复制子，而且是电子机制篡位的对象。他说不定聪明得猜得到 DNA 也干过篡位那档事，而更古老、更原始的复制子是无机的硅酸盐晶体。要是他也信仰善有善报、恶有恶报，尽管 DNA 已在地球生命史上独领风骚 30 亿年以上，最后还是被推翻了，让位给以硅晶为基础的生命形式，往日风华，竟成回忆，这算不算天道好还呢？

那是科幻小说，而且也许听来不可思议。无妨。现在的卡林斯-史密斯理论，甚至所有其他的生命起源理论，也许你都觉得不可思议，难以相信。你认为卡林斯-史密斯的黏土理论与比较正统的有机太古浓汤理论都太离谱，不可能是事实吗？随机地将原子胡乱组合一气，最后就能形成能够复制自己的分子！你觉得需要奇迹才成吗？那么让我告诉你，有时我也这么认为。但是我们要更仔细地深究这个有关奇迹与"绝无可能"的问题。我的目的是说明一个表面看来矛盾的论点，就因为它看来矛盾，所以很有意思。这个论点就是：要是生命起源这档事对我们的清明意识而言不显得神秘难解，我们科学家才该担心呢！就正常的人类意识而言，对生命起源这档事，我们应该找寻的正是一个显得神秘难解的理论。我要用这个论证结束本章。换言之，我们要讨论所谓奇迹究竟指的是什么。也可以说，它是演绎我们早些时候以行星数量所做的论证。

言归正传，奇迹究竟是什么？奇迹就是一件发生过的事，可是发生的事令人极端意外。要是大理石的圣母马利亚向我们挥手，我们应当视为奇迹，因为我们所有的知识与经验都告诉我们大理石像不会那样行动。我刚说完"现在让闪电来劈我吧"，要是闪电果真这时击中了我，我们会视为奇迹。但是实际上这两件事科学都不会判定"绝无可能"。"非常不可能"倒无疑问，而且石像挥手比闪电劈人更不可能。闪电本来就会劈人的。我们任何一个都可能遭雷击，但是在任何时候这事发生的可能性都非常低。（不过根据吉尼斯纪录，美国弗吉尼亚州有一个人被雷击中过7次，外号"人类避雷针"。）我虚拟的故事中唯一令人觉得不可思议的，就是我被雷劈中与我出言不逊两者的巧合。[1]

巧合就是加倍的不可能。在我一生中，任何一分钟内遭雷击的概率都低于千万分之一，这还是保守的估计呢。我在任何一分钟召唤雷击的概率也很低。到写书的这一刻，我只召唤过一次，我已活过2340万分钟，我看以后我不会再犯了，因此这么干的概

---

[1] 祸福无门，唯人自召？——译者注

率大概可说是 50 万分之一。两件事"巧合"的概率是两者概率的乘积，因此就是 5 万亿分之一。要是这种数量级的巧合真的发生在我身上，我会视为奇迹，而且以后说话一定会小心。但是，虽然这样的巧合实在离谱，它的概率我们仍然能够计算。它发生的概率并不等于 0。

再说大理石像的例子。大理石像中的分子一直不断地彼此推挤，方向不定。由于分子彼此的推挤相互抵消，石像的手就保持不动。但是，要是所有分子凑巧同时向同一方向运动，石手就会移动。然后要是那些分子同时反向运动，手就会回到原来的位置。因此一个大理石像向我们挥手是可能的。这种事发生的概率低得难以想象，但不是不能计算的。我有一位同事是物理学家，好意地为我计算过。结果得到了一个天文数字：我们穷整个宇宙的年纪都不足以写完那个数字中的 0。理论上要是一头乳牛有那等运气，搞不好一跃就上了月球。好了，论证的这个部分，结论是：有些事可能发生，我们凭想象就可知道，可是比较起来，我们借计算之力得以进入驰骋的奇迹领域，广袤多了。

现在让我们讨论这种可能发生的事吧。我们凭想象认为可能发生的事只是个子集合，而实际上可能发生的事则是个大得多的集合。有时那个子集合甚至比实际上的还要小。这与光好有一比。我们的眼睛是设计来处理一个狭窄的电磁带宽波段的（那个波段我们称为光），正好位于一个频谱的中间左右，频谱的一端是无线电长波，另一端是 X 射线短波。光波段很狭窄，它以外的射线我们看不见，但是我们可以计算它们的性质，也可以制造仪器侦测它们。同样，我们知道空间与时间的尺度可以向两个方向延伸，一直进入我们视线不及之处。我们的心灵无法应付天文学处理的遥远距离，也无法应付原子物理学处理的微小距离，但是我们能用数学符号表示那些距离。我们的心灵无法想象皮秒（picosecond，一兆分之一秒）那么短的时间长度，但是我们可以计算皮秒，我们也可以制造指令周期以皮秒为单位的计算机。我们的心灵无法想象长达百万年的时间长度，更不要说地质学家的计算动辄就是10亿年了。

我们的眼睛只能看见狭窄的电磁波波段，那是天择打造的，我们的祖先已经是那样了。大脑也一样是天择打造的，无论对个儿头还是时间，都只能应付很狭窄的一个"波段"。我们可以假定我们的祖先用不着处理日常生活经验以外的长度与时间，因此我们的大脑从没有演化出足够的想象力，以想象那些不寻常的尺度。我们的身材不过一两米，大约位于我们所能想象的范围中央，也许不是巧合。人生不满百，刚好也落入我们所能想象的时间范围中间。

关于奇迹与"绝无可能"之事，道理也一样。请想象一个渐进的"不可能"标尺，相当于从原子到星系的长度距离标尺，或者从皮秒到10亿年的时间标尺。在标尺上我们将各种标志点都标上。在左手端，都是极端确定的事件，例如"太阳明天依旧东升"的概率——记得吗，这是数学家哈代以半个便士打赌的事。接近左端的都是概率不低的事，例如以两颗色子掷出六一对，概率是1/36。我预期我们会经常掷出六一对。朝向右手端的另一个标志点是桥牌比赛中出现"完美局"（perfect deal）的概率。所谓完美局，就是四位桥牌手都拿到一套花色完整的牌，概率是2 235 197 406 895 366 368 301 559 999分之一。我们就叫它一"狄隆"（dealion）吧，算是"不可能"的单位。要是一件事的发生概率，根据计算是一"狄隆"，可是真的发生了，我们就该断定那是奇迹，除非我们怀疑其中有诈——那倒比较有可能。但是它有可能清清白白地发生，而且比起大理石像向我们挥手，它发生的概率高得太多了。不过，我们已经讨论过，即使大理石像向我们挥手这档事，也在事情发生的概率标尺上有个正当的位置。我们可以计算它发生的概率，尽管可能必须以 10 亿分之一"狄隆"为单位。在骰子掷出六一对与桥牌的"完美局"之间，是的确会发生的事，只是发生概率或高或低罢了，包括任何一人遭雷击、在足球赛赌局中赢得大奖、高尔夫球场上一杆进洞等等。在这个范围中，有些事巧合的程度会让我们禁不住脊梁骨发麻，例如在睡梦中见到一位几十年没见的人，醒来后得知那人就在那夜过世了。这些令人毛骨悚然的巧合，要是我们碰上了或是我们的朋友碰上了，管叫你印象深刻，但是它们发生的概率，可能必须以 10 亿分之一"狄隆"为单位。

我们已经建构了一根测量"不可能"的数学标尺，标志点或基准点都在上面标明了，现在我们要勾勒出一个小范围，涵盖我们在日常生活或思绪中可以处理的那些事件。那个范围的宽度，可以与电磁波频谱上我们的眼睛可以看见的那个狭窄波段比拟，或是长度与时间标尺上我们可以想象的那个范围——就是以我们的身材与寿命为中心的狭窄范围。结果那个范围起自左手端的"确实会发生"，向右直到小型奇迹，例如一杆进洞或梦境成真，于是可以计算却很罕见的事件全都落在可以想象的范围之外——一个大得多的范围。

我们的大脑是天择打造来评估概率与风险的装备，就像我们的眼睛是评估电磁波波长的装备。我们配备了大脑，可以在心里计算风险与机会，可是只着眼于那些对人的一生有用的概率范围。举例来说好了，我们要是用箭射一头水牛，让它受伤的风险有多大？要是我们在雷雨中躲在孤立的树下，被雷劈的风险有多大？要是我们游泳过河，溺死的风险如何？这些我们可以接受的风险，与我们不满百的生年是相称的。要是我们的身体可以活100万年，我们也愿意活那么久，我们就应该以不同的尺度衡量风险。举例来说，你应该养成习惯，绝不穿越马路，因为要是你每天穿越马路，不出50万年就会被车子碾过。

我们的大脑演化出意识，会对风险与机会做主观评价，评量的依据就是寿命。我们的祖先一直需要对风险与机会做出决定，因此天择使我们的大脑可以用我们的寿命做基准，以评估概率。要是在某个行星上，有一种生物可以活100万个世纪，他们可以理解的风险范围，就会朝向右手端延伸过去，远超过我们的范围。他们玩起桥牌，会期望"完美局"经常出现，要是真的发生了，大概也不会大惊小怪，非写信告诉家人不可。但是，要是一个大理石像向他们挥手，他们就会畏惧、害怕，因为即使他们的寿命比我们长很多，这等规模的奇迹也极其罕见。

以上的讨论与生命起源的理论何干？记得吗，我们展开这个论证，是从我们对卡林斯－史密斯理论与太古浓汤理论的感觉谈起的。我们觉得它们听来有点儿不可思议，因此不可能是真的。那个理由使我们很自然地觉得该排拒这些理论。但是请记住，我们的大脑所了解的风险，只是可以计算的风险标尺上左侧的一个小范围。对于看来像是值得下注的赌局，我们的主观评价与它实际上值不值得下注无关。一位寿命达100万世纪的外星人，主观判断必然与我们不同。某个化学家提出理论，对第一种复制分子的起源做了猜测，在那位外星人看来，可能觉得颇为可能，而我们只演化出不满百年的寿命，不免会认为那是令人惊讶的奇迹。我们怎能判断谁的观点才是正确的，我们的还是长寿外星人的？

这个问题的答案很简单。像卡林斯-史密斯提出的理论或太古浓汤理论，若要讨论它们的可能性，得从长寿外星人的观点来看才会正确。因为那两个理论都假设了一个特定的事件：某种能够复制自己的实体自然形成，而那种事件大约10亿年才发生一次。从地球诞生到第一个类似细菌的化石，大约有15亿年。我们的大脑意识以10年为单位，10亿年才发生一次的事，当真罕见得足以称为重大奇迹。对长寿外星人而言，它就不怎么像奇迹了，他们的感受可能相当于我们在高尔夫球场上一杆进洞。我们大多数人也许都知道某人知道某人一杆进洞的故事。就判断生命起源的理论而言，长寿外星人的主观时间量尺有相关性，因为那把尺约略等于生命起源涉及的时间量尺。要是以我们的主观量尺来衡量，误差可能达1亿倍。

事实上我们的主观判断还可能错得更离谱。我们的大脑是自然组装的，它的功能不只是评估短时间长度中的事物风险；它只能评估发生在我们身上的事，或者我们认得的一小撮人。因为大脑不是在大众传播媒体主导的情境中演化。有了大众传播媒体之后，若有一件不大可能的事发生在任何人身上或任何地方，我们都会在报上读到，或从吉尼斯纪录了解到。要是世界上任何一个地方出现了个演说家，他公开声明一旦说谎就遭雷劈，结果就被雷劈了，我们在报上读到消息，一定会惊疑不置。但是世上有几十亿人，这样的巧合的确可能发生，因此表面看来像是巧合的事，实际上未必那么巧。我们的大脑也许是自然组装来评估发生在我们身上的事用的，或是一圈村子里的几百个人，他们生活在彼此的鼓声距离内，我们的部落祖先接收到的新闻，不出那几百人范围。要是我们在报上读到一则新闻，说是一件惊人的巧合发生在弗吉尼亚或印第安纳的某人身上，我们一定会觉得印象深刻，比"正常的情况"还要惊讶。大众传播媒体以世界人口为抽样对象，而我们的大脑却在祖先的见闻范围内演化，不会超过几百人。因此在世界上不算罕见的事，到了见闻受制于生活范围的地方，就会令人印象分外深刻，算起来世界新闻令人反应过度的程度，可达几亿倍。

数量推估与我们对于生命起源理论的判断也有关系。不是因为地球上的人口数量，而是因为宇宙中的行星数量，生命可能已经出现的行星数量。这正是我们先前在本章讨论过的论证，因此在此不必多说。回到我们衡量事物发生可能性的渐进量尺上，上面有桥牌状况与掷骰子的概率。在这个以"狄隆"与百万分之一"狄隆"为刻度的量尺上，标明以下三点：假定每个太阳系生命都会出现一次，那么在 10 亿年之内，生命在一颗行星上起源的概率；要是每个星系生命出现一次，生命在一颗行星上起源的概率；要是生命只在宇宙中发生一次，任意选择一颗行星会发现生命的概率。将这三个点取名为太阳系数字、星系数字、宇宙数字。记住：宇宙中大约有 100 亿个星系。我们不知道每个星系中有几个太阳系，因为我们只能见到恒星，而不是行星，但是我们先前引用过一个估计数字，那就是宇宙中也许有 1 万万万亿颗行星。

要是我们得评估卡林斯-史密斯理论之流所假定的事件是否可

能发生，我们应该以这三个数字来衡量，而不是我们的主观意识。至于这三个数字中哪一个最适当，则视以下三个叙述中我们认为最接近真相的那一个而定：

1. 生命在整个宇宙中只出现在一颗行星上（那么，那颗行星必然是地球，我们先前讨论过）。

2. 生命大约在每个星系发生一次（在银河系中，地球就是那颗幸运的行星）。

3. 生命起源是件非常可能的事，因此每个太阳系都可能发生一次（在我们的太阳系，地球就是那颗幸运的行星）。

这三个陈述对生命的独特性有不同的观点。实际上，生命的独特性也许落入陈述 1 与陈述 3 之间。我为什么要那么说？说白一点，我们为什么要排除第四种可能性，就是：生命起源是比陈述 3 给人的印象还要可能发生的事件？这不是个有力的论点，但是，既然我们已经将它提出来了，也不妨说一说。要是生命起源是件比太阳系数字默认的还要可能的事件，我们就应该期望到现在我们已经与地球之外演化出的生命联络上了，即使不是面对面，也该有无线电接触。

常有人指出化学家从未在实验室中成功地复制"生命自然发生的过程"。他们运用这个事实的方式，就好像它可当作证据，用来驳斥那些化学家想测验的理论。但是，事实上你可以抗辩，要是化学家轻易就能在试管中让生命自然发生，我们就得担心了。因为化学家的实验只进行了几年，而不是几亿年；从事这些实验的化学家，只有少数几个，而不是几亿个。要是几个人干上几十年实验就能使生命自然发生，那么生命的自然发生就是非常可能的事件，因此生命在地球上应该发生过许多次，在地球附近（接收得到地球发射的无线电）的行星上也应该发生过许多次。当然，这些说辞全规避了重要的问题，那就是：化学家是否成功地复制了早期地球的条件，但是即使答案是正面的，由于我们不能回答这些问题，这个论证值得进一步研究。

要是以寻常的人类尺度来衡量，生命起源是个可能的事件，那么地球附近无线电波发射距离内的许多行星，应该早就发展出无线电技术了（请记住：无线电波每秒前进近30万公里），而且我们使用无线电通信器材几十年了，全少也该接收到一次其他行星发射过来的无线电波吧。要是我们假定他们拥有的无线电技术与我们的没有差别，那么在无线电波的发射范围内，大概有50颗恒星。但是50年只不过是一瞬间，而且要是另一个文明的发展程度与我们的几乎同步，必然是个重大的巧合。要是我们在计算里包括那些1 000年前就发明了无线电技术的文明，那么就会有100万颗恒星在发射无线电波的范围内（再加上绕行它们的行星）。要是我们将那些1万年前就有了无线电技术的文明纳入，恒星数以万亿计的整个星系都在无线电波的范围内了。当然，无线电信号穿越了那么遥远的距离后，必然已经非常微弱了。

于是我们的结论似乎非常吊诡：要是一个生命起源理论描述的事件太容易发生了，我们凭主观判断就能确定，反而无法解释我们的经验——在宇宙中我们很少观察到生命迹象。根据本论证，我们寻找的理论必然是看来似乎不大可能发生的那种，因为我们的想象力受限于我们有限的存在（寿命与地球的时空限制）。这么看来，卡林斯-史密斯的理论也好，太古浓汤理论也好，都似乎濒临"太过可能"的临界点，反而颇有可能是错的。这么说了之后，我必须承认，由于在我的计算中仍有大量的不确定成分，果真有位化学家成功地创造了自发生命，我也不会感到疑虑不安。

我们仍然不知道自然选择（天择）在地球上究竟是怎么开始的。本章的目标只是解释它必然是以哪一种方式发生的。目前学界对于生命起源理论尚无共识，但是这不该视为整个达尔文世界观的绊脚石，三不五时有人这么想，但是我担心那只是一厢情愿。先前各章已经清除了其他的所谓绊脚石，下一章会处理另一块，就是"天择只能摧毁而不能创造"。

第七章

创意演化

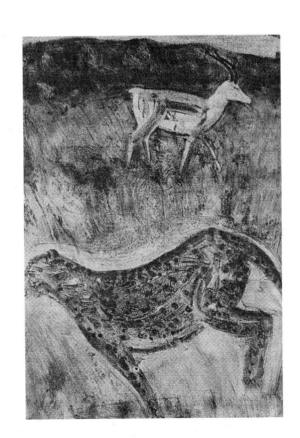

有时大家认为天择纯然只是负面的力量，铲刈怪胎、弱者有余，却不足以建构复杂、美观、精良的设计。天择能删削冗缀，用不着多说，可是一个真正的创造过程不是该增益些什么吗？我们不妨以雕塑家的作品回答这个问题，他没有在大理石上增益什么，他的创作只是删削冗缀而已，最后却出现了富有美感的雕像。但是这个比喻会误导读者，因为有些人感兴趣的是这个比喻的错误信息——雕塑家是个有意识的设计者——而我想举证的却是：雕塑家的创意表现在"损"的功力上，而不是"添加"。即使这个正确的信息也不该过于夸张。因为天择也许只能"损"，而突变却能"益"。突变与天择携手，在绵长的时间中可以建构复杂的事物，那与其说是删刈，不如说是增益。创造这样的结果，主要有两个方式。第一个可以说成"大家一起来"（基因型共演化，co-adapted genotypes），第二个就是"军备竞赛"（arm races）。表面看来它们很不一样，但是以"共演化"与"基因互为环境"这两个概念来讨论的话，它们就颇为融会贯通了。

我们先讨论"大家一起来"（基因型共演化）。任何一个基因都有一个特定的作用，纯然因为有一个已存在的结构，它可以影响。任何一个基因都不能影响大脑的神经线路，除非先有一个大脑，它的神经线路正在形成。这样的大脑不会凭空存在，除非先有个发育中的完整胚胎。这样的胚胎也不会凭空存在，除非先有一套指令（基因），规定了种种化学与细胞事件的进行程序，这些事件受到许多因素的影响，像是许多其他的基因以及许多非基因影响。基因的特定影响并不是它们的内在性质，而是胚胎发育过程的性质。胚胎发育是个既有的过程，基因在特定位置（空）、特定时间（时）的作用，可以改变它的细节。这一点我们以计算机生物形具体而微地演示过了。（参见第三章）

胚胎发育的整个过程也许可以看成一个合作事业，有几千个基因出力。发育中的生物体，有几千个基因在工作，互相合作，一起将胚胎组装出来。这样的合作是怎样成就的？了解这个合作事业的关键，就是：天择青睐的基因，一直着眼于它们适应环境的本领。我们往往认为这里所说的环境指的是外在的世界，也就是受气候、猎食者支配的世界。但是从基因的观点来看，它们的环境中最重要的部分也许是它遇到的所有其他基因。基因会在哪里"遇到"其他的基因呢？大部分在生物个体的细胞中。每个基因由于遗传的缘故，都会出现在一系列生物个体中。每个生物体的细胞中，每个基因都可能遇到以前没见过的基因。只要它能与任何可能遇上的基因族群合作无间，就会受天择青睐。

任何一个基因都在一群基因中工作，而它必须适应的工作环境，不只是恰好出现在某个生物体内的那群基因。它必须适应的基因族群，至少在实行有性生殖的物种中，是物种的基因库，就是有交配潜力的个体体内所有基因的集合。在任何一个时刻里，任何一个基因的复本都必须处于一个生物体的一个细胞中。每个基因的复本都是一群原子的集合，但是那个集合并没有永恒的意义。它有寿命，而且单位以月计。我们已经讨论过，作为一个演化单位的长寿基因，不是任何特定的物质结构，而是文本档案中的"信息"，一代又一代遗传下去的是信息。这个文本复制子拥有许多分身。空间上，它的分身出现在许多不同的生物个体中，时间上，它的分身出现在一系列世代中。这样来看，我们就能讨论某个基因在一个生物体内与另一个基因的遇合了。它也"预期"它的分身会在不同的身体、不同的世代中遇上各种不同的基因，更别说不同的地质时代了。成功的基因能在其他基因构成的环境中发挥作用、优游不迫；须知不同的生物个体体内，各有不同的基因族群，要成功就得从众。想在这样的环境中"发挥作用"，无疑就是与其他基因合作无间。要是以生化路径为例，最能看出这一点。

生化路径就是一串化学物质，构成连续步骤，完成某个有用的过程，例如释放能量，或合成一个重要物质。路径中的每个步骤都需要一个酶——一种大分子，瞧长相就觉得像是化学工厂中的机器。在一个生化路径中，不同的步骤需要不同的酶。有时为了达成某个有用的目的，有两个（以上）生化路径可供选择。虽然它们都可以达成同一个目的，必经的中间步骤往往不同，起点通常也不同。两者都能完成任务，选哪一个都没有关系。对任何一个动物，最重要的是：别两个同时动用，因为会造成化学混淆，使效率不彰。

现在假定制造维生素 D 的"路径一"顺序需要三种酶：A1、B1、C1，而路径二需要 A2、B2、C2。每个酶都是由一个特定的基因制造的。因此为了演化出"路径一"生产线，组装 A1、B1、C1 的三个基因必须"共演化"（一起演化，或协同演化）。为了演化出第二条生产线（"路径二"），组装 A2、B2、C2 的三个基因也必须协同演化。这两个共演化事件最后由哪一个脱颖而出，不必事先计划好。任何基因只要与当时正巧在基因库中占主流地位的其他基因相得益彰，就会受天择青睐。要是基因库中刚巧 B1、C1 数量很大，就会助长 A1 的气候（而不是 A2）。反过来说也成，要是基因库中刚巧 B2、C2 数量很大，"气候"就有利于 A2，而不是 A1。

当然，实情不会那么简单，但是至少你会了解我的论点：某个基因受天择青睐的"气候"，最重要的面相是基因库中已经占优势的其他基因；那些基因最有可能与它共享一个生物身体。由于这些"其他"基因也受制于同样的"气候"，因此我们可以想象一个基因团队朝向合作解决问题的方向演化。基因不演化，它们得在基因库中生存，不成功，便成仁。演化的是基因"团队"。其他的团队也许也可以干同样的事，甚至干得更好。但是一旦有一个团队在物种基因库中居于主流地位，它就自然而然地享受了那个地位带来的好处。居少数的团队很难突破"少数"限制，切入主流，即使"非主流"团队更有效率，也难逃这样的命运。主流团队不容易取代，不为别的，凭数量优势就够了。这倒不是说占多数的团队永不会被"轮替"。果真的话，演化之轮就会卡住了，但是"惰性"（inertia）的确是演化过程的内建性质。

用不着说，这类论证不只适用于生物化学。只要是一群相得的基因，互相合作完成一项任务，就可以用同样的论证说明它们的演化，不管它们共同建造的是眼睛、耳朵、鼻子、行走的四肢，或一个动物身体所有的合作零件。适合咀嚼肉块的牙齿与适合消化肉类的肠道颇为速配，制造那种牙齿的基因在制造那种肠道的基因当道的气候中，就容易受青睐。另一方面，适于咀嚼植物的牙齿在适于消化植物的肠道当道的气候中才受青睐。这两个例子反过来说都成立。与肉食有关的基因往往组成演化团队，一起演化；素食基因团队亦然。也真是，任何一个生物身体内，有作用的基因都可视为一个团队的成员，它们合作无间，才造就了一个有生命的身体，因为在演化史上它们（它们的祖先复本）互为环境的一部分，而天择着眼的是整个环境。要是我们问道：为什么狮子的祖先养成食肉习惯，而羚羊的祖先养成了食草的习惯？答案可能是：话当年纯属意外。意外，意思是：当初狮子的祖先也有可能养成食草习惯，羚羊的祖先染上食肉的习惯。但是一旦有个世系开始组合一个基因团队，专门处理肉块而不是草叶，朝向食肉动物演化的列车就开动了，而且动力不假外求。另一个世系若开始组合一个基因团队，专门处理草叶而不是肉块，演化列车就会朝另一个方向开动——食草动物——动力也不假外求。

参与这种合作事业的基因，数量越来越多，是生命演化史早期必然发生过的重大事件。细菌的基因组很小，基因数量不多，比动物、植物的差得远了。基因数量增加，也许是通过各种基因复制的机制造成的。还记得吗？基因不过是一串携带了信息的符号而已，就像计算机磁盘上的档案；基因可以拷贝到染色体上的不同位置，正如档案可以拷贝到磁盘上的不同位置。我把本章档案拷贝到一张磁盘上，根据记录上面有三个档案。所谓记录，我指的是计算机的操作系统告诉我的信息："上面有三个档案"。我可以下指令要计算机读取任何一个档案，计算机就会在屏幕上显示一份文本，看来干净利落、句读分明。而事实上，在计算机磁盘上整份文本的安排可完全不是那副模样，一点也不干净利落、句读分明。你可以"眼见为信"，只要自己写个程序"阅读"磁盘上每个扇区实际登录的信息就成。原来那三个档案每个都分裂成许多片段，彼此混合一气，其中还间杂着死掉的老档案，因为我早就"删除"了，所以忘了。每个片段也许分成 6 份，散布在磁盘上。

为什么会这样？理由很有趣，值得节外生枝，花点篇幅讨论，因为这个例子提供了一个很好的模拟，方便我们了解染色体上遗传信息的登载模式。你下了删除档案的指令后，计算机看来像是服从了，实际上它并没有"洗掉"那份档案的文本。它删除的是指涉那份档案的所有指标。那就好像一位图书馆管理员受命销毁《肉蒲团》，可是实际上他只是从图书卡片柜中抽掉了《肉蒲团》的书卡，书仍然留在书架上。对计算机而言，这是最经济的做事方式，因为档案"删除"后，只要洗掉那个档案的指标，它先前占据的空间就自动容许新档案写入。因此将那个档案占据的空间清理出来，是浪费资源的无谓之举。老档案不会消失，除非它占据的空间全被新档案利用了。

但是这个旧瓶装新酒的过程，不是一气呵成的。新档案不会刚好与旧档案同样大小。计算机储存新档案的时候，会先找第一个可用的扇区片段，在其中能写下多少就写多少，要是写不完，才搜寻第二个可用的扇区，如此这般，直到整份档案都写在磁盘的某些地方了。我们觉得每份档案都是单独、有序的信息串，其实是假象，只因计算机仔细记录了所有档案片段的地址。我们在书报杂志上常见的"文转13页"，就等于那些地址的指针。任何一个文本片段在磁盘上都可以发现好几个复本，因为一份文本通常会修改、编辑好几回，每回（几乎相同的）文本都至少会储存一份。表面看来"储存"也许就是储存同一份档案。但是正如我所说的，整份文本事实上重复地散布在磁盘的可用空间里。因此某个特定文本片段有许多复本散布在磁盘上，就不足为奇了，尤其是使用了很久的磁盘。

现在我们知道物种的 DNA 操作系统的确非常古老，而且我们有证据显示：从长远的角度来观察，它处理基因的方式与计算机处理磁盘上的档案的方式，颇有雷同之处。有些证据来自"内含子"与"外显子"的区别，有趣极了。自 20 世纪 70 年代起，科学家就发现任何一个单独的基因，都不是储存在一个地方，每个基因都不是一份完整而必须连续读取的 DNA 文本。要是你将染色体 DNA 的碱基序列完全定序，就会发现有意义的序列片段（外显子）中间穿插了无意义序列（内含子）。任何一个有功能的基因实际上都被切割成许多片段（外显子），中间插入了无意义的内含子。每个外显子似乎都以"文转13页"之类的指标做结。一个完整的基因，由一连串外显子构成，把它们缀合在一起，翻译成制造蛋白质的指令，全是 DNA 操作系统完成的。

此外，科学家还发现了染色体 DNA 上散布了旧的基因文本，它们已经不再起作用，但还是可以认得出来。对计算机程序员来说，这些"基因化石"片段的分布模式，与一张老磁盘上的文本分布模式，竟然出奇地相似。某些动物的染色体 DNA 上，有很高比例的基因事实上从来没有被读取过。这些基因不是没有意义，就是过时的化石基因。

偶尔，化石文本会复活，我写这本书的时候，就发生过。有一次计算机发生失误（或者，公平一点来说，是人的错误也不一定），意外地将储存了第三章档案的磁盘"洗掉"了。当然，文本本身并没有真的被洗掉。洗掉的是所有指标——每个外显子起讫地址的记录。计算机的操作系统无法从磁盘上读取任何东西，但是我可以扮演基因工程师的角色，检查磁盘上的所有文本。我看到的是一个令人困惑的拼图，每一小块都是文本片段，有的是新近的，有的是古老的化石。我把文本片段拼凑起来，就将那一章复原了。但是大多数片段我都不知道是新近的，还是化石。那不打紧，除了一些不太重要的细节必须重新编辑，它们没有什么区别。至少有些化石，或者过时的"内含子"，再度现身了。它们救我脱困，也省了我重写整章的麻烦。

现在我们已有证据，在现存物种中，化石基因偶尔会复活，在休眠了几百万年之后再度发挥功能。我不想在这儿描述细节，因为那会逸出本章论证的主线太远，别忘了我们已经节外生枝了。我的意思主要是：生物基因组内的基因数量也许只靠基因复制的机制就会增加。重新启用现有基因的化石复本是一个方法。另外还有更直接的方法，就是将基因复制到染色体的不同位置上，就像计算机档案复制到磁盘的不同区段里，甚至不同的磁盘上。

人类有 8 个不同的基因，叫作球蛋白基因，分布在不同的染色体上，它们负责制造血红蛋白之类的蛋白质。科学家推测它们全都源自同一个祖先球蛋白基因。大约在 11 亿年前，那个祖先基因复制过一次，成为两个基因。我们可以定出这个事件发生的年代，因为根据另外一套证据，我们可以算出球蛋白的一般演化速率。

（见第五章、第十一章）那两个基因中，一个成为所有脊椎动物血红蛋白基因的祖先。另一个基因演化成所有制造肌球蛋白的基因。所有肌球蛋白都属于同一个蛋白质家族，与肌肉有关。后来各种不同的基因复制事件，产生了所谓的 α、β、γ、δ、ε、ζ 球蛋白。令人兴奋的是：我们可以建构所有球蛋白基因的完整系谱，甚至定出每个分家点的年代，例如 δ 与 β 是在 4 000 万年前分家的；ε 与 γ 在 1 亿年前分家。这 8 个球蛋白尽管源远流长，现在仍然在我们的身体里效力。它们分散在一位祖先的染色体上，我们从祖先遗传了它们——分别位于不同的染色体上。分子与它们很久以前的表亲分子共同分享同一个身体。用不着说，大量这类复制已经进行了很久，必须以地质年代的尺度来衡量，而产品分布在所有染色体上。在一个重要的方面，真实的生物比第三章介绍的生物形还要复杂。那些生物形只有 9 个基因。它们演化，全只是因为那些基因发生了变化，从来不是因为基因增加了。即使是真实的动物，这种基因复制也十分罕见，因此我在第五章说每个物种的全体成员使用同一个 DNA 地址系统，并不算离谱。

　　一个物种的基因组在演化过程中增加合作基因的数量，复制基因不是唯一的方法。另一个可能的方法是从其他物种采借基因，甚至极为疏远的物种，虽然这种事件更为罕见，却可能造成非常重大的结果。举例来说，豆科植物的根有血红蛋白，而其他植物没有。因此我们几乎可以确定：那些血红蛋白闯入豆科植物的途径是源自动物的交叉感染，也许病毒扮演了"媒婆"的角色。

　　就我们正在讨论的问题来说，一个特别重大的事件发生在所谓"真核细胞"（有明确细胞核的细胞）起源的时候。这是美国生物学家马古莉丝（Lynn Margulis，1938—2011）的理论，最近越来越当红。除了细菌，所有生物细胞都是真核细胞。基本上，生物世界可以划分为细菌与真核生物两大类。我们就是真核生物界的一分子。我们与细菌的主要差异，就是我们的细胞中有独立的微小迷你细胞，包括细胞核（存放染色体的地方）、线粒体（其中布满复杂的折叠起来的胞膜，见第一章图1），在植物的细胞中，还有叶绿体。线粒体与叶绿体都有自己的 DNA，它们的复制与繁衍都独立于细胞核中的染色体 DNA。你身体里的线粒体，全都来自母亲卵子中的一小群线粒体。精子太小了，容不下线粒体，所以线粒体完全是由母系遗传的，男性的身体是线粒体的遗传"绝户"。顺便提一下，这也意味着我们可以利用线粒体沿母方追溯我们的祖系。

根据马古莉丝的理论，细胞中的线粒体、叶绿体，以及几个其他胞器都是细菌的后裔。也许在 20 亿年前，几种细菌发现了合作生活、互蒙其利的秘密，逐渐形成了真核细胞。不知道过了多少年，它们紧密地整合成一个合作单位（最后演化成真核细胞），我们甚至难以察觉它们曾经是独立生活的细菌。

真核细胞一旦发明了，就出现了一个崭新的设计空间。从我们的观点来看，也许最有趣的是细胞可以制造巨大的身体，每个包括数以万亿计的细胞。所有细胞都实行分裂增殖，每个子细胞都有一整套基因。我在第五章里提到过在大头针针帽上增殖的细菌，显示分裂生殖可以在极短的时间内产生一大群细胞。一分为二，二分为四，再分裂，就是 8 个。这么逐步加倍，从 8 到 16，再 32，64，128，256，512，1024，2048，4096，8192，只不过 20 代，用不了多少时间，就数以百万计了。只要 40 代，就会有数以万亿计的细胞。要是细菌的话，数量虽庞大，可得各奔前程、自求多福。许多真核生物也一样，例如变形虫之类的原生生物。一个细胞的所有后裔都聚合在一起，不再各奔前程，是生命演化史上的一大步。于是高级结构就可能演化了，其实我们以计算机生物形演示过，只不过尺度非常小而已。

到了这时，总算可能建造大型身体了。人体的确是个庞大的细胞族群，全都源自一个细胞——受精卵；因此每个细胞都是其他细胞的表兄弟、子女、孙子女、叔伯等等。我们的身体由 10 万亿细胞组成，分裂个几十代数量就足够了。那么多细胞可以分成210 种不同的类型（当然，不同的人有不同的分类法），全都是同一套基因建造的，不过细胞种类若不同，启动的基因就不同。肝脏的细胞与大脑的细胞不同，骨细胞与肌细胞不同，就是这个缘故。

通过多细胞身体的脏器与行为模式发挥作用的基因，因此能够筹划保障自己繁衍利益的方法，个别细胞怎么都单干不来的。多细胞身体使基因有操纵世界的能力，大型身体能够制造的工具，规模之大个体户只能瞠乎其后。不过，身体里的细胞是间接地达到操纵世界的目的的，它们更为直接的影响发生在微小的细胞尺度上。举例来说，它们会改变细胞膜的形状。然后大量的细胞彼此互动，造成大规模的集体效应，例如一条手臂、一条腿，或（更为间接的）河狸的水坝。我们以肉眼就能观察到的生物特质，大多数是所谓的“表面的性质”（emergent properties）。甚至只有 9 个基因的生物形都会表现出表面的性质。在真实的动物中，表面的性质是细胞互动而以整个身体表现出来的性质。一个生物体就是一个完整的功能单位，我们可以说它的基因影响的是整个生物，即使实际上每个基因的复本只在它栖身的细胞中才有直接的影响力。

　　一个基因的环境，最重要的部分就是它在世代传承的一系列身体中最可能遇见的其他基因，我们已经讨论过了。这些基因在物种中不断重新排列、重新组合。我们可以将一个实行有性生殖的物种想象成一个机器，专门在基因库中将相互速配的基因组合起来，同时不断变换每组的排列方式。根据这个观点，物种就是不断变换排列组合的基因集合，那些基因在物种内互相碰头，不会遇上其他物种的基因。不同物种的基因虽然不会在细胞内做近距离的交会，但是可以说是彼此环境中的重要部分。它们的关系往往以敌意维系而不是合作，但是我们可以以同一个符号来表现两者，一负一正就成了。说到这里，我们就要开始进入本章的第二个主题了，军备竞赛。猎食者与猎物之间，寄生虫与寄主之间都有军备竞赛，甚至同一物种的雄性与雌性之间也有——不过这是一个比较难缠的论点，我不会进一步讨论。

　　军备竞赛是在演化的时间尺度上观察到的，个体的寿命太短了。某个生物世系（例如猎物）的生存装备，因为受到另一个生物世系（例如猎食者）的装备不断演进的压力，也不断地演进，就是军备竞赛。任何生物个体，只要敌人有演化能力，就会卷入军备竞赛。我认为军备竞赛极为重要，因为演化史上的"进步"性质主要是军备竞赛的结果。演化本质上无所谓进步，与早些时候的偏见正相反。想明白其中的道理，只要考虑过这个问题就成了：要是动物必须面对的问题完全是气候和无机环境的其他面相造成的，那么演化史会有什么风貌？

　　动植物在一个地方经过许多世代的累积选择后，就会适应当地的条件，例如气候什么的。要是当地很冷，动物体表就会演化出厚实的毛发或羽毛。要是气候干燥，它们的皮肤就会演化成皮革或分泌蜡质，避免体液散失。对当地条件的适应演化，影响了它们身体的每一部分：体形与颜色、内脏、行为、细胞中的化学成分等等。

　　要是一个动物世系的生活条件一直很稳定，例如又干又热，它们在这个环境中繁衍了 100 个世代，仍然不变，那个世系就可能停止演化了，至少就适应当地的温度与湿度而言，可以这么说。那些动物会尽可能地适应当地的条件。这么说并不意味着完全不可能将它们重新设计，变得更好。我的意思只是：它们不可能再通过微小的（因而可能的）演化步骤改善了。以生物形空间打个比方的话，它们的邻居没有一个能比得上它们。

　　演化会停顿，直到环境条件发生了变化：冰河期开始了，当地的平均降雨量改变了，常刮的风向改变了。在演化的时间尺度上，这样的变化的确会发生。结果，演化通常不会停顿，而是不断地与环境变迁亦步亦趋。要是当地的平均气温稳定地下降，而且这个趋势持续了几个世纪，动物的连续世代就会受到稳定的天择"压力"，例如必须以"长毛外套"因应气候的变迁（长毛象就是一个例子）。要是几千年之后，气温下降的趋势逆转了，平均气温再度上升，动物受到新的天择压力，再度被迫朝"轻薄外套"的方向演化。

　　但是到目前为止，我们考虑的只不过是环境的有限部分，就是天气。气候对动物与植物非常重要。气候模式在较长的时间尺度上（以世纪为单位）变迁，因此生物得与时变化，它使演化持续运转，不致停顿。但是气候模式的变迁没有一定的规律可循。动物栖身的环境中有些部分却有比较稳定的变迁模式，就是朝向不利于生存的方向发展，动物当然得亦步亦趋，与时变化。环境的这些部分就是生物本身。对鬣狗之类的猎食者，环境中有个部分至少与气候一样重要，就是它的猎物——角马、斑马、羚羊的族群也有消长变化。对平原上的羚羊和其他食草哺乳类，气候也许很重要，但是狮子、鬣狗等肉食动物也很重要。经过累积选择，动物不仅能适应栖息环境的气候，还有本事逃脱其他物种的追猎，骗过猎物。而且演化不只随天气的长期变动而起舞，猎物还得因应栖息环境或追猎者装备的长期变化，与时屈伸、步步为营。当然，追猎者也得盯紧猎物的演化。

任何生物，只要让某个物种生活"难过"，我们不妨当它是那个物种的"敌人"。例如狮子是斑马的敌人。要是我们反过来说"斑马是狮子的敌人"，也许会令人觉得冷酷。在这一对物种的关系里，斑马扮演的角色似乎太无邪了，动用"敌人"这种饱含负面语意的词，简直是欲加之罪。但是每一只斑马都会竭尽所能地抗拒狮吻，站在狮子的立场，斑马这么不上道，这不让狮子日子难过吗？要是斑马与其他的食草动物成功地拒绝了狮吻，狮子就会饿死了。因此根据我们的定义，斑马是狮子的敌人。绦虫之类的寄生虫是宿主的敌人，宿主是绦虫的敌人，因为他们会演化出对抗绦虫的招数。食草动物是植物的敌人，植物的应对之道是长刺、制造有剧毒或味道恶劣的化学物，因此是食草动物的敌人。

动物与植物世系会在演化过程中紧盯敌人的动静不放，它们追蹑气候的变化，与时屈伸，也不过如此。猎豹的猎食装备与战术要是日益演化精进，对瞪羚而言，与气候持续转趋恶劣无异，因此得亦步亦趋紧追不放。但是两者有重大的差异。气候在长时段中会有变化，但不是特意朝着有敌意的方向发展。它不会刻意地以"威胁"斑马为目的。在几个世纪中，猎豹会变化，平均降雨量也会变化。但是平均雨量的变化模式并不固定，有升有降，没有特定的韵律与理由，猎豹则不同，光阴似箭，世代更迭，往往几百年后追猎瞪羚的本领就比先祖高强了。因为猎豹的世系传承受累积选择的压力，而气候条件不会。猎豹会变得腿更快，眼更锐，齿爪更利。无论非生物条件看来多么有敌意，其中不一定潜伏着敌意升级的趋势。生物敌人却有那种趋势——在演化的时间尺度上才观察得到。

要是猎物没有相应的趋势的话，食肉哺乳类的"进化"趋势很快就会停滞了，像人间的军备竞赛一样（那是因为经济的理由，我们一会儿就要讨论）。反之亦然。瞪羚也受累积选择的压力，不比猎豹的压力轻；它们也会逐代改善，跑得更快，反应更灵敏，身形隐藏得更自然。它们也能演化成值得尊敬的对手——猎豹的对手。从猎豹的观点来看，年平均温度不会系统地逐年变得更好或更坏（当然，对一个适应装备精良的物种而言，有些变化的确"受不了"，但那是例外）。瞪羚一般而言却会系统地逐年变得"更坏"——更难猎杀——因为它们逃避猎豹的本事更大了。同样，要不是瞪羚的猎食者一直不断地"进化"，瞪羚的"进化"趋势也会停顿。一方改进了，另一方就得跟进，亦步亦趋。反之亦然。在以 10 万年为单位的时间尺度上，我们可以观察到这种"恶性盘旋"的过程。

在时间尺度较短的人世，敌国间的对抗往往表现在军备竞赛上。我们在演化世界里观察到的现象，模拟成军备竞赛非常适切，有些学者批评我不应以人文术语描述自然，我才懒得理睬，那么生动的术语，干吗不用？前面我以简单的例子介绍"军备竞赛"的概念，就是瞪羚与猎豹的斗争，目的在说明生物敌人与无机条件的重大差异。生物敌人会演化变化（"进化"），气候之类的无机（无恶意）条件也会变迁，但不是系统的演化。但是现在我得承认，我的论点虽然恰当，我的讨论却有误导读者之嫌。要是你想一想，就会发现我描绘的军备竞赛至少有一个方面太简单了些。以奔驰速度来说吧，根据军备竞赛这个概念，猎豹与瞪羚会一代跑得比一代快，总有一天跑得比音速还快。它们现在还没跑那么快，也绝不会跑那么快。在我继续讨论军备竞赛之前，我有义务先消弭误解。

为了澄清军备竞赛这个概念，我要说的第一点是这样的。关于猎豹的打猎本领与瞪羚逃避猎食者的本领，我的讨论制造了它们的技能会不断向上提升的印象。读者也许因而产生维多利亚时代很流行的想法：进步无可避免、无计回避，每一代都会比亲代更好、更健康、更英勇。自然的实际情况绝非如此。任何有意义的改进可能都得在较大的时间尺度上才能发现，我们习惯的世代就演化而言实在太短了。此外，"改善"也不是连续进行的。那可是三天打鱼、两天晒网的事，有时停滞不前，说不准还倒退一些，而不像军备竞赛给人的印象——死命向前、义无反顾。物种间的军备竞赛，对观察者来说缓慢而无规则，生存条件的变化或者说非生物力量的变化（我以"气候"作为代表），可能会"淹没"竞争的结果。物种很可能在很长的时段内没有在军备竞赛上表现任何进步的征兆，甚至一点儿演化变化都没有。有时军备竞赛以灭绝收场，然后新的军备竞赛又从头开始。然而，即使有这么多保留，动植物的精巧、复杂装备目前仍然以军备竞赛这个概念来解释最令人满意。军备竞赛实际上以间歇发作、断断续续的模式进行；军备竞赛的进步净值我们无法亲眼目睹，（人寿几何！）甚至史料难征，没错。即便如此，军备竞赛给人的"持续进步"印象，在自然界却是昭昭在目的事实。

我要说的第二点是：我叫作"敌人"的关系，比猎豹—瞪羚故事的双边关系所能反映的更复杂。例如一个物种可能有两个敌人（甚至更多），而它们更是死敌。我们常听说"畜生吃草，对草有利"，其中有几分道理，原因在此。牛吃青草，因此是青草的敌人。但是在植物世界中青草还有其他敌人，要是不加钳制，搞不好祸害比牛群还大。牛群吃草，使青草受害，但是与青草竞争的杂卉受害更重。因此整体而言牛群对草原的影响对青草有利。这么说来，牛群反而是青草的朋友，不是敌人。

不过，牛仍然是青草的敌人，因为好死不如恶活，每一棵青草都不想让牛吃掉，任何一棵突变青草要是体内有对抗牛的化学武器，就会比同类播下更多种子（其中带有制造化学武器的基因指令）。即使牛可算青草的"朋友"，天择也不会青睐送上门让牛吃的青草！本段的大意如下。像青草与牛、猎豹与瞪羚等两个生物世系的关系，以军备竞赛来形容非常方便，但是我们不应忽略一个事实，就是：两方各有其他敌人，也在同时进行军备竞赛。这一点这里我就不多谈了，但是前面已经说了的，可以进一步发展，用来解释某个军备竞赛最后稳定下来，不再升高的理由——所以猎食者的追猎速度没有演化到超音速的地步。

对军备竞赛我要做的第三点澄清，其实也是一个有趣的独立论点。在我假设的猎豹—瞪羚例子里，我说过猎豹不像天气，它会一代又一代地进化，变成更好的猎者，更高强的敌人，猎杀瞪羚的装备更先进。但是这不意味着它们杀死瞪羚的成功率更高。军备竞赛概念最要紧的一点就是竞争双方都在进化，都让对方的日子更难过。我们没有什么理由（至少我们还没说过）期望其中一方会稳定地占另一方的便宜。事实上，军备竞赛的概念就它最纯粹的形式来说，意味着：竞争两方在装备上会有明显的进步，可是斗争的成功率仍然零成长。猎食动物的猎杀装备进化了，但是同时猎物也进化了，脱逃本领越来越高强，因此猎杀成功率毫无成长。

因此，要是利用时间机器使不同时代的猎食者与猎物相会，接近现代的一定比古代的跑得快，无论猎食者还是猎物。我们不可能从事这个实验，但是有些人假定某个天涯海角的孤立动物群（例如澳大利亚或东非海岸的马达加斯加岛）可以当作古代动物，到澳大利亚走一趟，无异借时间机器回到古代。由于澳大利亚土著物种遇上现代西方人引入的"外来物种"后往往难逃灭绝的命运，那些人认为那是因为土著动物是"古老的"、"过时的"形式，它们的下场就像与现代核潜艇对抗的古代北欧海盗船。但是"澳大利亚土著动物群是个'活化石'"的假设，根本难以论证。也许有人能提出坚实的论证，但是，难！我觉得那个假设也许只反映了一种自大的势利心态，就像有些人把澳大利亚土著当作粗野的流浪汉一样。

无论在装备上有多大的进化，成功率仍然是零，这个原理已经由美国芝加哥大学的范瓦伦（Leigh van Valen，1935—2010）取了一个令人难忘的名字"红后效应"。在《爱丽斯镜中奇缘》（*Through the Looking-glass*，1872）里，"红方王后"抓着爱丽斯的手，拖着她在乡野里没命地跑，越跑越快，越跑越快，但是无论她跑得多快，她们依旧停留在原地。爱丽斯当然觉得困惑，就说："啊！在我的国家里，要是你很快地跑，而且跑了很久，像我们这样，通常你会到达另一个地方的。"红方王后回答："那可是个缓慢的国家。现在，在这儿，你得没命地跑，才能停留在原地。要是你想到别处去，你必须跑得更快，至少是其他东西移动速度的两倍。"

红后标签令人莞尔，但是要是太当真，以为竞争两方在演化过程中的相对进步程度绝对是零，那就错了。另一个误导人的地方是故事中红后说的话。她的话实在费解，与我们对真实世界的常识抵触。但是范瓦伦的"红后"演化效应一点儿都不费解。它完全符合常识，只是你得聪明地运用常识。不过，尽管军备竞赛的现象没什么费解的地方，它导致的状况，却令有经济头脑的人觉得过于浪费。

举例来说，为什么森林中的树都长那么高？简单的答案是：所有的树都很高，矮树就无法生存，因为它只能在其他树的树荫中"乘凉"，照不到阳光。这是实情，但是令有经济头脑的人反感。因为那似乎太没道理了，太浪费了。要是大家都长到树顶那么高，大家都能享受大约同样分量的阳光，没有一棵树"敢"矮小一些。要是它们都矮一些就好了！要是它们能够结盟，一致同意将森林树顶的高度降低，所有的树都蒙其利。它们仍然得竞争在树顶露头的机会，以享受同样分量的阳光，但是它们付出的代价较少，不必浪费资源长得更高。整个森林经济体都受惠，当然少不了每棵树的好处。不幸得很，天择才不管整个经济体呢，不容同业联盟与协议！就是因为树与树世世代代都在军备竞赛，森林的树顶才越来越高。在那个过程中，树长得越来越高，可是长高本身不是目的。在军备竞赛中，长高的目的只是想比邻居稍微高一点。

军备竞赛一旦起了头，森林树顶的高度就逐渐提升了。但是长高给树带来的好处并没有提升。事实上树木为了长高，必须消耗更多资源。树一代一代地长高，但是到头来把总账算一算，你可以说它们维持原来的高度还比较划得来。这儿就与爱丽斯与红方王后的故事接上头了，但是你一定明白得很，这里没什么事让人费解的。军备竞赛的特征就是：谁都不争先，个个都蒙利；有一个争先，个个都恐后。无论是人间的军备竞赛还是自然的。我得再度提醒各位，我的讨论仍然是简化了的。我并不认为森林中的树每一世代都比前一世代高，我也不认为森林中军备竞赛一定还在进行。

森林的例子彰显了军备竞赛另一个重要面相：它不一定只发生在异种成员之间。同种成员要是挡住了阳光，任何一棵树都会受害，与受异族侵害无异。搞不好同种成员间的伤害更重，因为生物更受同种成员竞争的威胁。同种成员依赖完全相同的资源生活、生殖，因此比异族更难缠。同种成员，雄性与雌性之间、父母与子女之间都会进行军备竞赛。我在《自私的基因》中讨论过这些题材，这里就不多谈了。

我们还能借森林的例子讨论两种军备竞赛的大致区别——对称的军备竞赛与不对称的。竞争双方想达到的目标要是大致相同，就是对称的军备竞赛。森林中的树彼此竞争阳光，是个好例子。不同的树种并不以完全相同的方式生存，但是就我们所讨论的竞赛而言，它们竞争的是同一个资源（树顶的阳光）。不是受到阳光的照拂，就是侧身于阴影中，一方的成功让另一方觉得失败。由于成败对双方的影响是一样的，因此是对称的军备竞赛。

不过，猎豹与瞪羚的军备竞赛是不对称的。那是真正的军备竞赛，不仅一方的成功让另一方觉得失败，成败对双方的影响并不一样。双方想达到的目标非常不同。猎豹想吃瞪羚。瞪羚不想吃猎豹，它们想逃避猎豹的尖牙利齿。从演化的观点来看，不对称的军备竞赛更有趣，因为那种竞赛比较可能促成极度复杂的武器系统。从人类的武器技术史找些例子，就能明白其中的道理。

我可以举美国与苏联做例子，但是我们实在不需要提特定的国家。工业先进国家的军火商制造的武器也许会销售到许多国家。一个成功的攻击武器，例如能够贴着海面飞行的飞鱼导弹（法国研制的反舰导弹），往往是研发反制武器的"请帖"，例如能够干扰导弹控制系统的仪器。研发反制武器的通常是敌对国家，但是本国也能研发，甚至同一个军火商。想研发反制某一导弹的干扰器，有哪个公司比制造那个导弹的军火商更有资格？同一公司两者都生产，向交战双方兜售，没有什么不可能。我怀疑搞不好这种事真的发生过，要是你说我愤世嫉俗我也认了。这样的事更生动地凸显了军备竞赛"装备精进、效果僵持"的面相。

从我现在的观点来看，人间的军备竞赛是敌对的军火商支持的，还是同一个军火商支持的并不重要，这样才有趣。重要的是用来对抗的装备彼此是"敌人"——还记得我在本章对"敌人"下过特别的定义吗？导弹与冲着它设计的干扰装置彼此是敌人，因为一方的胜利等于另一方的失败。至于它们的设计人彼此是不是敌人，毫无关系，虽然我们也许比较容易假定他们是敌人。

到目前为止，我对这个例子（导弹与反导弹装置）的讨论还没有强调演化的、进步的面相，而那个面相才是这一章的重心。我想说的是：某个导弹的特定设计不只促成了针锋相对的反制武器（例如无线电干扰器）。那个反导弹装备一旦问世，也会刺激导弹设计的改进——针对那个特定干扰器的"反反制"。导弹设计似乎陷入了一个正回馈回路，通过它对反制手段的影响，每一个改进都是下一个改进的序曲。装备陷入不断改进的循环圈。爆炸性的失控演化（explosive, runaway evolution）就是这么发生的。

目前的导弹与反导弹武器，经过多年的反制/反反制淬炼之后，已经发展到极为精良的水平。但是，就初衷而言竞赛双方可有寸进？按常理说，我们没有理由期待任何一方会有任何进展，那就是红后效应。要是导弹与反导弹武器以同样的速率改进，最先进、复杂的型号与最原始、简单的型号，对抗反制武器的本领应无差别，不是吗？设计不断进步，成就乏善可陈，就是因为竞赛双方都有同样程度的进步。要是一方大幅领先，就说导弹干扰装置好了，另一方就会放弃导弹这种武器了：它会"绝种"。演化中的红后效应一点儿不像爱丽斯的故事那么令人费解，它是"进化"概念的基础。

我说过不对称的军备竞赛比对称的更可能导致有趣的进化结果，现在我们以人类的武器做例子，就可以明白其中的道理。要是一个国家有了200万吨级的炸弹（相当于107颗美国丢在广岛上空的原子弹），敌国就会发展500万吨级的炸弹。第一个国家就会发愤图强，发展1 000万吨级的炸弹，激得第二个国家非发展2 000万吨级的不可，事情就这么继续下去。这是真正的进步型军备竞赛，就必然会导致进步的军备竞赛：每一方的任何进展都激起对方的反制，结果某个特征就随时光流逝而稳定成长，以这个例子来说，就是炸弹的爆炸威力。但是在不对称竞赛中，例如导弹与反导弹装备，敌对双方的武器设计完全针锋相对、丝丝入扣，而对称型军备竞赛就没有那种特色了。反导弹装置是专门针对导弹的某些特性设计的，设计师对导弹的构造与功能有非常深入的了解。为了对抗反导弹装置，第二代导弹的设计师也必须深入了解它。而为了提升炸弹的威力，根本不必考虑对手的炸弹是怎么设计的。用不着说，敌对双方也许会剽窃对方的创意、模仿对方的设计。但是那即使发生了，也不过是"额外的"。俄国人设计炸弹，不必以对付美国炸弹的设计细节为前提。不对称的军备竞赛就不同了，敌对国家之间的武器竞赛，必然针锋相对、互相克制，一代又一代的对抗、攻防之后，武器系统就越来越精密、复杂。

生物世界也一样，任何军备竞赛，只要一方必须破解对方的招式才能保命、生殖，长期下来必然会导致精密而复杂的设计。这一点猎食者与猎物间的军备竞赛表现得最清楚，而寄生虫与宿主之间的斗争更惨烈。蝙蝠的电子、超声波武器系统（我们在第二章讨论过），复杂又精密，我们推测就是在这类军备竞赛中淬炼出来的。事实上我们可以在另一方身上，找到这场竞赛的证据。蝙蝠捕食的昆虫演化出了同样精密复杂的反制系统。有些飞蛾甚至会发出类似蝙蝠的超声波，似乎有退敌的效果。几乎所有动物都有"被吃"或"吃不到"的风险，动物学中的大量细节都是长期而惨烈的军备竞赛创造的，不然实在没道理。英国著名动物学家考特（H. B. Cott）在《动物彩妆》（*Animal Coloration*, 1940）那本经典中，就以"军备竞赛"做模拟，也许那是生物学中第一份讨论"军备竞赛"的文献：

> 蚱蜢或蝴蝶的欺敌彩妆似乎复杂得过分，毫无必要，但是我们在做出那种结论之前，必须先搞清楚昆虫天敌的知觉与辨识本领。不然我们也可以在不考虑敌人装备之前，就批

评某艘战舰的装甲太厚，或它的大炮射程太远。事实上，在丛林中进行的原始斗争与文明世界的战事无异，我们可以观察到一场盛大的演化军备竞赛正在进行。结果防御的一方演化出速度、警觉、装甲、多刺、挖地道的本事、夜间活动的本领、分泌毒液、释放恶劣的气味以及保护色（如伪装）；进取的一方则演化出种种反制手段，如速度、奇袭、埋伏、诱饵、锐利的视觉、利爪、利齿、刺、毒牙、迷彩。要是追逐者加速了，逃命者就必须跑得更快；攻击武器要是威力加强了，防御装备也得升级；因此对手的知觉本领提升了之后，己方的匿踪装备（保护色）也得更完美。

人类技术的军备竞赛比较容易研究，因为进展速度比生物界的快多了，甚至年年有进展，我们可以亲眼观察。而生物的军备竞赛，我们通常只观察得到结果。生物死亡后偶尔会变成化石，我们有时可以在那些罕见的标本上观察到军备竞赛的"过渡"阶段，那就算是直接证据了。这类标本中最有趣的例子，涉及电子战，这场战事我们可以从动物化石的脑容量推测出来。

大脑不会变成化石，但是头骨会，头骨的空腔是容纳大脑的地方，要是谨慎地解释的话，是脑容量的可靠指针。记住，我说的是"要是谨慎地解释的话"，这一点很重要。关于脑容量，涉及的问题很多，这里只举几个例子。体形大的动物往往脑容量较大，部分原因只是它们的体形大，它们不见得因此而"更聪明"。大象的大脑比人类的大，但是我们认为我们比大象更聪明，我们的大脑实际上"更大"，因为相对于大象而言我们的体形太小了。这个看法大概是对的。我们的大脑以整个身体来说占很大的比例，大象的大脑占的比例小多了，而且我们的脑颅非常鼓胀，一眼就可以看出。这不只是物种虚荣而已。任何大脑也许都有很大一部分负责身体的日常运作，所以身体要是很大，就会需要很大的大脑。我们必须找出一个方法，将大脑里负责身体运转的部分除去，以剩下的部分当作动物脑量的指标。这样才好比较不同动物的脑量（braininess，"大脑智慧"）。总而言之，我们必须给脑量下个精确的定义，让它成为大脑智慧的可靠指标。对这个问题，每个人都能成一家之言，但是最权威的指标也许是美国大脑演化史大师杰利森（Harry J. Jerison）设计的"脑商"（encephalization quotient，EQ）。

计算脑商的实际过程十分复杂，必须取脑容量与体重的对数，再以一个主要动物群的平均数加权，例如哺乳类。心理学家使用的智商（IQ），是每个人的原始分数以整体的平均分数校正过得到的数值，脑商也是。根据定义，智商 100 等于群体的平均数（中人之资），同样，脑商要是 1，在体形相等的哺乳类中，就算普通了（average，平均水平）。在这儿数学的细节不重要。以文字来叙述的话，脑商就是脑量的指标，我们以脑量期望值来衡量特定物种（如犀牛或猫）的脑容量大小。脑量期望值是以体形相同的"同类"（如哺乳类）计算出来的。至于计算的方式，那就百家争鸣了。人类的 EQ 是 7，犀牛的是 0.3，这个事实也许不能解释成人要比犀牛聪明 23 倍。但是 EQ 也许能让我们估计动物大脑中究竟有多少"计算能力"——就是维持身体运转之外的"剩余"脑力。

现代哺乳类的脑商差异相当大。老鼠的 EQ 是 0.8 左右，比哺乳类的平均值稍低。松鼠高一些，大约 1.5。在松鼠生活的空间中，也许需要较大的脑力来控制精确的跳跃，在树枝迷宫中活动，甚至需要更大的脑力才能找出有效的路径,因为树枝不见得彼此相连。猴子都在平均值以上,猿类甚至更高,尤其是我们。在猴子里,有些类型比其他类型的脑商高,有趣的是,那与谋生的方式有些关系:以昆虫、水果维生的猴子脑量大,以树叶为主食的猴子脑量较小。由于树叶到处都有,动物大概不需多少脑力就能找到,而水果、昆虫就不同了,动物必须主动搜寻,甚至以更积极的行动才能找到、捕捉,有人因此论证生业决定脑量大小。不幸现在看来实际情况更复杂,其他的变项也许扮演更重要的角色,例如代谢率。整体而言,哺乳类中肉食类的脑商通常比它们猎食的素食类高。读者也许能想出一些点子来解释这个现象,但是那些点子不容易测验。不过,无论理由是什么,这个现象似乎已是确立的事实。

以上谈的都是现代动物。杰利森的贡献是将已灭绝的动物的脑商计算出来,那些动物现在只有化石传世。他必须根据头骨化石制作脑腔模型,才能估计脑容量。这是个大量依赖猜测与估计的过程,但是误差值不大,不至于影响整个研究的结论。因为制作化石头骨脑腔模型的方法,可以用现代动物来校正误差程度。我们可以假定某个现代动物只剩下一个干枯的头骨可供研究,先以石膏制作它的脑腔模型,再估计脑容量,最后与真的大脑比较,就能知道估计值有多准确。杰利森以现代动物评估过这个方法后,对于他估计出的化石动物脑容量深具信心。他的结论是,第一,要是以百万年为尺度来观察哺乳类的大脑演化,脑容量有逐渐增大的趋势。在任何时间点上,当时的素食类脑容量都比猎食它们的肉食类低。但是后来的素食类脑容量要比先前的素食类脑容量高,后来的肉食类也比先前的脑容量高。在化石记录中,我们观察到的似乎是肉食类与素食类在进行长期的军备竞赛，而不是一系列重新启动的军备竞赛。这个发现正好与人类的军备竞赛十分类似，特别令人满意，因为大脑是哺乳类（无论肉食类还是素食类）的随身计算机，而且电子学也许是现代人类武器技术中进展得最神速的要素。

军备竞赛如何收场？有时结局是一方灭绝，我们不妨假定另一方就会停止进化，搞不好还会因为经济的缘故而"退化"（我们一会儿就会讨论）。有时经济压力也许会迫使一场军备竞赛完全停滞下来，即使其中一方（在某个意义上）一直居于领先地位。以奔跑的速度来说吧。猎豹与瞪羚究竟能跑多快，必然有个上限，就是物理学定律规定的限制。但是猎豹与瞪羚都没有达到那个上限，双方都以较低的标准得过且过，我相信那是出于经济的考虑。达到高速的技术可不便宜；腿骨得长，肌肉得强而有力，肺活量得大。任何动物要是真的必须跑得那么快，都能演化出这些条件，但是必须付出代价。速度越高，代价越大，用不着说，但是速度提升一倍，代价却不止一倍。这里谈的代价是以经济学家所说的"机会成本"来衡量的。所谓机会成本不只是单纯的购买成本，而是为了得到某样东西所必须放弃的事物的总值。送孩子到私立学校上学，你不只要付学费，成本还包括：你因此而买不起的车、度不起的假。（要是你很有钱，这些你都负担得起，那么送孩子上私立小学的机会成本就算不了什么。）猎豹为了长出更大块的肌肉，必须付出的代价包括：它利用同样资源的其他方式，例如制造母乳喂养幼儿。

当然，我不是说猎豹在脑袋里做过成本会计的算计。这种事是天择做的。一头猎豹若没有巨大的腿肌，也许跑得不够快，但是它省下的资源可以生产更多母乳，也许因此能养大另一个豹崽。猎豹体内若有基因在奔驰速度、制造母乳和其他代价之间达成最佳妥协方案，就能生养较多豹崽。奔跑速度与制造母乳之间的最佳妥协方案是什么，并不显而易见。想来不同的物种会有不同的方案，说不定在特定物种中还会起伏变化。我们可以确定的是这类妥协是不可避免的。猎豹与瞪羚达到它们能够负担的最高速度后，它们的军备竞赛就结束了。

它们各自的停损点也许不会让它们成为旗鼓相当的对手。最后猎物也许以较多的预算从事防御装备，而猎食者以较少的预算强化攻击武器。其中的道理用一则伊索寓言的教训就能扼要地说明白：兔子跑得比狐狸快，因为兔子为了保命，而狐狸只为了饱食。以经济术语来说就是：将资源移作他用的狐狸生殖成就较高，全力加强猎杀技术的狐狸反而低。另一方面，在兔子族群中，经济利益的杠杆偏向花费较多资源提升逃命速度的个体。这种"种内"（物种之内）竞争经济的结果是："种间"（物种之间）的军备竞赛停止了，即使其中一方保持优势，依然稳定。

我们不可能目睹军备竞赛的动态变化，因为军备竞赛不是在地质时代的任何一个"具体时刻"（如现在）进行的。但是我们现在可以观察到的动物，都能算是过去军备竞赛的产物。

总结本章的论旨：受天择青睐的基因，不是因为它们的内在本质，而是它们与环境的互动。任何一个基因的环境中，其他基因都是极为重要的成分。大致的理由是：其他的基因也会在演化世系中变化。后果主要有两种。

第一，能够与其他基因合作的基因才受青睐。别忘了，它与最可能遇上的其他基因是在合作才有利的情况下遇合的。在同一个物种基因库中，这一点特别真实，因为同一物种的基因往往得分享同一个细胞。（不过这并不是唯一讲究合作的场域。）这个事实引导互相合作的基因演化成大帮派，最后演化成身体—基因合众国的产物。任何一个生物的身体都是由一个基因合众国建造的大型承载工具（vehicle），或"生存机器"（survival machine），目的在保存合众国每一基因公民的复本。它们积极合作，因为合作才能使生命共同体（身体）生存与生殖，大家都获利，也因为它们构成了环境的重要部分，天择在那个环境中特别青睐能够合作的素质。

第二，环境并不总是有利于合作。基因在地质时代的旅程中，有时会进入对抗才有利的情境。特别是不同物种的基因。（但是这不是唯一的情况。）这里强调不同物种，理由是它们的基因不会混合——因为不同的物种不能交配。在一个物种中受青睐的基因，为另一个物种的基因提供了演化的环境，结果往往演化成军备竞赛。在军备竞赛的一方，例如猎食者，每个受天择青睐的遗传改进，都改变了对方（如猎物）基因的演化环境。在演化中我们可以观察到明显的进步特征，例如奔跑速度、飞行技巧、视觉或听觉的灵敏度不断提升，主要是由这种军备竞赛造成的。这类军备竞赛不会一直进行下去，而会稳定下来，例如到了改进成本成为个体难以承受之重的地步。

这一章很难，但是本书非有这一章不可。要是没有这一章，读者不免觉得天择只是个毁灭的过程，最多像个淘汰过程。天择也是创造的力量。我们已经讨论过天择创造的两个方式，一个通过种内基因的合作。我们的基本假设是：基因是"自利"的实体，在物种基因库中竭力制造自己的复本。但是任何一个基因的环境都包括基因库中其他受青睐的基因，因此善于与其他基因合作，就会受青睐。因此由大量细胞构成的身体才会演化出来。基因在单独的细胞中合作，细胞在单独的身体中合作，最后所有基因都获利。难怪现在世上存在的是身体，而不是在太古浓汤中互相激战的个别复制子。

因为基因是在其他同种基因提供的环境中受天择锤炼的，所以身体演化出整合融贯的目标。但是基因也在异种基因创造的环境中受锤炼，于是军备竞赛就发生了。另一个推动演化向我们描述为"进步"、复杂"设计"的方向进行的巨大力量，是军备竞赛。军备竞赛本身就有不稳的失控倾向。它们冲向未来，一方面似乎既无谓又浪费，另一方面却表现出进步的特征，使旁观的我们特别着迷。下一章要讨论一个爆炸、失控演化的特例，就是达尔文叫作性择（sexual selection）的现象。

第八章

性择

人类的心灵惯用比喻。非常不同的过程，只要有些许的相似之处都能让我们念念不忘，非钻研出一个说法不可。在巴拿马，我大半天都在观察切叶蚁密密麻麻地进行肉搏大战，我心里不由得将眼中的杀戮战场与我见过的第一次世界大战照片比较——1914 年 10 月英国远征军的帕斯尚尔（Passchendaele）之役（帕斯尚尔位于比利时，接近法国国境）。我几乎可以听见枪炮声，闻到硝烟味。我的第一本书《自私的基因》（1976）才出版不久，就有两位传教士分别来找我，他们都发现我书中的核心概念可以模拟原罪教义。达尔文只将"演化"概念应用于生物界——生物在无数世代的繁衍过程中形态会变化。追随他的人却不由自主地在每一件事里都看见了演化，像宇宙的生成变化、人类文明的发展阶段、女人裙子的长度。有时比喻非常有用，妙用无穷，但是比喻也容易过度附会，牵强的比喻不仅没有用处，甚至妨碍思路，但是那种比喻却容易让我们自以为得计。我常收到古怪的来信，都习以为常了，所以知道无益的胡思乱想有个特征，就是沉迷于附会比喻。

另一方面，有些科学史上最伟大的进展，就是因为有个聪明人发现了有用的比喻，让已经了解的题材成为揭开难题神秘面纱的线索。关键在他不穿凿附会，也不放过有用的比喻。成功的科学家和语无伦次的怪人，以灵感的品质分高下。不过我认为在实务上，这个差别不在于"注意"到有用比喻的本领，你得拒绝愚蠢的比喻、追寻有用的比喻。科学进展也可以比拟成（由天择驱动的）演化，这个比喻究竟愚蠢还是有用，暂且不谈了，现在让我们回到本章的主题。我想讨论的是两个相关的比喻，它们都能给我们灵感，但是我们得谨慎，免得过于穿凿。第一个就是爆炸。许多不同过程都与爆炸有相似之处，因此可以摆在一起。第二个就是将文化的发展与真正的达尔文演化模拟，"文化演化"这个词已经流行一阵子了。我认为这些比喻可能蛮有用的——不然我干吗花一章谈它们。但是请读者留意：比喻必须小心使用。

爆炸的诸多性质中，我的着眼点是工程师所熟知的"正回馈"。了解正回馈最好从"负回馈"下手，就是正回馈的反面。负回馈是大多数自动控制与调节的基础，最干净利落、最著名的例子就是瓦特（James Watt, 1736—1819）发明的蒸汽调速器。引擎要有用，就得以定速发出旋转力量，至于正确的转速，则视工作而定，例如推磨、纺织、打水等等。在瓦特之前，工程师必须解决的问题是：转速由蒸汽压力决定。只要加热锅炉，引擎转速就增加，可是磨坊或纺织机需要的是稳定的动力。瓦特的调速器是个自动阀，可以调节推动活塞的蒸汽量。

瓦特想出的点子是使阀门与引擎动力挂钩。引擎转速越快，阀门就关得越小；引擎转速一旦慢下来了，阀门就大开。因此引擎转速下降后很快就会加速，转速升高后很快就会慢下来。瓦特调速器测量引擎转速的机制简单而有效，基本原理至今仍适用。锅炉的温度往往会大幅起伏，但是只要事先调整好，引擎在调速器控制下就能以几乎恒定的速度旋转。

瓦特调速器的原理就是负回馈。引擎的"输出"值（这里指转速）"回馈"引擎（通过蒸汽阀）。因为高输出值对输入值（这里指蒸汽量）有负面影响，所以这种回馈是"负"的。反过来说，低输出值会提升输入值，两者的关系也相反。但是我介绍负回馈概念，只为了拿它和正回馈做比较。让我们找一台瓦特蒸汽机，并做一个关键的修改：把调速器与蒸汽阀的关系颠倒过来。于是引擎转速一旦上升，蒸汽阀就大开。反过来也一样，引擎速度一慢下来，蒸汽阀门就会缩小。一台正常的瓦特引擎，通常转速一下降，就会自动修正这个趋势，使速度上升，维持在事先设定的速度上。但是我们动过手脚的引擎完全相反：它的速度一旦慢下来，就会变得更慢。不久它就完全停住了。另一方面，要是它不知怎地速度升高了一些，它不但不会像瓦特引擎一样抑遏这个趋势，反而会助长加速趋势。颠倒过来的调速器会强化速度提升的趋势，引擎转速就更快了。由于加速会正向回馈，引擎速度再度提升，最后引擎解体，失控的飞轮穿墙而出，或者因为蒸汽压力无法继续提升，引擎转速达到了极限值。

瓦特调速器利用的是负回馈原理，我们将那个调速器动了手脚，用来演示正回馈——与负回馈相反的过程。正回馈过程具有不稳定的失控性质。一开始只不过是微小的变化，由于正回馈的影响就会循逐渐加速盘旋而上，最后不是酿成大祸，就是因为其他过程而停留在某个较高层次上。工程师发现将一大群不同的过程分为负回馈、正回馈两类用途很广。这两个比喻用途很广，因为所有过程都有共同的数学模式，而不只是意义模糊的类推比拟。生物学家研究体温控制与防止过度进食等机制，发现工程师发展出来的负回馈数学蛮有用。无论在工程界还是生物界，正回馈系统不像负回馈系统那么常见，但是本章的主题是正回馈。

工程师与生物的身体很少利用正回馈系统，利用得较多的是负回馈系统，理由是：让系统在接近理想值的情况下运作非常有用。不稳定的失控过程不但没用，往往非常危险。在化学里，典型的正回馈过程就是爆炸，我们通常使用"爆发"这个词来描述任何正回馈过程。例如我们也许会说某个人脾气火暴。我有个小学老师，有教养，有礼貌，平常是很温和的人，但是偶尔他会发脾气，他自己也知道。课堂上要是有人特别顽皮，起先他不会说什么，但是他的面孔显示他的心情极不正常。然后他会以轻柔、理性的声调开始说："老天。我受不了了，我就要发脾气了。躲到桌子下面。我在警告你们，我要爆发了。"他的声音不断升高，到了高峰后他会抓起任何他抓得到的东西，不管是书，是黑板擦，还是纸镇、墨水瓶，迅速将它们连珠丢出，力道与暴力就不用说了，可是目标不明确，只不过是那个调皮同学的大致方向而已。然后他的脾气就逐渐消退了，第二天他会对那个同学表示最亲切的歉意。他知道自己失控了，他亲眼见到自己成为正回馈回路的受害者。

但是正回馈不只导致失控的增长，也会导致失控的递减。最近我出席牛津大学校务会议，参与一场辩论，主题是要不要颁给某人荣誉博士学位。那次的人选引起了争议，倒很不寻常。我们投完票，计票花了 15 分钟，等着听结果的人就相互交谈。在某一刻，谈话声很奇异地小了下去，然后就是一片寂静。这就是一种正回馈过程的结果。它是这么进行的：在任何谈话声交织的嘈杂中，噪音程度会随机起伏，通常我们不会注意到。这些随机起伏有一次在寂静的方向上恰巧比通常的程度明显了一些，结果有人注意到了。由于每个人都急着知道投票的结果，那些听出噪音（随机）降低的人就抬起头来，停止交谈。大厅中的噪音水平因此降低了一些。于是更多人注意到噪音降低而停止谈话了。一个正回馈过程就这么启动了，它的进展非常快，最后大厅沉浸在一片寂静中。等到我们发现那只是虚"静"一场之后，有人笑出声来，接着噪音就缓慢上升，回复到先前的水平。

正回馈过程中最受瞩目也最壮观的，就是使某些事物失控地增加的那些（而不是递减）：核爆炸、情绪失控的小学老师、酒馆里的争吵、联合国中不断升级的猛烈抨击。（读者还记得我在本章一开始就提出的警告吗？）我们讨论国际事务时常用"升级"这个词，就隐含了正回馈的概念：例如我们说中东是"火药桶"，或我们想找出冲突"爆发点"的时候。关于正回馈，大家最熟知的表述方式就是耶稣在《马太福音》中所说的："那已经有的，要给他更多，让他丰富有余；而那没有的，连他所有的一点点也要夺走。"（25：29）本章要讨论演化中的正回馈。生物有些特征看来似乎是正回馈的产物，换言之，它们的演化类似爆炸的失控过程。前一章的主题"军备竞赛"可以视为这种过程的例子，只是比较不惹眼而已。至于壮观的例子，得在性广告的器官里找。

举个例子好了，我在念大学的时候他们就想让我相信雄孔雀的尾巴不过是个普通的器官，像牙齿或肾脏一样是由天择打造的，功能是让大家一看就知道它是孔雀，而不是其他的鸟。你相信吗？他们从来没有说服过我，我想你大概也不会相信。我认为雄孔雀的尾巴是正回馈的产物，一眼就可以看出。那样的尾巴必然是失控的、不稳定的"爆发"造成的，是孔雀演化史上的重大事件。达尔文在《人类的由来和性选择》（1872）铺陈过这个想法，后来伟大的演化学者费希尔花了更多笔墨来论证、表述。他在《自然选择的遗传理论》（1930）中有一章专门讨论性择理论，他的结论是：

> 雄性羽饰，以及雌性对这种羽饰的性趣，必然会结伴演化，只要这个过程不受反选择力量的严厉反制，演化速度就会不断增加。要是这样的制衡完全不存在，我们很容易看出演化速度会与既有的演化结果成正比，也就是说，演化结果与演化时间的指数成比例，换言之，是几何级数关系。

这是典型的费希尔睿见；他认为"很容易看出"的事，其他人要到半个世纪后才能完全了解。他光是给了个"说法"：吸引异性的羽饰演化速度会不断增加，呈几何级数，最后爆发，不屑详加解释。生物学界花了大约50年才赶上费希尔，终于将他必然使用过的那种数学论证完全重建出来（他或许在脑子里推理过，或用过纸笔，那我们就不知道了）。美国加州大学圣迭戈分校的数学生物学家兰德（Russell Lande）以现代数学为费希尔的"说法"建构过数学模型，现在我要以散文来解释这些数学概念。费希尔在他那部经典之作的"序言"中写道："我怎么努力都无法使本书读来容易。"我不像他那么悲观，但是我愿意引用《自私的基因》的一位仁慈评者的话，"读者请小心在意，脑筋得动得快"。这儿我要特别感谢我的同事格拉芬（Alan Grafen），虽然他不愿意居功，他过去上过我的课，在同侪间以心眼灵活出名，但是他有一个更罕见的本事，他不只脑筋快，还能以正确的方式向旁人解说事情。多亏他的指点，我才能完成本章的中段。

　　在讨论这些困难的事物之前，我必须话说从头，先谈谈性择概念的起源。性择理论就像这个领域里的大部分事物，是达尔文发明的。虽然达尔文特别强调存活与生存奋斗，他很明白存活与生存只不过是达到目的的手段。那个目的就是繁殖。一只鸟就算活到高寿，要是不能繁殖，也不能把它的体质特征遗传下去。不论什么体质特征，只要能使动物顺利生殖，天择都会青睐，存活只是生殖战斗的一部分。在这场战斗的其他部分里，吸引异性的个体才能成功。达尔文看出了这一点，要是一只雄性环颈雉、雄孔雀、雄天堂鸟拥有极为性感的装饰，即使必须以生命为代价，都可能在死前将性感特征遗传下去，因为它顺利繁殖的机会非常高。达尔文知道雄孔雀拖着那种尾巴必然会妨碍行动、威胁生存，但是他认为那种尾巴为雄孔雀增添的性感魅力，足以抵消不便利，还绰绰有余。对于野地观察到的现象，达尔文总爱在人类驯化生物的事业中寻找可以比拟的例子。他将雌孔雀比喻成育种专家，所有的家生动物都是在它们的引导之下演化的，只不过雌孔雀凭的是突发的美感兴致。我们可以将雌孔雀比拟为一个以"悦目"原则拣选生物形的人。

　　达尔文对雌性动物的突发兴致没有深入探讨，他认为雌性就是那样。在他的性择理论中，"女性有突发的兴致"是个公理，就是不必证明的假定，而不是有待解释的现象。他的性择理论说服不了人，这是一部分理由。最后费希尔拯救了这个理论，不幸的是，许多生物学家忽视了他的睿见，不然就是误解了。朱利安·赫胥黎等人反对性择理论，因为以"女性突发兴致"之类的说法作为科学理论的基础，实在说不过去。但是费希尔拯救了性择理论，他认为雌性对雄性的"偏见"也受天择的制约，不折不扣，与雄性的尾巴一样。雌性的口味是雌性神经系统的表现。雌性的神经系统是在体内基因的影响下发育的，因此过去世代受到的天择也可能影响神经系统的特征。其他的人以为雄性体饰的演化是静态的雌性偏见驱动的，费希尔则不然，他认为雌性口味与雄性体饰的关系是动态的。也许现在你已经可以看出这个观点与爆炸性的正回馈过程有什么关联了。

我们在讨论困难的理论概念时，要是能在真实世界中找到一个具体的例子，往往有很大的帮助。我的例子是非洲长尾巧织雀（long-tailed widow bird）的尾巴。其实任何性择拣选出来的体饰都可以当例子，可是我心血来潮，想变个花样，讨论性择时大家都用雄孔雀的尾巴做例子，我偏不。雄性长尾巧织雀是体形修长的黑鸟，肩上有橘色羽毛，大约有画眉鸟那么大，但是尾巴很长，在交配季节，可以长达40多厘米。在非洲的草原上，经常见到它们在做炫目的求偶飞行，在空中盘旋、翻筋斗，像一架拖着长条广告彩带的飞机。不用说，在雨天里它们就飞不起来了。即使尾巴是干的，那么长的尾巴也是个累赘。我们想解释长尾巴的演化，推测那个演化过程有爆炸的性质。因此我们的起点是一种没有长尾的祖先鸟。假定祖先鸟的尾巴只有7.5厘米长，也就是现代尾巴的1/6。我们要解释的演化变化，就是增加了5倍的尾巴长度。

我们在动物身上做任何测量，总会发现物种中大部分成员都相当接近平均值，但是有些个体稍高于平均值，有些个体稍低。

这几乎是通例，很少例外。因此我们相信祖先鸟族群中尾巴长度有个分布范围，有些个体稍长于 7.5 厘米，有些不到 7.5 厘米。要是我们假定尾巴长度是由许多基因控制的，应该不会引起争议。每个基因都对尾巴长度有些影响，它们的影响加起来，再加上饮食等环境变量的影响，决定了每个个体尾巴的实际长度。大量基因的影响力若会加总表现，就叫多基因（polygenes）。我们测量的大多数体征，如身高、体重，都受大量的多基因影响。我要介绍一个论证性择的数学模型，它是个多基因模型，主要是兰德发展出来的。

现在我们必须把注意力转到雌性身上，看她们如何选择交配对象。我假定雌性会选择配偶，而不是雄性，似乎有性别歧视的味道。实际上，我是依据健全的理论推理，才会预期选择配偶的是雌性（见《自私的基因》），而事实上通常雌性才会选择配偶。现代长尾巧织雀的雄性能吸引 6 只左右的雌性当配偶，这是不错的。换言之，它们的族群中雄性"过剩"，找不到配偶的雄性无法繁殖。也就是说，雌性没有找配偶的问题，因此有资格挑挑拣拣。雄性要是让雌性觉得有魅力，好处可大了。雌性即使能吸引雄性，也没什么额外好处，何况她必然有雄性追求。

接受了"雌性掌握择偶权"的假定后，我们就要采取下一个步骤，那个步骤是论证的关键，费希尔就是以它困惑了达尔文的批评者的。我们不同意"雌性是善变的动物"，我们要将雌性的偏好当作受基因影响的变项，就像其他的生物特征一样。雌性偏好是个可以量化的变项，我们可以假定它受多基因控制，控制模式与雄性尾巴的长度一样。这些多基因也许会影响雌性大脑中的任何构造，搞不好还会影响眼睛；反正就是能影响雌性口味的任何东西。雌性无疑对雄性的许多体征都有特殊的品位，它肩羽的颜色啦、嘴喙的形状啦等等；但是这儿我们感兴趣的却是雄性尾巴的长度，因此我们只讨论雌性对雄性尾巴长度的口味。我们因此可以用测量雄性尾巴长度的单位（厘米）来测量雌性对雄性尾巴的口味。多基因会使某些雌性偏爱比平均长度还要长的雄性尾巴，某些雌性偏爱较短的尾巴，其他的雌性则偏爱中庸长度的尾巴。

现在我们可以讨论整个理论中的一个关键睿见了。虽然影响雌性口味的基因仅仅表现在雌性的行为中，它们也会出现在雄性的身体里。同样，影响雄性尾巴长度的基因也会出现在雌性身体里，不管它们会不会表现。身体里有些基因就是不会表现，理由不难了解。要是某个男人身体里有个制造长阴茎的基因，他的子女都可能继承这个基因。那个基因也许会在他儿子身体里表现，但是一定不会在女儿的身体里表现，因为女性根本没有阴茎。但是，要是他的女儿生了个男孩，他这个孙子也可能继承他的长阴茎基因，像他的儿子一样。身体携带的基因不一定会表现。同样，费希尔与兰德假定雄性的身体也会携带影响雌性口味的基因，即使那些基因只在雌性身体里表现。雌性身体也会携带影响雄性尾巴的基因，即使它们不在雌性身体里表现。

假定我们有一台特别的显微镜，可以用来检查任何一只鸟细胞内的基因。然后我们找了一只尾巴长的雄性来，检查它的基因。首先我们会察看影响尾巴长度的基因，结果发现它的确拥有制造长尾巴的基因。这并不令人惊讶，因为事实很明显，它的尾巴的确很长。现在让我们寻找影响尾巴口味的基因。我们立刻就面临了一个问题：我们从它的外观上找不到任何线索，因为那些基因只在雌性身体里表现。我们必须以显微镜来找。我们会看到什么？

我们会看到使雌性偏爱长尾巴的基因。反过来说，要是我们检查一只短尾雄性的细胞，应该会看到使雌性偏爱短尾巴的基因。这是整个论证的关键，我得仔细说明。

要是我是一只有长尾巴的雄鸟，我父亲的尾巴可能也很长。这是正常的遗传现象。但是，由于我父亲是我母亲选中的配偶，她也可能有偏好长尾巴的基因。因此，要是我从父亲遗传得到了制造长尾巴的基因，我也可能从母亲那里遗传得到了偏爱长尾巴的基因。根据同样的推论，要是你继承了短尾基因，你也可能同时继承了偏爱短尾的基因。

我们也可以将同样的推论应用在雌性身上。要是我是一只偏爱长尾雄性的雌鸟，我的母亲也很可能偏爱长尾雄性。因此我的父亲很可能尾巴很长，因为它是我母亲选的。因此，要是我继承了偏爱长尾的基因，我也很可能继承了长尾基因，那些基因是否会在我的雌性身体里表现与遗传事实不相干。要是我继承了偏爱短尾的基因，我的身体里就很可能有制造短尾的基因。我们的结论是这样的：任何一个个体，不论性别，都可能有使雄性制造某种特质的基因，以及使雌性偏爱那种特质的基因，不管那种特质究竟是什么。

因此，影响雄性特质的基因与使雌性偏爱那种特质的基因，不会在族群中随机散布，而是如影随形、携手同行。这种携手同行的关系，有个听来吓人的学名，叫作连锁不平衡（linkage disequilibrium）。可是在数学遗传学家的数学式子里，这种关系却能变为有趣的把戏。它会导致奇异与美妙的结果，要是费希尔与兰德是对的，雄孔雀与雄长尾巧织雀的尾巴以及其他许多吸引异性的器官，都是因为它造成的爆炸性演化形成的。这些结果只能用数学证明，但是用文字来描述也不是不可能，我会试着以非数学的语言保留一些数学的风味。读者仍然得动脑筋才好了解，不过我想不会太难。论证的每一步骤都很简单，但是攀登理解的高峰必须跨出许多步，要是你先前就有一步跨不出，后面就举步维艰了。

我们前面已经说过，雌鸟的口味可能有个范围，例如从喜爱长尾雄性到喜爱短尾雄性。但是，要是我们针对一个特定鸟群做调查，我们也许会发现大多数雌鸟的择偶口味大致相同。我们可以用厘米来表示一个族群中的雌鸟品位范围，就像我们以厘米来表示雄鸟尾巴长度的范围一样。我们也可以用同样的单位（厘米）表示雌性品位的平均值。结果我们可能会发现雌性品位的平均值与雄性尾巴的平均值正好相同，假定那是 7.5 厘米。这么一来，雌性选择就不会是影响雄性尾巴长度的演化力量。我们也可能发现雌性品位的平均值高于雄性尾巴的平均值，例如 10 厘米。我们暂时不讨论这个差异是怎么来的，接着先讨论一个明显的问题：要是大多数雌性都偏爱 10 厘米的尾巴，为什么大多数雄性实际上只有 7.5 厘米长的尾巴？为什么整个族群的平均尾巴长度没有在雌性性择的影响下变成 10 厘米？怎么会有这 2.5 厘米的差异的？

答案是：雌性品位不是雄性尾巴长度受到的唯一选择力量。尾巴在飞行中扮演重要的角色，太长或太短都会降低飞行的效率。此外，拖着一束长尾巴活动，耗费更多能量，其实光是生长那么长的尾巴就所费不赀了。雄性要是尾巴长到 10 厘米，也许真的能使雌性抓狂，但是它得付的代价是：飞行不灵便，消耗更多能量，更容易让猎食动物捕捉。我们可以这么说，尾巴长度有个实用上限（utilitarian optimum），与性择上限不同，就是以一般的实用判断标准来衡量所得的理想长度，或者除了吸引异性的效果不考虑之外，以所有其他观点来看都觉得极为理想的长度。

那么我们应该期望实际测量的平均尾巴长度（在我们的假设例子里，是 7.5 厘米）与实用上限吻合吗？不然，我们应该期望实用上限比实测的平均长度短，假定那是 5 厘米吧。因为实测值是实用选择（使尾巴较短）与性择（使尾巴更长）妥协的结果。我们可以猜想，要是雄性不必吸引雌性的话，平均尾巴长度就会朝向 5 厘米缩短。要是不必担心飞行效率与能量耗费的话，平均尾巴长度就会迅速向 10 厘米推进。实际的平均长度（7.5 厘米）是个折中方案。

我们刚刚搁置了一个问题：为什么雌性会愿意偏爱一束偏离实用上限的尾巴？乍看之下，这么做似乎很傻。一心追逐时尚的雌性，看上不符合实用标准的长尾巴，最后生下设计不良的儿子，飞起来既无效率又不灵活。任何一个突变雌性要是不同流俗，恰巧看上短尾雄鸟，特别中意符合实用上限的尾巴，就会生下体态适合飞行的儿子，既有效率又灵活，她的姊妹追逐时尚，可生的孩子比不上她的。是吗？但是她的麻烦才开始呢。我以"时尚"做隐喻，是有道理的。突变雌性的儿子也许飞得不错，但是族群中大部分雌性都不觉得它有魅力。它只能吸引"少数派"雌性，就是反潮流的雌性；而所谓"少数派"雌性，顾名思义，就是比"多数派"少的雌性，换言之，它不容易找到配偶。一个族群中，若雄性只有 1/6 有生殖机会，每个幸运儿都享有大量配偶，那么它们最好迎合雌性大众的口味，才能左拥右抱，占尽便宜，那些便宜足以弥补它们体态的实用缺陷（飞行不灵动又无效率），还绰绰有余。

读者也许会抱怨：即使如此，整个论证仍然基于一个武断的假设。只要假定大多数雌性都偏爱不符实用标准的长尾巴就成了。但是这种口味为什么会流行？短尾巴也不实用，为什么大多数雌性就不青睐呢？为什么不干脆喜欢符合实用上限的尾巴呢？为什么流行口味不能与实用价值一致呢？答案是：这都有可能，甚至在许多物种里已经实现了。在我假设的例子里，雌鸟特别青睐长尾巴，的确是我任意杜撰的。但是无论大多数雌性碰巧青睐什么，那种青睐无论多么"没道理"，演化的趋势往往是维持那个主流，在某些情况下甚至会将那个主流推向夸张的方向发展。到了这里，我的论证缺乏数学支持就成了一个无可回避的问题。我大可以请读者相信兰德的数学推论已经证明了我的论点，然后就不再多说了。对我来说，这也许是最聪明的做法，但是我还是想试一次，以文字来解释一部分数学推论的意义。

整个论证的关键，是我们先前论述过的"连锁不平衡"，还记得吗？控制尾巴长度的基因与偏爱那种尾巴的基因会"在一起"（togetherness）。我们可以将这种"结伴因子"（togetherness factor）想象成可以测量的单位。要是"结伴因子"很高，那么有关一个个体尾巴基因的知识，足以使我们相当准确地预测决定口味的基因。（口味基因的知识也能预测尾巴基因。）反过来说，要是"结伴因子"很低，有关一个个体尾巴基因的知识，不能提供关于口味基因的确定线索。（口味基因的知识也不能预测尾巴基因。）

"结伴因子"的高低，受几个因素影响，例如雌性口味的强度（她们是否愿意"容忍"看来不中意的雄性），雄性尾巴的实际长度受基因控制的强度（或者环境因素比较重要）等等。要是"结伴因子"（控制尾巴长度的基因与偏爱这种尾巴的基因结合的程度）很高，我们就能演绎出如下的结果。每一次一只雄鸟因为拥

有长尾巴而雀屏中选，中选的不只是决定长尾的基因而已。偏爱
长尾巴的基因因为结伴的缘故也同时中选。换言之，使雌鸟选择
某个拥有长尾巴雄鸟的基因，其实选择了自己的复本。这正是
"自我增强过程"最重要的因素：它有支撑自己的动能。已经朝向
某一方向前进的演化，不假外力就可以朝那个方向持续前进。

　　我们也可以用现在已经出名的"绿胡须效应"来表述这个结
果。绿胡须效应是学院中的生物学家想出的笑话，纯属虚构，但
是对我们很有启发。绿胡须效应当初是用来解释汉弥尔顿
（W. D. Hamilton，1936—2000）的亲属选择理论中的基本原则的，
我在《自私的基因》第六章讨论过。汉弥尔顿过世前是我在牛津
大学的同事，他证明过：要是针对亲近亲属的利他行为是基因控
制的，那些基因一定会受天择青睐。理由很简单：亲属体内也有
那些基因的概率很高。"绿胡须"假说将这个论点推广了（虽然似
乎不切实际）。根本的问题是：基因如何知道其他个体的身体里也
有自己的复本？这么看来，亲属只是辨识他人身体里有自己复本
的一种方式。理论上，还有更直接的辨认方式。要是出现了一个
基因，它有两个"效果"（许多基因都一个以上的效果，这种基
因很常见），就是使主人长出一个明显的标记（例如绿胡须），同
时影响主人的大脑，使他无私地帮助有绿胡须的人。我承认这是
极不可能的巧合，但是它果真出现了，演化的结果是很清楚的。
绿胡须利他基因会受天择青睐，与针对亲属的利他基因会受天择
青睐的理由完全一样。每一次绿胡人互相帮助，造成这种行为的
基因其实在帮助自己的复本。于是绿胡须基因就会在族群中散布，
不假外力，势不可挡。

　　没有人真的相信绿胡须效应会以非常简单的形式在自然中出

现，我也不信。在自然中，偏爱自己复本的基因，使用的标签不像绿胡须那么特异（所以也比较合理）。亲属只是一种标签。"兄弟"是比较抽象的概念，实际的认知也许只是"与我在同一个巢里孵化的家伙"，都是带有统计意义的标签。任何一个基因，若无私地帮助带有这类标签的个体，有很高的概率达到帮助自己复本的目的：因为兄弟之间共享基因的概率很高。我们可以将汉弥尔顿的亲属选择理论当作实现绿胡须效应的一个合理方式。我得顺便说一句，我并不认为基因有帮助自己复本的"意愿"。我谈的是结果，任何基因只要导致帮助自己复本的结果，都会在族群中散布开来，无论有意无意。

所以亲属可以视为实现绿胡须效应的一个合理方式。费希尔的性择理论也可以解释为实现绿胡须效应的另一个合理方式。要是雌性对雄性体征有强烈的偏好，那么根据同样的推论，雄性身体里往往会有使雌性偏爱它的体征的基因。要是一只雄鸟继承了父亲的长尾巴，它也可能从母亲那里继承了使她选择父亲那种长尾巴的基因。因此，雌性在选择雄性的时候，不管她的标准是什么，使她偏心的基因其实在选择位于雄性体内的自身复本。它们以雄性的尾巴作为标签，选择自己的复本，比起"绿胡须基因"以绿胡须做标签的故事，这只不过是个比较复杂的版本。

要是族群中有一半雌性偏爱长尾雄性，另一半偏爱短尾雄性，决定雌性选择的基因仍然会选择自己的复本，但是哪一种尾巴会受天择青睐就很难讲了。也许整个族群会分裂成两派，一派由长尾雄鸟与偏爱长尾的雌鸟组成，另一个则是短尾派。但是任何这种依雌性口味一分为二的状况都是不稳定的。在任何时刻，一旦雌性中有一派占了数量的优势，无论那个优势多么微小，都会在以后的世代中不断增强。因为受少数派雌性青睐的雄性会越来越难找配偶；少数派雌性生的儿子不容易找配偶，于是她们的孙子都比较少。一旦少数派的数量变得更少，而多数派的数量优势越来越大，那就是正回馈的典型特征了："那已经有的，要给他更多，让他丰富有余；而那没有的，连他所有的一点点也要夺走。"只要是不稳定平衡，任何任意的、随机的起点都有自我增强的倾向。正因为如此，我们锯断一棵树的树干后，一开始也许不确定树会倒向南方还是北方；但是，树挺立了一段时间后，只要开始朝一个方向倒下，就大势底定、难以挽回了。

现在我要在岩壁上钉入另一根岩钉，好让我们顺利攀上理解的峰顶，请读者留意了。还记得吗？雌性选择将雄性尾巴朝一个方向拉扯，同时"实用"选择也将雄性尾巴朝另一个方向拉扯，于是雄性尾巴的实际长度是这两股拉力妥协的结果。（所谓"拉扯"是指演化趋势。）我们现在就要讨论一个叫作"选择差距"（choice discrepancy）的数量，就是族群中雄性尾巴的平均长度与雌性偏好的平均长度的差距。测量"选择差距"的单位可以任意规定，就像摄氏温度计与华氏温度计的单位一样。摄氏温度计规定水的冰点是0℃，我们可以规定性择拉力与实用拉力刚好平衡的那一点为0℃。换言之，"选择差距"是0的时候，就是演化变化因为两个相反力量互相抵消而只进行了一半的状态。

用不着多说，"选择差距"越大，雌性施展的演化拉力越强（大幅抵消了着眼实用的天择力量）。我们感兴趣的是"选择差距"在连续世代间的变化情形，而不是任一时间点上的实际数值。由于"选择差距"的缘故，雄性尾巴增长后，雌性中意的尾巴长度也随之增加。（别忘了使雌性选择长尾巴的基因与制造长尾巴的基因是一伙儿的,一起受到选择。)因为受到这种双重选择,一个世代之后,雄性的尾巴以及雌性偏好的尾巴平均长度都增加了,但是哪一个增加得最多?这等于是用另一个方式问这个问题:"选择差距"会有变化吗?

"选择差距"也许保持不变(要是雄性尾巴以及雌性偏好的尾巴平均长度增加量相同),也许变小(要是雄性尾巴的平均长度增加得较多),也许变大(要是雌性偏好的尾巴平均长度增加得较多)。现在你应该可以看出来了,要是雄性尾巴变长了,"选择差距"却变小了,雄性尾巴的长度就会朝向一个稳定平衡的长度演化。但是,要是"选择差距"随着雄性尾巴长度的增加而增加,理论上,我们就会在未来的世代里观察到雄性尾巴以越来越快的速度"暴长"。毫无疑问,费希尔在 1930 年以前一定这么计算过,虽然他发表的文字叙述非常简短,当时的学者都不十分了解。

我们先讨论"选择差距"在连续世代中逐渐变小的例子。最后,雌性品位(朝一个方向)的拉力与(讲究实用的)天择(朝另一个方向)的拉力完全抵消了。那时演化变化完全停止,(演化停止了!)我们就会说整个系统处于"平衡"状态。这个情况有个有趣的性质,兰德证明过,那就是:至少在某些条件下,平衡点有许多个,而不止一个。(理论上那好比一条直线上的无限个点,但是你得懂数学才能领会。)平衡点不止一个,而有许多个:相对于任何强度的天择拉力,雌性选择的力量都会演化到足以抵消它的强度,于是两者成了和局(平衡)。

因此,要是条件适合,"选择差距"朝逐代变小的方向演化,族群就会在最近的平衡点上"休息"。到了那一点,天择朝一个方向的拉力刚好被雌性选择朝另一个方向的拉力完全扯平了,雄性的尾巴，不管那时有多长，都会保持不变。读者也许已经看出这是个负回馈系统，但是这个负回馈系统有点儿古怪。辨认负回馈系统，最简捷的办法就是扰动它，使它偏离理想状态——偏离平衡点——然后观察它的反应。举个例子好了，要是你在冬天打开窗子，扰动了室温，恒温器就会启动暖气，补偿室内流失的热气。

性择系统如何扰动？读者一定知道我们这儿讨论的现象是以生物演化的时间测量的，因此我们很难做实验（相当于打开窗子），并活到足以观察结果的高寿。但是，在自然界这个系统无疑经常受到扰动，例如雄性的数量因机遇因素而发生的自然或随机起伏。无论这种事什么时候发生，在我们前面讨论过的条件下，天择与性择会合并起来使族群回归最近的平衡点上。这个平衡点可能不是族群先前停驻的平衡点，而是或高或低的另一个平衡点。于是在时间的历程中，族群会在平衡直线上向上或向下游移。向上游移的意思是雄性尾巴变得更长——理论上长度没有上限。向下游移就是尾巴变得更短——理论上可以短到变成零。

恒温器经常用来解释"平衡点"概念。我们可以将这个比喻发展成解释"平衡线"概念的工具，那是个比较困难的概念。假定一个房间里有冷气也有暖气，每个都有一个恒温器。两个恒温器都将室温设定在一个固定的温度，就是20℃。要是室温降低到20℃之下，暖气就会启动，冷气关上。要是室温升到20℃以上，冷气就会启动，暖气关上。我们会把长尾巧织雀的尾巴比拟为电力消耗率，而不是温度（室温已经设定在20℃）。这样做是为了凸显"有许多方式可以达到预期温度"的事实。暖气冷气都全力运转，也可以将室温维持在20℃左右。或者冷气暖气都维持低功率运转，室温也可以保持在20℃左右。或者冷暖气都停止运转。用不着多说，要是想节省电费，这才是最佳方案。但是，若只考虑将室温维持在 20℃ 上下，许多种冷暖气运转组合都可以达到目的。我们有一条平衡线（理论上这条平衡线有无限个点），而不只是一个平衡点。理论上我们可以将室温维持在一个固定的数字上，让电力消耗率在这条平衡线上下游移（实际上，这涉及整个系统的设计细节，以及机器、工程师的反应时间）。要是室内温度受到了一点扰动，例如降到 20℃ 之下，终将恢复，但是不一定回到原先的平衡点（以原先的冷暖气运转功率）。也许回到的是平衡线的另一点。

在真实世界里，设计一个维持室温的系统，使它与上一段里的假设系统丝丝入扣——就是拥有一条平衡线——十分困难。实际上这条线可能会"缩陷"（collapse）成一点。兰德关于性择平衡线的论证也一样，依据的假设在自然界可能都不成立。举例来说，他假定新的突变基因会在物种基因库中稳定、持续地出现。他还假定雌性完全不必为自己的择偶行动付任何代价。要是这个假定不成立，平衡线就会"缩陷"成一个点。（实际上，可能的确不成立。）但是无论如何，到目前为止我们只讨论了"选择差距"在选择压力下逐代变小的例子。在其他的条件下，"选择差距"可能会逐代变大。

"'选择差距'逐代变大"是什么意思？假定我们正在观察一个族群，其中雄性的某个体征正在演化，就说巧织雀的尾巴好了，它受到的选择压力是雌性偏爱长尾巴、天择青睐短尾巴。结果演化趋向长尾巴的方向，因为每一次雌性选择了一个她"中意"的雄性，中选的其实是她体内的基因的复本。这是基因非随机组合的结果——使她中意特定类型雄性的基因与决定特定体征的基因会结伴打拼。这么一来，在下一个世代里，不仅雄性往往有长尾巴，雌性也有偏爱长尾雄性的倾向。至于这两个增长过程哪一个增长率在以后的世代里比较高，就不容易判断了。到目前为止，我们讨论过每个世代里尾巴的增长率高于雌性品位的例子。现在我们要考虑另一个可能的状况，要是每一世代雌性品位增长得比尾巴长度还要快，结果会怎样？换言之，在我们现在要讨论的例子里，"选择差距"逐代变大，而不像上一段的例子，逐代变小。

在这类例子里，理论推演的结果甚至比以前的例子更怪异。现在不再是负回馈了，而是正回馈。世代递嬗，雄性尾巴越来越长，但是雌性着迷的是更长的尾巴，也就是说，雌性眼中的理想尾巴增长率更高。理论上，雄性尾巴会因而变得更长，在以后的世代里增长率越来越高。理论上，雄性的尾巴即使演化到 15 公里那么长，还是会继续增长。实际上，在雄性尾巴长到那么荒谬的程度之前，游戏规则早就变了，就像我们的瓦特蒸汽机，即使调速器的功能颠倒了，转速也不可能达到每秒百万次。虽然在趋近极端的情境中（正回馈）数学模型的结论没有现实意义，但是，在实务上合理的条件下（涵盖面已经相当广了），这个数学模型的结论仍然可能符合实情。

70 年前，费希尔直截了当地宣称："我们很容易看出演化速度会与既有的演化结果成正比，也就是说，演化结果与演化时间的指数成比例，换言之，是几何级数关系。"现在，我们能够了解他的意思了。他的论证前提与兰德的一样，在这段话里表达得非常清楚："受到这个过程影响的两个特征，就是雄性羽饰，以及雌性对这种羽饰的性趣，因此必然会结伴演化，只要这个过程不受反选择力量的严厉反制，演化速度就会不断增加。"

费希尔与兰德都以数学推论得到同一个有趣的结论，但是这并不能证明他们的理论可以正确地反映自然界的实况。剑桥大学的遗传学家奥唐纳（Peter O'Donald）是性择理论的权威，他就说过，兰德模型的失控性质其实一开始就"内建"在他的起始假设中，因此它必然会在数学推理的结论中冒出来，一点儿都不新鲜。搞不好真是这样。有些理论家，包括格拉芬与汉弥尔顿，偏爱其他类型的理论，就是假定雌性的选择能对她们的子女提供实用利益、优生价值。格拉芬与汉弥尔顿合作过的一个理论是：雌鸟扮演的角色是诊断医师，专门挑选身体最不受寄生虫骚扰的雄性。汉弥尔顿构思的理论总是别出心裁，根据他的看法，雄鸟亮丽的羽饰是用来广告身体状况的鲜明文宣。

寄生虫在演化理论上非常重要，这里因为篇幅的关系我无法充分说明。简言之，所有以"优生"解释雌性选择的理论都有同样的问题：要是雌性能够成功地挑出体内有最佳基因的雄性，她们的成就反而会缩减未来的选择范围。最后，她们四周都是优质基因，就无所谓选择了。根据汉弥尔顿的论点，寄生虫排除了这个理论难题。因为寄生虫与宿主都陷身于军备竞赛的循环圈中，永无休止地对抗下去。所以任何一个世代中的"最佳"基因，与未来世代中的不会相同。击败当代寄生虫的武器，不见得对付得了寄生虫演化出的新生代。因此每一世代都有一些雄性，凭遗传天赋就能对付当代的寄生虫，其他雄性比不上。因此，雌性选择当代最健康的雄性交配，就能荫庇子女。各连续世代的雌性，唯一的择偶标准就是任何兽医都可能使用的那些指标，例如明亮的眼睛、光滑的羽毛等等。只有健康的雄性才能展现这些健康的征兆，能够十足展现的就受天择青睐，甚至还会被天择夸大，成为炫目的长尾或扇尾。

寄生虫理论也许是对的，可是那不是本章的主题，我想谈的是"爆炸"。让我们回到费希尔/兰德的失控理论，现在我们需要的是田野证据。如何寻找这样的证据？可以使用什么方法？瑞典学者安德森（Malte Andersson）设计的路数令人寄予厚望。说来也真巧，他研究的对象正是我用来讨论理论概念的长尾巧织雀。他到肯亚长尾巧织雀的栖地做过实验研究。安德森能做成那个实验，得力于最近的技术进步——超级胶水。他的推论如下。要是雄鸟尾巴的实际长度果真是两股拉力（天择与性择）妥协的结果，那么让一只雄鸟拥有超迈群伦的尾巴，它就可能变成雌鸟眼中的超级帅哥。这正是超级胶水派上用场的地方。我要花一点篇幅描述安德森的实验，因为那实在是个实验设计的典范。

安德森捉了36只雄鸟，然后4只一组，分为9组。每一组都受到相同的待遇。每一组都选一只出来，将尾巴修短，只剩下14厘米。（以仔细设计的过程随机选择，避免实验者的主观介入；有时实验者都不见得清楚自己有主观。）然后将剪下的尾巴以快干的超级胶水黏到同一组的第二只雄鸟尾巴上。就这样，第一只雄鸟的尾巴以人工修短了，第二只以人工增长了。第三只雄鸟则维持原状，与人工修饰过的两只做对比。第四只的尾巴也维持原来的长度，但是动过手脚，就是将尾羽从中间切断后再黏回去。表面看来这似乎是无聊的举动，但却是个好例子，可以用来说明实验设计必须细心到什么程度。雄鸟有吸引力，搞不好是因为"尾巴受过人工修饰"，或者"让人类抓到过、受人类摆布过"，而不是因为尾巴很长。第四只雄鸟可以帮助我们厘清这一点。

实验的目标是比较每组成员的生殖成就。它们在处理完毕之后就被释放了，回到先前领地的居所。每一只雄鸟都立刻恢复"本业"——吸引雌鸟到领地内交配、筑巢、产卵。安德森想知道的是：每一组中最能吸引雌性的是哪一只？他并不直接观察雌性的反应，他先等待一阵子，再调查每只雄鸟领地内有多少巢，特别着眼于有雌鸟产了卵的巢。结果是：以人工增长了尾巴的雄性吸引到的雌性最多，剪短了尾巴的雄性，只有它的1/4。尾巴维持正常、自然长度的两只雄鸟，则介于其间。

这些结果都以统计学分析过，确定不可能是巧合。结论是：要是雄性只考虑吸引雌性，最好尾巴比实际的长度还长。换言之，性择一直在拉拔尾巴，使它变得更长。雄鸟的尾巴比雌鸟心仪的来得短，这个事实提醒我们：雄鸟的尾巴一定还受其他选择压力的制约，才没那么长。这就是"实用"选择。搞不好尾巴特别长的雄性比尾长只达到平均水平的雄性"夭寿"。遗憾的是，那些尾巴动过手脚的雄鸟，我们不知道它们最后的命运，因为安德森没有时间继续追踪。依我之见，尾巴被另外黏上一截的雄鸟，会比正常雄鸟早夭，因为它们说不定更容易遭猎食动物袭击。而尾巴被修掉一截的雄性，寿命会比正常雄鸟长。因为我们假定正常的尾巴长度是性择上限与实用上限两者妥协的结果。雄鸟的尾巴剪短了之后，反而更接近实用上限，因此会活得更长。不过，这些推论潜藏了许多臆测。就实用的观点来看，长尾巴为什么不利于生存呢？要是只因为长出长尾巴会耗费大量资源，而不是拖着长尾巴会提高死亡风险，那么被安德森黏上一截尾巴羽毛的个体，就像天降鸿运，不大可能早夭了。

前面的讨论会不会让你觉得雌性的口味老是将雄性尾巴或其他体饰朝增大的方向拉扯？雌性口味没有朝相反方向拉扯的可能

吗？我们先前提过，理论上也没有什么不可以，例如使雄性的尾巴变得越来越短。鹪鹩的尾巴又短又粗，令人不由得怀疑它也许太短了，纯以实用目的来衡量都嫌短。雄鹪鹩间的竞争非常激烈，从它们的求偶歌声你也许都猜得到，因为雄鹪鹩的歌声嘹亮，与它们娇小的体形颇不相称。这种歌声必然非常耗费体力，甚至还有雄鹪鹩唱歌唱到力竭而死的记录。成功的雄鹪鹩，领地里不止一只雌鸟，就像巧织雀一样。在这么竞争的潮流里，我们也许应该预期正回馈反应能够持续下去。雄鹪鹩的短尾巴会是缩短尾巴的演化趋势失控之后的产物吗？

且把鹪鹩搁下。雄孔雀、雄巧织雀、雄天堂鸟的尾巴，炫目而铺张，极有可能是由正回馈驱动的演化趋势，盘旋而上，终于"爆炸"的结果。费希尔与步武前贤的现代学者已经论证过这个过程的可能机制。但是"失控的演化过程"只是性择的特色吗？其他类型的演化也可以找到可信的类似例子吗？我认为这个问题值得追问，不只出于学究的兴趣，而是因为人类演化的一些面相似乎就是"爆炸"过程的产物，特别是我们的大脑，过去三四百万年间就膨胀了3倍，速率实在太快了。有人认为这是性择的结果；大的脑子是吸引异性的性征，或者拥有大的脑子才能表现一些吸引异性的本事，例如记住复杂冗长的求偶舞步。但是脑量也可能受其他种类的选择力量影响才"爆发"的，与性择的结果类似，但是机制不同。我认为可以与性择结果模拟的例子，最好分为两类，一是弱模拟，一是强模拟。

弱模拟的意思如下。任何演化过程，只要一个步骤的终点产物是下一演化步骤的起点，整个过程就有可能以"进步"来描述，有时甚至要用"爆发"来形容。其实我们在上一章已经讨论过这个概念了，"军备竞赛"就是这样进行的。猎食者的身体设计，每一个演化改进都会改变猎物受到的压力，猎物必须与时俱进，才能逃过劫数。于是猎食者就受到新的演化压力，非得"进化"不可，如此这般，我们就观察到不断盘升的演化趋势了。我们也知道，猎食动物与猎物最后不一定能提升成功率，因为对方也在与时俱进。尽管如此，猎食动物与猎物仍然在装备上越来越精进。与性择比较起来，这就是弱模拟。至于强模拟，就必须着眼于费希尔/兰德理论的核心——"绿胡须效应"。简单地说，使雌性偏爱某个特征的基因，使她们自然而然地就会选择自己的复本，而且选中的概率很高，这个过程本来就有容易"爆发"的趋势。除了性择之外，其他的演化情境中是否有类似绿胡须效应的现象，目前并不清楚。

我觉得类似性择导致的爆发演化，在人类文化的演化史上比较容易找到模拟。因为在文化史上，随性的选择也扮演重要的角色，而这种选择也许受制于时尚或多数法则。我要再提醒读者一遍，本章开头的警告务必要放在心上。要是我们对字词非常在意、挑剔，坚持"正名"的话，"文化演化"的确不是演化。但是它们相似的程度，也许足以让我们做一些原则的比较。不过在比较之前，我们绝不可轻忽两者间的差异。不如先将它们的差异说清楚，再回到"爆发性的演化盘升"这个议题吧。

经常有人指出，人类历史有许多面相似乎都有点儿类似演化的味道。也真是，傻瓜都看得出来。要是你针对人类生活的某一面相定时采样（例如科学知识的发展情况、流行音乐、时装、车，每 10 年或 1 世纪采样一次），就会发现"趋势"。要是我们有三个不同的样本，是分别在甲、乙、丙三个不同的时间采集的，要是乙标本的测量值介于甲、丙标本测量值的中间，就可以说那三个标本代表了一股趋势。每个人都会同意文明生活的许多面相都有这个特征（趋势），尽管有例外。无可否认地，趋势的方向有时会逆转（例如女性裙子的长度），但是基因的演化也一样。

许多趋势可以用"改进"来形容，特别是有用的技术（相对于无聊的时尚而言），用不着在价值判断的议题上往复辩论。举例来说，方便人类在世上活动的工具，过去两百年间持续而稳定地改进了，从马车到蒸汽动力车到今日的超音速喷气式飞机，从未逆转。我使用"改进"这个词，并不含价值判断。出行工具是改进了，但是我没有说每个人都同意生活质量因而提升了；起码我就不那么肯定。另一方面，根据流行的看法，大量生产成为主流制造模式之后，机器代替了巧匠，工艺水平就下降了。我也无意否认。但是光从运输的角度观察运输工具，历史趋势彰彰在目、无可推诿，就是不断改进，即使那只不过是速度的改进。同样，我认为要是扩音器根本没有发明过，这个世界会更适合居住，可是高传真扩音器机的质量，要是每 10 年或几年测验一次，也可以发现改进的趋势，即使你有时同意我对扩音器与世界的关系的看法。这不是会变化的口味，而是个客观的、可以测量的事实：复制声音的传真程度，现在比 1970 年高，1970 年又比 1940 年高。现代电视机复制影像的质量比早期的电视机高明，毫无疑问（但是电视节目的质量就难说了）。战场上使用的杀人机器，也表现出惊人的改进趋势，杀人的数量与速度简直日新月异。至于"这不能算进步"的异议，那是用不着说的，这里就打住了。

以狭隘的技术意义而论，东西都变得越来越好，毫无疑问。但是这只限于有用的技术产品，例如飞机与计算机。人类生活还有许多其他的面相，我们可以观察到趋势，却不易看出其中有什么"改进"的方向。语言会演化，因为语言会变迁，会分化，分化后过了几百年，它就越来越难相互了解了。太平洋上有无数岛屿，是研究语言演化的绝佳田野。不同岛屿上的语言，彼此相似，十分明显，它们的差异光用不同单字的数量来衡量就成了，我们第十章要讨论的分子分类学方法，与这个方法非常类似。语言间的差异，要是以分化的单字数量来衡量，再加上岛屿距离的数据（以海里为单位），结果可以画出一条曲线来，它的精确数学形状可以透露语言在岛屿间扩散的速率。单字随着独木舟在大洋上旅行，"跳岛"事件发生的频率与岛屿间的分离程度成正比。在任何一个岛上，单字以稳定的速率变迁，就像基因偶尔会突变，机制非常相似。任何一个岛屿，要是完全孤绝，岛上的语言就会发生某种演化变迁，于是和其他岛屿上的语言逐渐歧异。距离近的岛屿，单字（借独木舟之便）交流的速率较高。它们有个比较接近现在的共同祖先语。距离遥远的岛屿则不然。这些现象可以解释我们观察到的近岛、远岛相似模式，与加拉帕戈斯群岛上达尔文雀的数据可以模拟（当年达尔文就深受达尔文雀的启发）。基因（借着鸟的身体）"跳岛"，就像单字跳岛一样。

所以语言会演化。但是，虽然现代英语是从乔叟（Chaucer，1343—1400）时代的英语演化来的，我想没有多少人敢说现代英语是乔叟英语的改良品。我们谈到语言的时候，通常很少想到什么改进、质量之类的概念。果真想到了，我们往往把语言变迁视为恶化或退化。我们会认为早期的用法才是正确的，最近的变迁是讹误。但是我们仍然可以侦测到类似演化"改进"的趋势，这里"改进"一词是不带价值判断的抽象描述。我们甚至可以发现正回馈的证据——就是词意的不断升级（若从另一端来观察，倒是退化）。

举例来说，过去只有极为出色的电影演员称得上"影星"。后来"影星"的词意退化了，任何担任过影片主角的普通演员都算。因此，为了再度凸显"影星"的原意，"影星"这个词就升级成"明星"了。后来，影片公司的宣传人员开始把名不见经传的演员都封为"明星"，因此"明星"的原意再度升级，成为"巨星"。现在电影的宣传数据中又出现了一些至少我没听过的"巨星"名字，因此也许"巨星"的原意又得再升级一次了。搞不好我们很快就会听说"超级巨星"了？同样的止回馈也发生在"主厨"（chef）这个词上。这个词源自法文，本意是厨房的首脑。因此每个厨房应该只有一位主厨。但是一般的厨子，甚至做汉堡的年轻人，也许是为了满足自己的尊严，都开始自称主厨了。结果现在常常会听到"主任主厨"（head chef）这样意义冗赘的词。

但是，即使这些都可以和性择模拟，它们最多只能是弱模拟。为了找到强模拟的例子，现在我要直接进入最有希望找到它们的领域，就是流行音乐唱片界。要是你聆听流行音乐迷的讨论，或打开收音机收听热门音乐节目，你就会发现一件非常有意思的事。艺术批评的其他类型多少会表现出对某些艺术面相的执着，像是表演风格或技巧啦，情绪、感情冲击啦，艺术形式的质量与特质等等。可是流行音乐次文化几乎完全沉浸在"流行"里。一张唱片最重要的不是灌录的声音怎么样，而是有多少人买了它。整个次文化只关心唱片排行榜上的名次，叫作"二十大"或"四十大"什么的，上榜与否以及名次，凭的只是销售量。对于一张唱片，真正重要的是它在"二十大"上的排名。只要你肯动点儿脑筋，就会发现这是一个非常奇特的事实；也是个非常有趣的事实，但是你得想到费希尔的失控演化理论。广播节目主持人很少只提一张唱片的最新排行名次，通常他会同时告诉我们它在上周的名次，这大概也是有意义的。根据那个资料，听众不只知道了唱片目前的流行程度，还能评估流行程度的变化方向与速率。

许多人买唱片，只不过是因为已经有更多的人买了那张唱片，或者可能去买，看来是事实。最让人瞩目的证据是：我们已经知道，唱片公司会派人到指标唱片行去大量购买自家的唱片，目的在拉抬买气，只要拉升到它们差不多能够自行"起飞"的地步就可以了。（这并不难，因为"二十大"排行榜是根据一个很小的唱片行样本计算出来的。要是你知道样本里的唱片行是哪些，根本不需要买太多唱片就可以有效影响全国销售量的估计数字。此外，我们也知道这些指标唱片行的员工有过受贿的记录。）

"流行只为流行而流行"的现象在出版界、妇女时装界、广告界也很显著，只不过没有流行音乐界那么明显罢了。广告人员推销一个产品的最佳说辞，一定包括"这可是最畅销的"。畅销书排行榜每个星期都公布一次，一本书只要挤入榜上，销售量就会进一步提升，只因为它已上榜。出版商形容一本书的销售量已经"起飞了"，有科学素养的出版商甚至会说"已经达到起飞的'临界质量'"。原来他们以原子弹做模拟。铀235只要没有大量聚集，就十分稳定。这就是临界质量的意义，质量一旦超过这个规模，就能进行连锁反应——一发不可收拾的失控过程——造成毁灭性的后果。一颗原子弹里，有两块铀235，每一块都小于临界质量。原子弹一引爆，两块铀235就会挤成一块，于是临界质量超过了，一个中型城市的末日也到了。一本书的销售到达"临界量"后，各种形式的口碑（如"每周一书"、"每月推荐书"之类的）就会使销量以失控的形式突然起飞。于是销量突然暴涨，达到临界量之前的数字瞠乎其后，尽管销量最后不可避免地平复，甚至滑落，但是在那个阶段之前，销量的增长率也许有一段期间是以几何级数呈现的。

这些现象的运作原理不难理解。基本上，我们不过是多了几个正回馈的例子罢了。一本书甚至一张流行音乐唱片的真正质量对销量的影响当然不可小觑，但是任何情境只要正回馈反应有发生的潜力，不特定的偶然因素必然会有强大的影响力，因此哪一本书或哪一张唱片缔造了销量佳绩，而其他的却失败了，往往是非战之罪。要是临界质量与"起飞点"是成功的关键，那么运气必然扮演重要的角色，而了解这个系统的人也有很大的操控空间。举例来说，砸下大钱宣传一本新书或新唱片，将销量推升到"起飞点"，是值得的，因为之后你就不需要花那么多钱促销了：正回馈反应会接手，为你搞宣传。

根据费希尔/兰德的理论，正回馈反应与性择有共通之处，但是也有相异之处。偏爱长尾雄孔雀的雌孔雀受天择青睐，只因为其他的雌性也有同样的口味。雌性中意的雄性质量究竟有什么价值，没关系也不相干。这样看来，流行音乐迷抢购某一唱片只因为那张唱片已跻身"二十大"排行榜，其实与雌孔雀无异。但是这两个例子里的正回馈反应，发生的机制不同。于是我们又回到了本章的开头处，我警告过读者，模拟（比喻）很有用，但必须适可而止。

第九章

疾变？渐变？

根据旧约《出埃及记》，以色列子民花了40年才越过西奈沙漠，抵达上帝应许之地。其实那只不过是300多公里的距离。因此他们一天平均只前进了7米多，或每小时30厘米；就算一小时90厘米好了，让他们夜里休息吧。无论我们怎么算，那都是个极为缓慢的平均速度；我们习惯以蜗牛做迟缓的典范，可是根据吉尼斯世界纪录，有一只蜗牛每小时前进了16.5厘米，真了不起。但是，我想没有人会相信平均速度代表实际的行进方式，就是持续不断地等速前进。用不着说，以色列人实际上走走停停，也许在好几个地方都停驻过很长一段时间再继续前进。也许他们有许多人都不清楚他们正朝着某个特定方向前进，他们只是像沙漠牧民一样，循曲折的路径缓缓从一个绿洲走向另一个绿洲。我再强调一次，没有人相信平均速度代表持续不断地等速前进。

但是，假定现在有两位年轻善辩的历史学者突然现身。他们告诉我们圣经历史一直都由"渐进"学派把持。他们说"渐进"

学派的史家都相信以色列人当年每天只前进7米；他们每天早上都收拾帐篷，朝东北缓行7米，再停下扎营。这两位年轻人说，唯一可以替代"渐进"论的，就是强调动态前进模式的新学说："疾变"论。根据激进的"疾变"派年轻人，当年以色列人大部分时间哪儿都没去，他们在一地搭了帐篷，往往一住经年。然后他们再开拔，很快到达新营地，再住个几年。他们前往应许之地的旅程，不是缓慢而持续的行进，而是走走停停：在长期停滞的背景中穿插了短暂的疾走期。此外，他们疾走行进时并不总是朝向应许之地前进，而是没有固定方向，几乎是任意的。只有以后见之明着眼于大历史模式，我们才能看出朝向应许之地的趋势。

这就是让"疾变"派史家成为媒体明星的说辞。他们的相片、画像上了大量流通的新闻杂志封面。任何涉及圣经历史的电视节目都不能不访问"疾变"派的领袖人物，一位都好。对《圣经》研究外行的人只记得一件事："疾变"派突然现身之前，是个人人都没搞对的黑暗时代。请读者留意，"疾变"派的新闻价值与"他们可能搞对了"无关。关键在：他们指控先前的权威是"渐变"派，因此都错了。那么多人听信"疾变"派，只因为他们将自己装扮成革命者，而不是因为他们搞对了。

这个"疾变"派圣经史学的故事当然不是真的。它只是个寓言，影射关于生物演化的一场所谓"争论"。从某些面相来说，这个寓言并不公平，但是它也不是完全不公平，其中有足够的实情，适合拿来作为本章的开场。在演化生物学家中，有一个广受宣传的学派，学派中人自称"疾变分子"，他们的确发明了一顶"渐变分子"的帽子，戴在这个圈子里的大佬头上。大众对演化几乎一无所知，可是他们出尽风头，主要因为他们的立场被刻画成激进的，与前辈演化学者不同，尤其是达尔文。这个立场多半是二手传播人（记者）制造的，他们本人倒小心一些。到目前为止，我的圣经史学寓言还很公平。

这个影射不公平的地方，就是：在我的寓言中"渐变"派分明是"疾变"派捏造出来的稻草人，根本不存在。演化生物学的"渐变"派也不存在，只是个稻草人，却不那么容易看出来。我们得证明那也是个事实。达尔文与许多其他演化学者的话，可以解释成"渐变观"的产物，但是我们必须了解，"渐变分子"这个词有许多解释方式，因此可以指涉不同的东西。现在我就要为"渐变分子"下个定义，管叫每个人都成了"渐变分子"。演化生物学不像《出埃及记》的寓言，的确暗藏着真正的争论，但是那个真正的争论只涉及无关紧要的细节，媒体那么大惊小怪实在没什么道理。

在演化生物学界，"疾变"观源自古生物学。古生物学是研究化石的学问，在生物学里是非常重要的一个分支，因为生物的演化祖先早就灭绝了，化石是它们存在过的直接证据。要是想知道我们的演化祖先长得什么样子，化石是主要的希望。我们不知道动物死后有多少会变成化石，但是毫无疑问数量不多。即便如此，不管少到什么程度，化石记录总有一些东西任何演化学者都预期是真的。人们搞清楚了化石是什么之后，任何解释生物演化的理论都对化石记录有些预期。（过去的学者认为"化石"是魔鬼的造物，或是不幸死于诺亚洪水的罪人遗骸。）至于那些预期究竟是什么，学界讨论过，有些正是疾变派论证的焦点。

我们会找到化石，实在幸运。动物的骨骼、壳以及其他硬质部分，在腐烂之前偶尔会留下印痕，于是成了印模，将后来的岩质塑成永恒的动物纪念品。这个地质学事实，不知得多大的运气才能促成。我们不知道动物死后有多少会留下化石，但是比例一定很小，毋庸置疑。（我个人认为变成化石是莫大的荣耀。）尽管如此，无论化石记录是否足以反映生命史的细节，可是大关大节任何演化学者都会觉得毋庸置疑。举例来说，要是我们发现古人类化石出现在哺乳类演化之前的地层中，一定会惊疑不置。要是在5亿年前的地层中发现了一个哺乳类头骨，而且专家证实了，我们的演化理论就会彻底崩溃。对了，顺便说一下，读者想必听说过"整套演化论都是'无法否证'的同义反复语（tautology）"吧？其实都是创造论者和他们的同路人散布的，前面所说的就足以反驳这个谰言了。讽刺的是，美国得州出土恐龙化石的地层上发现了人类脚印的消息，令创造论者欣喜若狂，也是为了同样的理由。只不过那些脚印是在经济大萧条时期伪造来招徕观光客用的。

言归正传。要是我们拿出真正的化石，将它们从最古老的到最年轻的排成一行，根据演化论，那一列化石应透露出某种"秩序"，而不会是杂乱无章的。就本章的主旨而言，更确切的说法是：不同的演化论（例如渐变论与疾变论）也许会预期化石序列透露不同种类的模式。这类预期只有在决定化石年代的问题解决了之后才能测验（即使无法确定化石的绝对年代，相对年代也成）。确定化石年代所涉及的问题，以及解决方案，我们得花点篇幅讨论，才好解释本章的主旨。第一个问题，尤其要请读者耐心地读下去，最后一定会明白我的用意的。

我们早就知道排列化石的方式，按它们的出土层位排就成了。后入土的化石会沉积到先入土的化石上面，而不会在下面，因此在地层中它们位于接近现代的岩层中，压叠在古老的化石层之上。偶尔火山爆发、地震引起的地质变动会翻转岩层，化石在地层中的顺序因而颠倒；但是这很少见，因此很容易看出实情。即使在一个地区的岩层中很少找到完整的生命史记录，以不同地区的地层拼凑连缀，也能重建一部大致完整的记录。事实上，古生物学家很少真正以挖掘地层的方式取得化石；他们往往在各岩层露头处采集化石。河川冲蚀就能切割地壳，将各岩层暴露出来。古生物学者早在绝对年代定年法发展出来之前，就已经建立了相当可靠的地质年代表，对于某个特定地质时代的前后是哪一个，知道得极为详细。有些种类的贝壳是岩层年代的可靠指标，甚至连石油探勘业都采用了。不过，它们只能透露岩层之间的相对年龄，至于绝对年龄，就是另一回事了。

20 世纪中，由于物理学的新发展，测定绝对年代的方法因而诞生。现在我们可以测定地层的年代了，使用的标尺以百万年为单位，化石生物的生存年代因此大白于天下。"放射性元素会以固定速率衰变"是这些方法的基本原理。那就好像岩层中埋藏了制作得极为精确的秒表。每一只秒表一埋下就启动了。古生物学家所要做的，只是将它挖出，读出指针指示的数字。使用不同放射性元素的秒表，以不同的速率计时。碳14秒表以极高的速度计时，由于速度太高了，不过几千年发条就几乎松掉，于是秒表就不准了。涉及历史时期的考证问题，以有机物（含碳化合物）测定年代，颇为适合，因为那只不过是几百年或几千年的事，但是演化年表动辄以百万年为单位，碳14定年法就派不上用场了。[1]

---

[1] 碳14的半衰期约为5 600年。——译者注

　　建立演化年表得使用其他种类的秒表，例如钾-氩秒表。钾-氩秒表上的指针走得非常缓慢，不适合测定历史考古学的标本。[1]那会像是用手表上的时针测量短跑远手的速度。另一方面，像演化这样的超级马拉松，正需要钾-氩马表之类的秒表。其他的放射性元素秒表，例如铷—锶"表"、铀—钍—铅"表"，各有各的计时速度。[2]现在读者想必已经明白了，古生物学者对于化石生物的生存年代，通常都能说出个大概的时间，当然，他们使用的计时单位，是"百万年"。我们讨论岩层/化石的定年法与年表，是因为我们想知道不同种类的演化论（疾变论、渐变论等等）对于化石记录的期待有什么不同，读者还记得吧？现在我们就讨论那些不同的期待吧。

　　首先，假定大自然对古生物学家好得不得了，每一种在地球上生存过的动物都留下了一个化石。（那有多少工作得做呀？也许你会因此认为大自然是在消遣他们!）要是我们真有机会观察这么一个完整的化石记录，所有化石都仔细地按时代顺序排列出来了，我们这些研究演化的学者应该期待看见什么呢？要是我们是"渐变论者"的话，我们应该期望的会是这样的。（还记得《出埃及记》寓言中用过的"渐进"意义吗?）化石序列会呈现出平稳的演化趋势，而且变化率是固定的。换言之，要是我们有三个化石，甲、乙、丙，甲是乙的祖先，乙又是丙的祖先，我们会期待乙的形态会介于甲与丙之间，而且与演化时间有比例关系。举例来说，要是甲有一条腿长 50 厘米，丙的腿长是 100 厘米，乙的腿长会介

───────────────

[1] 钾40 的半衰期约为 13 亿年。——译者注

[2] 铷87 的半衰期约为 470 亿年；铀235 的半衰期约为 7.13 亿年。——译者注

于甲、丙之间，实际的长度与从甲演化到乙的时间成比例。

　　要是我们将寓言版的渐变论推演到它的逻辑结论，就像我们计算过，以色列人的平均速度是每天7米，我们也可以计算从甲演化到丙这段期间腿长的平均演化速度。要是甲生活在丙之前2 000万年，腿长的演化速度就是100万年增加2.5厘米。现在假定我们找到一位寓言版的渐变论者，他相信腿就是这样缓慢而稳定地逐代演化的，要是一代是四年的话，一代就会增加万分之0.1厘米。这位渐变论者还相信，在那几百万个世代中，腿长比平均长度长的个体，享有的生存/生殖优势比腿长只达平均长度的个体大。相信这个与相信以色列人以每天7米的速度穿越沙漠，是一样的。

　　即使已知最快速的演化变化事件也可以用同样的观点说明。例如人类脑量的演化，从类似南方猿人的祖先类型（约500毫升）到现代智人（平均约1 400毫升），增加了900毫升，不过花了300万年。以演化的尺度而言，这是非常高的变化率：大脑像个气球一样地膨胀起来了，而且从某些角度看去，现代人的头骨的确像个鼓胀的圆球，而南方猿人的头骨比较扁，额头又朝后低斜。但是，要是我们把这300万年经历的世代全加起来，假定一世纪4个世代好了，平均演化率每一世代不到1%毫升。这位渐变论者应该会相信演化是缓慢而稳定的世代变化，儿子的脑子总比老子大1%毫升。想来每个世代多出的这1%毫升脑量，都与生存有莫大的干系。

　　但是现代人的脑容量有个分布范围，比较起来那1%毫升根本微不足道。以法国作家法朗士（Anatole France, 1844—1924）来说吧，他的脑容量不到1 000毫升，却不是个傻帽儿，他是1921年诺贝尔文学奖得主呢。另一方面，还有人脑容量达2 000毫升呢，常有人说克伦威尔（Oliver Cromwell, 1599—1658）就是一个例子，但是我不知道是真是假。法朗士与克伦威尔的脑容量相差1 000毫升，是1%毫升的10万倍，我们的渐变论者却相信那1%毫升是生殖成就的关键，不是很可笑吗？好在这样的渐变论者从来没有存在过。

好吧，没有人坚持过这样的渐变论，他们只是疾变论者攻击的风车，可是世上究竟有没有算得上渐变论者的人，而且他们的渐变论站得住脚？答案是"有"，我会提出证据，事实上所有明理的演化学者都信仰这种渐变论，即使是所谓的疾变论者，要是你仔细审视他们的信念，发现他们也是其中的一分子。但是我们必须弄明白为什么疾变论者会认为他们的观点具有革命性，并令人兴奋。讨论这些问题的起点是化石记录上观察得到的"鸿沟"，现在就让我们看看那些鸿沟吧。

从达尔文起，演化学者就知道要是把所有已发现的化石按时间先后排序，绝不会组成一个平稳的渐变序列。在这个序列中，我们可以看出长时期的变化趋势，例如腿不断地增长，头骨形态越来越圆滚滚，等等。但是化石记录中的趋势，变化模式通常很颠簸，并不平稳。达尔文与大多数追随他的人，都假定那主要是因为我们拥有的化石记录并不完整。达尔文相信要是我们真的掌握了完整的化石记录，一定会发现变化模式是平稳的，而不颠簸，邻近化石间的变化几乎难以察觉。但是生物死后留下化石的概率不高，即使留下了化石，学者会不会发现又是另一个问题，因此我们拥有的化石记录，就像一部影像格子大部分都失落了的电影胶卷。要是放映这部化石影片，我们可以看到算是动作的影像，但是会极为"颠簸"，卓别林的片子都不致如此，因为即使是最老旧的卓别林电影胶卷，也不至于90%的影像格子都丢了。

1972年，美国年轻古生物学家埃尔德雷奇（Niles Eldredge，1943—　）与古尔德提出"疾变平衡"（punctuated equilibrium）论，从我在上一段铺陈的事实中搞出完全不同的意义。他们指出化石记录实际上也许不像我们过去相信的那样不完整。我们认为化石记录"不完整"，尽管令人烦恼，却无可避免，而他俩却说，"鸿沟"云云，也许反映的是事情的真相。他们提议，演化也许真的在某个意义来说是走走停停的，某一生物世系在很长一段期间里毫无变化（即所谓的"平衡"，又称"静滞期"），然后突然发生急遽的变化（疾变），再回复长期的"平衡"（静滞）。

在讨论他们所想象的那种"疾变"之前，我们得先厘清"疾变"的意义，有些一定不是他们想表达的意思，可是却成为严重误解的源头。化石记录中有些非常重要的"鸿沟"，埃尔德雷奇与古尔德都会同意那是记录不完整的结果，而不是实情。那些"鸿沟"也非常巨大。例如寒武纪的岩层，6亿年前开始沉积，大多数主要的无脊椎动物群，最古老的化石都可以在那个岩层里找到。可是它们有许多在化石记录上一出场就已是一副先进的模样，而不是处于演化的原始阶段。它们好像凭空出现，根本没有演化史。用不着说，它们凭空出现的事实让创造论者欣喜异常。不过，所有演化学者，不分派别，都同意那只代表化石记录上有个非常大的"鸿沟"，那个"鸿沟"只不过反映了一个事实，就是"6亿年以前的生物，为了某个原因，很少有化石流传"。一个可信的理由也许是：那些古老的生物许多都只有软组织，没有壳，没有骨骼，因此不容易形成化石。创造论者也许会认为这只是诡辩。我只是想申明，像这一类的化石"鸿沟"，渐变论者与疾变论者的解释不会有任何差异。这两派学者都同意，这种化石"鸿沟"是真的，只反映了"化石记录不完整"的事实。他们都同意寒武纪大爆发的现象（许多复杂的动物类型突然出现），要不是化石记录不完整造成的印象，只能解释为上帝创造行动的结果，可是他们都不赞成上帝创造说。

"疾变"另外还有一个意思，用那个意思来说"演化以疾变的模式进行"也许也成，但是埃尔德雷奇与古尔德可不是那个意思（至少"疾变"在他们大部分著作中都不是那个意思）。搞不好化石记录中有些"鸿沟"真的是一个世代就完成的变化，这不是不能想象的。搞不好一个世代就跨出了演化的一个大步，真的没有中间类型。因此子女与父母的差异实在太大，必须分类成不同的物种。它们突变了，可是那种突变必须贴上"剧变"（macromutation）的标签，与寻常的"微变"分别开来。以"剧变"为基础的演化理论叫作"跃进论"（saltation theory）。由于"疾变平衡"论常与真正的"跃进论"纠缠不清，因此我们得好好讨论"跃进"，并说明"跃进"不可能在演化史上扮演重要角色的理由。

毫无疑问，"剧变"（会导致重大后果的突变）的确会发生。问题不在于它们会不会发生，而在于它们是否在演化中扮演一个角色。换句话说，我们要讨论的问题是："剧变"会不会进入一个物种的基因库？或者它们一定会被天择淘汰？果蝇的"触足"（antennapaedia）就是一个有名的"剧变"例子。正常果蝇的触角与脚有相似之处，发育过程也类似。但是它们的差异也很大，虽然都是身体的附肢，功能却不同：脚是走路用的，触角是感觉器官。长了"触足"的果蝇是怪胎，它们的触角发育成了脚。或者，换个方式说，它们是没有触角的果蝇，但是它们多了一双腿，长在应该长触角的地方。这是因为它们的染色体在复制过程中出了一个差错，所以是真正的突变。在实验室里，许多人将它们当宠物，刻意培育"触足"纯系，因此它们活得下来，有繁殖的机会。但是在野外，它们不可能活得长久，因为它们行动笨拙，重要的感官又失灵。

所以喽，"剧变"的确会发生。但是它们在演化中扮演过什么角色吗？被叫作跃进论者的演化学者，相信"剧变"是生物在一代之内即完成重大演化突破的机会。第四章提过的戈尔德施密特就是一个真正的跃进论者。如果跃进论是实情，那么化石记录上的鸿沟就不是鸿沟了。举例来说，跃进论者也许会相信头骨从南方猿人型演化成智人型，只需要一个基因"剧变"，一代就可以完成。这两个物种的头骨，形态上有差异，但是比起正常果蝇与"触足"果蝇的差异，也许小多了，因此南猿父母生下智人小孩理论上不是不能想象的事。（智人小孩也许会被当作怪胎，遭到放逐，或迫害，谁知道？）

所有这类跃进演化论都不可信，理由有好几个。一个没什么意思的理由是：果真新物种只要一个突变就形成了，这个新物种的成员到哪里去找配偶？另外还有两个比较重要又有趣的理由，我在第三章结尾处约略提过（讨论"生物形国度"中不容许随机跳跃）。第一个是伟大的生物统计学家费希尔提出的。（他是上一章的主角，记得吗？）当年跃进论非常流行，可是费希尔坚决反对任何形式的跃进论，他使用了如下的比喻。他说，要是有一台显微镜，目前的焦距几乎刚好，可以调整，等到焦点对上了，就能看见清晰的影像。要是我们随意旋转焦距旋钮，改善影像质量的概率有多大？费希尔说：

用不着多说，任何大动作都不大可能改进焦点，但是比旋钮上最小刻度还要小得多的微幅调整，应当会使改善的机会接近1/2。

我在上一章说过，费希尔认为"很容易看出"的事，寻常的科学家得绞尽脑汁，这里费希尔觉得"用不着多说"的事也一样。不过，后人总是证明费希尔的睿见都十分正确。好在这段引文我们不怎么费力就能证明了。我说过这台显微镜目前的焦距几乎刚好，还记得吧？假定物镜对正焦距后比目前的位置稍高一些，也就是物镜太过接近载玻片了，大概近了 1/4 厘米。现在要是我们旋转旋钮，一次只转 1/40 厘米，任选一方向，改善影像的概率会是多少？要是我们恰巧将物镜下移了些，影像会更模糊；要是物镜恰巧提升了呢？影像就会清楚些！由于我们调整旋钮，不是向前就是向后，因此导致影像更清晰或更模糊的概率相等，就是1/2。以有待调整的偏差为准，实际调整的幅度越小，改善的概率越接近1/2。"费希尔说法"的后半部分就这么证明了。

现在来讨论"费希尔说法"的前半部分吧。要是我们每次都大幅度移动物镜的距离（相当于基因"剧变"），不管它上升或下移；就说一次移动2厘米好了，结果会怎么样？答案是：更坏；不管物镜上升或下移，影像失焦的程度都比调整前更严重。要是物镜下移，失焦距离就是 $2\frac{1}{4}$ 厘米了。（搞不好会戳破载玻片！）要是上升2厘米，就会与理想焦距相差 $1\frac{3}{4}$ 厘米（原先只差 1/4 厘米）。总之，"剧变"式的调整都不是件好事。"剧变"与"微调"（微突变）我们都计算过了，我们当然也可以在它们之间任取一个中间数值继续做同样的计算，但是那样做没什么意思。只要大家能欣赏费希尔的睿见，也就够了：调整幅度越小，改善概率越接近 1/2；调整幅度越大，改善概率越接近 0。

想来读者已经注意到这个论证成立的关键在于初始假设：在进行随机调整之前，这个显微镜的物镜已经处于接近理想焦点的状况。要是显微镜的焦距一开始就偏差了 4 厘米，一次调整 2 厘米，改善的概率可达 1/2，与一次调整 0.02 厘米的改善概率完全一样。于是"剧变"反而比"微调"有利，因为可以迅速地将显微镜调整到接近理想的状态。不过，以这个例子来说，要是调整幅度一次就高达十几厘米的话，费希尔的论证仍然有效。

那么费希尔为什么会假定显微镜在调整之前物镜的焦距就已经接近完美了？这个假设源自显微镜在费希尔的比喻中扮演的角色。调整过的显微镜代表一个突变的动物。调整前的显微镜代表它的父母，就是体内没有突变基因的正常动物个体。同样，调整前的显微镜，焦距不可能偏差太多，否则它代表的动物根本活不了。这只是个比喻，因此我们没有必要争论"偏差太多"究竟指 1厘米？1/10 厘米？还是 1/1 000 厘米？我想捻出的论点只是：要是以后果来衡量突变，突变可以分成许多不同的等级，从微不足道到"剧变"到"超剧变"，在后果逐渐增大的方向上，一定有一个所得与所失的平衡点，过了这一点，突变后果越大，利益越小；另一方面，在后果递减的方向上，也可以发现一个平衡点，指出突变造成有利后果的概率超过 1/2 了。

于是果蝇"触足"之类的"剧变"是否会有利（或至少不必有害）的问题（要是有利，"剧变"就是演化的驱力），因此变成对于"剧变"本身的评估——我们讨论的特定突变，究竟是哪个等级的突变？突变后果的规模越大，越可能有害，越不可能在物种演化史上扮演任何角色。事实上，遗传学实验室里研究过的所有突变，几乎都对个体有害。（想来也是，要是那些突变都微不足道，怎么可能引起遗传学家的注意？）有意思的是，有人居然认为这可以用来当作否定达尔文理论的论据。总之，费希尔以显微镜做的论证，使我们有理由怀疑演化的"跃进"理论，至少那些极端的说法都不可信。

不相信演化过程有真正的"跃进"，另一个理由也是源自统计学的论证，它也涉及突变后果的"大小"。这次我们要从演化变化的复杂程度下手。我们感兴趣的许多变化，都是在设计的复杂程度上发生了"进化"（当然，并不是所有的演化现象都是这一种）。我们讨论过的眼睛，是个极端的例子，用来演示我的论点再适合不过。像我们一样有眼睛的动物，是从没有眼睛的祖先演化来的。极端的跃进论者搞不好会认为眼睛是一个突变就无中生有了。换言之，当初父母亲都没有眼睛，后来长了眼睛的地方仍是皮肤。它们生了个怪胎，有一对不折不扣的眼睛，有透镜（调整焦距），有虹膜（调整瞳孔），有布满感光细胞的视网膜，感光细胞的神经纤维都正确地深入中枢神经系统，创造双眼互补、立体、彩色的视觉世界。

在生物形模型中（第三章），我们假定这种一次涉及多维度的改善事例不可能发生。这是个合理的假定，我愿意再重复一下我的理由：无中生有地制造一个眼睛，你一次就得完成许多项改进，而不是一项。而那些必须完成的项目，虽然不能说每一项都不可能，也得说简直等于不可能。必须同时完成的项目越多，它们就越不可能同时完成。它们同时完成的巧合，等于在生物形国度中做长距跳跃，而且落脚处恰巧是事先规划的那个定点。要是我们设想的演化事件涉及大量的改进项目，它们同时完成的概率即使不等于0，在现实世界里也无异于不可能。这个论证应该够清楚了，但是，要是我们将想象中的"剧变"型突变分为两类，也许更能帮助读者了解本章的主旨。那两类"剧变"，以上述基于"复杂"的论证来检讨，似乎都过不了关，但是事实上，过不了关的只是其中之一。我给那两类都取了名字，分别叫它们"波音747"与"广体DC8"，请读下去，你就知道我的理由了。

通不过上述"复杂论证"的检验的，是"波音747"型突变。这个名字源自英国剑桥大学天文物理学家霍伊尔的著名论证，用来驳斥天择理论的，却反映出他对天择理论的误解。他认为天择不可能是演化的驱动力量，因为那就好像一场台风刮过一个堆放零件的地方，结果居然组成了一架波音747飞机。我们在第一章讨论过，以这个比喻讨论天择毫无道理，但是用来比喻某些种类的突变，就很恰当了，因为有人认为那些突变可以导致演化。一点儿不错，霍伊尔最根本的错误就是：他误以为得有那些突变，天择才能施其技。（他不知道他误会了。）相信一个突变能凭空成就一个功能齐全的眼睛，的确就像相信一场台风可以刮出一架波音747。现在你明白我把这种突变叫作"波音747"的原因了吧。

至于"广体DC8"型突变，也许表面看来像是"剧变"，但是就复杂程度而言，却没那么了不得。广体DC8是美国道格拉斯公司制造的一种喷气式客机，是从先前的DC8型改良来的。它与DC8很像，但是机身拉长了。至少从一个方面来说，它算是改良型——它可以载运更多旅客。以机身长度的改变而论，也是个很大的变化，算得上"剧变"。更有趣的是，"拉长机身"乍看起来是个复杂的变化。将一架民航客机的机身拉长，不是硬塞入一段机舱就算完工的。无数的管路、电缆、空气管、电线都得拉长。还要安装许多座椅、烟灰盒、阅读灯、12 频道选台器、新鲜空气送气孔。乍看之下，广体 DC8 比 DC8 原型复杂多了。果真如此？答案是："非也非也！"至少可说，广体 DC8 的"新"玩意儿只是"更多的"老玩意儿罢了。第三章讨论过的生物形，经常出现"广体 DC8"型突变。

这与真实动物的突变有什么关系？答案是：有些真实的突变造成的大规模变化，可与 DC8 原型变成广体 DC8 相比，虽然称得上"剧变"，有些却成为建构演化史的素材。举个例子好了，蛇类的脊椎骨数目都比它们的祖先多。即使还没找到蛇类祖先的化石，我们对这一点都很有把握，因为蛇类的脊椎骨数目比它们现在的亲戚都多。此外，蛇类各物种的脊椎骨数目各不相同，可见它们从共同祖先演化出来之后，脊椎骨的数目必然起过变化，而且常常变化。

那么，怎样改变动物的脊椎骨数目呢？绝不只是多塞进一块或几块脊椎骨而已。每一块脊椎骨都附带了神经、血管、肌肉等等，就像客机机舱里每排座椅都得装设坐垫、头靠、耳机插孔、阅读灯，还有电线。一条蛇身体的中段，就像一架客机机舱的中段，是由许多"节"组成的，每一节无论多么复杂，其中许多完全一样。因此，为了增加一节或几节，只要复制一节或几节就成了。制造一节蛇的基因机构相当复杂，是逐步、渐进地经过许多世代演化出来的。但是，既然制造体节的基因机构是现成的，也许一个突变就能再增加一个新体节了。要是我们将基因想象成"控制胚胎发育的指令"，塞入一个新体节的基因指令，也许不过是"这里重复一遍上个步骤"罢了。在我想象中，建造第一架广体 DC8 的指令，多少也有点儿类似。

在蛇的演化史上，脊椎骨的增加以整数为单位，这一点我们很有把握。我们无法想象一条蛇有 26.3 个脊椎骨。不是 26 个，就是 27 个，而且必然发生过孩子比父母至少多 1 块完整脊椎骨的例子。也就是说，多了一整组神经、血管、肌肉等等。从某个角度来看，这是个"剧变"，但只是较弱的"广体 DC8"类型。一个突变蛇崽比父母多了 6 块脊椎骨，要说只是一个突变造成的，不难相信。批驳跃进式演化的"复杂论证"，不适用"广体 DC8"型的"剧变"，因为只要仔细观察变化的性质，就会发现那些变化其实不能算"剧变"。只观察已成年的突变个体，我们很容易以为它们经历过"剧变"。要是我们观察胚胎发育的过程，所谓"剧变"不过是"微变"而已。胚胎发育指令的小变化，在成体身上造成了巨大的后果，令人印象深刻，以为是不得了的变化。果蝇的"触足"以及许多其他的所谓"同源突变"（homeotic mutations）都属于这一类。

我对"剧变"与"跃进演化"的讨论，这里可以告一段落了。我不得不花这么长的篇幅讨论它们，因为"疾变平衡论"经常有人误会就是"跃进演化论"。本章的主题是"疾变平衡论"，它其实与"剧变"、"跃进论"都没有牵连。

埃尔德雷奇、古尔德与其他疾变论者讨论的"鸿沟"，与真正的"演化跃进"毫无关系，不是令创造论者异常兴奋的那种。它们小得多了。还有，埃尔德雷奇与古尔德发表"疾变平衡论"，当初并没有张皇其词，要与传统的达尔文理论打对台。他们只是说，大家都接受的达尔文理论，要是适当地诠释，就可以演绎出他们提出的结论。可是后来他们却自以为是叛逆小子，将"疾变平衡论"大肆炒作成革命性的新理论，可以与达尔文理论分庭抗礼。为了适当地诠释达尔文理论，我不得不再一次暂时逸出主题。这一次我要讨论的是"新物种如何出现"，现代生物学家以"物种形成"（speciation）这个词指涉新物种的形成过程，19世纪的学者用的是"物种原始"（origin of species）。

达尔文对物种原始问题提出的答案，笼统地说就是，每个物种都来自其他物种。此外，他还认为生物的家谱是个分枝的树形图，就是说每个现代物种都可以追溯到一个祖先物种，但是那个祖先物种的现代后裔，不止一个。例如狮子与老虎是不同的现代物种，但是它们源自同一个祖先物种，也许那还是不久前的事。这个祖先物种也许就是那两个现代物种之一，它也可能是第三个物种，或者它已经灭绝了。同样的，我们知道现代的人类与黑猩猩是不同的物种，但是它们几百万年前的祖先是同一个物种。"物种形成"指的就是一个物种变成两个物种的过程，其中一个也许就是那个祖先物种。

学者认为物种形成是个困难的问题，理由如下。一个物种的所有成员，彼此都能交配，繁衍子女，不管这个物种日后会不会变成祖先物种。对许多人来说，这就是物种的定义。因此，"子物种"一旦开始分化，就会因为与祖先物种成员"混血"而功败垂成。我们可以想象，狮子的祖先与老虎的祖先当初若继续交配的话，这两个物种就不能顺利分化了。我无意暗示当初狮子的祖先与老虎的祖先是有意地避免混血才分化成功的。事实很单纯，在演化史上我们观察到物种分化的事实，可是一想到"只要是同一个物种的成员就能够交配"的事实，我们就很难理解它们怎么会分化成功。

我们几乎可以确定，这个问题主要的正确答案，是显而易见的。要是狮子的祖先与老虎的祖先正巧生活在不同的地点，无法交配，混血问题就不存在了。当然，它们不是为了分化成不同的新物种才到不同的大洲去讨生活的，它们没有想到自己会是狮子与老虎的祖先。但是，如果一个祖先物种已经分布到各大洲了，就说是非洲与亚洲好了，在非洲生活的那群会因为与亚洲的无法往来，而不再交配。要是那两大洲上的族群，因为天择或是机运，朝向不同的方向演化，分化就不再受混血的阻碍，它们最后会成为两个不同的新物种。

我以不同的大洲做例子，是为了凸显我的论点，但是地理隔离（阻绝混血）的原则可以应用到生活在沙漠两侧的族群，或是山脉、河流，甚至马路。或者连明显的地理障碍也不需要，只要栖境相去甚远，大家自然不会碰头。西班牙的树鼩无法与蒙古的树鼩交配，即使有一系列能够互相交配的族群分布在它们之间，它们都有分化的潜力。不过，要是我们以大海或山脉等实质障碍来设想，更容易明白地理隔离是物种形成的关键因素。说来大洋中的岛屿链，也许是孕育新物种的绝佳处所。

那么，我们正统新达尔文学派如何回答物种原始问题呢？我们对新物种从祖先物种分化出来的典型过程，想法如下。就从祖先物种开始吧。那是一个很大的族群，分布在一个很大的陆块上，所有成员彼此相似，可以互相交配。任何动物都可以当例子，但是我们继续谈树鼩好了。这块陆地被一条山脉分割成两个部分。山脉峻峭险恶，树鼩不容易翻过，但也不是全然不可能，偶尔还是有一两只到达山的另一侧。它们能在那里繁衍，生养众多，形成族群，与祖先群没有交流。于是两个族群分别繁衍，日子久了，任何突变基因或新奇的基因组合都只在自己的族群中散布、流通，不会流入另一个族群。这些遗传变化有些可能是天择造成的，因为山脉两侧的生存条件也许不同——天气、猎食者、寄生生物等条件，山脉两侧完全相同的概率很低。有些变化也许是偶然因素造成的。无论原因是什么，这些遗传变化都只在各自的族群内（通过交配行为）散布，而不会在族群间交流。就这样，两个族群在遗传上分化了：它们越来越不相似。

过了一段时间，它们变得彼此很不相像，于是自然学者把它们分类成不同的亚种（races）。再过一段时间，它们分化得差异太大了，我们就该将它们当作不同的物种了。现在请想象气候转趋温暖，翻山越岭比过去容易多了，于是一些新物种的成员开始"返乡"，回到祖先的栖所。它们遇见久已失去音讯的表亲后，因为彼此的遗传组成已经分化，交配也徒劳无功。即使交配成功了，生下的子女不是体弱，就是像骡子一样无法生殖。因此与不同物种（甚至亚种）成员"好合"的倾向，会受天择打压。就这样，"生殖隔离"（reproductive isolation）的过程，由山脉阻隔的偶然因素启动，最后由天择收工。原来只有一个物种的地方，现在有两个，它们可以在同一个区域生活，没有杂交之虞。

其实这两个物种不会在一起生活太久。不是因为它们会杂交，而是因为它们会竞争。这是个广为接受的生态学原理，两个物种要是营生相同，不会在一个地方长久地生活在一起，因为它们会彼此竞争，直到其中一个灭绝为止。当然，我们的两个树鼩族群，营生之道也许不再相同；例如新物种在山的那一边演化，也许会发展出捕食不同昆虫猎物的本领。但是两个物种之间若竞争颇激烈，大多数生态学家都会预测，在它们分布交错的地区，有一个物种会灭绝。要是灭绝的是原来的祖先物种，我们会说它被入侵的新物种取代了。

这个（以地理隔离发端的）物种形成理论，被在学界占主流地位的正统新达尔文理论当作基石，各方都视其为新种形成的主要过程（有些人认为还有其他的过程）。它融入现代演化论，主要是著名动物学家迈尔的功劳。疾变论者当初提出他们的理论时，其实问的是这么一个问题：我们与大多数支持新达尔文理论的人一样，接受正统的物种形成理论（以地理隔离始/以天择终），我们感兴趣的是，正统理论果真不错的话，我们应该在化石记录上观察到什么？

记得前面的例子吗？我们假定有一个树鼩族群，在山的那一边分化出了一个新种，最后它们回到祖先的家园，而且很有可能驱使祖先种走上灭绝之道。假定这些树鼩留下了化石；再假定化石记录极为完整，关键演化阶段全都不缺，一点儿缝隙都没有。这些化石会告诉我们什么？从祖先种到新种的逐步变化？当然不是，至少不会在祖先种的栖境，就是新种回到的老家（要是我们只在那里挖掘的话）。请想一想在那块大陆上到底发生了什么。祖先种树鼩在那儿自得地生活、繁衍，没什么理由变化（演化）。没错，它们的表亲在山的那一边积极地演化，但是它们的化石留在山的那一边，我们在山的这一边挖掘，不可能找到。然后，新物种突然回"家"了，与祖先种竞争，而且可能取代了它们。于是在我们挖掘的地方，到了上层，化石突然变了。底下地层出土的全是祖先种。现在，新物种的化石突然出现，却没有任何可见的演变迹象，而老的物种消失了。

原来所谓的演化"鸿沟"，根本不是化石记录的恼人缺陷，或叫演化学者难堪的事体；正统新达尔文学派的物种形成理论，要是我们当真，就该预见那种鸿沟。从祖先物种到新物种的变化，显得突如其来，演化并不稳定、平顺，似乎"颠簸"得很，理由其实很简单，因为任何一个地点出土的化石记录里，可能都缺乏"演化事件"，我们观察到的是"迁徙事件"——从其他地方来了新物种。用不着说，演化事件的确发生过，物种都是从另一个物种演化出来的，搞不好整个过程真的是渐进的。但是为了观察到演化事件的化石记录，我们得到别的地方挖掘——以我们的例子而言，就是山的那一边。

这么说来，埃尔德雷奇与古尔德大可以卑之无甚高论，以协助达尔文与他的后继者脱困为己任，因为达尔文等人真的以为经验证据不站在自己的一方。事实上，当初埃尔德雷奇与古尔德的确是那样立论的。化石记录中的演化鸿沟，比比皆是，明明可知，演化学者深受其扰，被迫发明各种借口，指控证据不够完整，而不是理论有缺陷。达尔文本人就这么写道：

> 地质记录极不完整，我们没有发现一系列逐步演变的生物形式，将所有已灭绝的物种与现生物种联系起来，大体而言这个事实就能解释了。我对地质记录的性质，有这些看法，不同意的人，当然会反对我的整套理论。

埃尔德雷奇与古尔德大可以这么说：别担心，达尔文，要是你只在一个地点挖掘，即使找到了完整的化石记录，你也不该期望观察到逐步、渐进的演化事件。理由很简单，因为演化过程大部分发生在其他的地方。他们大可以进一步说：

> 达尔文，你抱怨化石记录不完整，其实没搔着痒处。化

石记录不仅不完整，上面越是有趣的地方、越接近演化事件发生的时刻，我们越有理由预期它只有一片空白。部分理由是，我们找到最多化石的地方，通常不是演化事件发生的地点；另一部分理由是，即使我们运气好，找到了演化事件发生的主要场合，也因为演化过程只持续了很短的时间（虽然仍然是渐进的），除非化石记录极其详尽，我们无法寻绎细节。

但是他们没有这样做，反而决意以反达尔文、反新达尔文学派的激进姿态兜售他们的论证，尤其是在受到新闻记者热切注意的后期作品中。他们的伎俩是，强调达尔文学派对演化的看法是"渐进观"，而他们提出的却是"疾进观"——演化是个突然、颠簸、间歇的过程。他们甚至将自己的立场比拟为过去的灾变论、跃进论。我们已经讨论过跃进论。至于灾变论，那是18、19世纪的学者提出的，企图以某种形式的创造论调来解释化石记录不完美的事实。灾变论者相信化石记录上的鸿沟，反映的是一系列的上帝创造活动，每一次创造的产物，都以大灾难带来的大灭绝收场。这些大灾难中，最近的一次就是诺亚洪水。

将现代疾变论比作灾变论、跃进论，产生了诗意的朦胧之美。这样的比拟，请容我杜撰一个吊诡的词——极其深刻的肤浅。那是听来令人动容的表述，却没有带给人茅塞顿开的知识领悟，现代创造论者特别受用（他们成功地颠覆了美国的教育，以及教科书的撰写方式，叫人忧心）。事实上，埃尔德雷奇与古尔德是不折不扣的渐变论者，与达尔文，或达尔文的追随者无异。只不过他们的缓慢变化都在短暂的插曲中发生（爆发），而不是均匀地分布在整个地质时间中。他们强调，生物的缓慢变化（演化）大多不在采集到大多数化石的地区发生，而在其他地方。

因此，疾变论者反对的其实不是达尔文的渐变论。渐变论的意思是，每个世代与前一个世代只有微小的变化；只有跃进论者才会反对，而埃尔德雷奇与古尔德可不是。他们与其他疾变论者反对的，原来是"演化率恒定"这个观念，据说达尔文就相信它。他们反对演化率恒定，因为他们认为演化（仍然是个渐进过程）是在相对来说相当短暂的时段里快速进行的事（即物种形成事件；首先，某种危机发生了，原先抗拒演化的力量因而溃散——他们假定有这么一种力量存在）；那些"爆发"插曲之间，有非常长的时间段落，演化进行得十分缓慢，甚至完全停滞。这里所谓的"相对来说相当短暂"，是相对于整个地质年表来说的，毋庸辞费。即使是疾变论者所谓的演化"跃动"（jerks），虽然以地质年表的尺度来衡量，只不过是一瞬间，真要实测，也得以万年或 10 万年为单位。

美国著名植物演化学家斯特宾斯（G. Ledyard Stebbins，1906—2000）有个想法，可以用来阐释我的论点。他对演化"停停走走"的问题不特别感兴趣，只想生动地呈现演化的速率要是以地质年代表的尺度来衡量的话，会给人什么印象。他想象的一种动物，体形有小鼠那么大。然后他假定天择开始青睐体形较大的个体，但是也只有体形稍大一些的个体占便宜。也许在竞争雌性的时候，体形稍大的个体才享有优势。在任何时候，体形接近平均水平的雄性会吃一点亏，不及体形比平均水平稍高的雄性。斯特宾斯并以精确的数字呈现大个儿所占的便宜，但是那个数字的绝对值实在太小了，人类观察者无法测量。因此，那种动物的演化速率非常缓慢，人一辈子都难以察觉。对于研究演化的田野生物学家来说，它们简直没有演化。尽管如此，它们的确在演化，只是速率太慢。不过，水滴石穿，它们迟早会演化到大象那么大。"迟早"是什么时候？不用说，以人类寿命为准的话，那可是很长一段时间，但是人类尺度在这个例子里不相干。相干的是地质时间。斯特宾斯以他假设的缓慢演化率计算，发现那种动物从 40 克的体重（像小鼠），演化成 6 吨的大家伙（像大象），必须经过 12 000 个世代。假定一个世代是 5 年（比小鼠长，但比大象短），12 000 个世代就是 6 万年。以常用的地质年代定年法而言，6 万年实在太短了。正如斯特宾斯所说："在 10 万年之内演化出一种新的动物，在古生物学家看来，算是'突发'或'瞬间'事件。"

疾变论者炒作的事件不是演化"跳跃"，而是相对而言非常快速的演化事件。而地质年表上的一瞬间，以人类观点来衡量不必然也是迅雷飙风。无论我们怎样看待"疾变平衡"论，现代疾变论者与达尔文都相信的渐变论，与"演化速率恒定论"却容易混淆不清。疾变论者反对的是"演化速率恒定论"，有人认为那是达尔文的主张，其实绝无此事。渐变论与"演化速率恒定论"根本不是一回事。疾变论者的信念，恰当地说，是这样的："演化是个渐变过程，生命史上充斥着长期的'演化静滞'，而短暂的快速、逐步演化插曲散布其间。"他们强调的是生命史上长期的"演化静滞"，那是真正需要解释的现象，可是过去却忽略了。疾变论者大张旗鼓批判渐变论，煞有介事，可是他们的真正贡献在凸显"演化静滞"现象。他们其实也主张渐变论，与其他人一样。

甚至得出生命史上的"演化静滞"现象，认为那需要解释，也不是疾变论者的创见，迈尔在他的物种形成理论中，已经平实地讨论过了，只是没有疾变论者那么铺张扬厉罢了。迈尔相信被地理障碍隔开的两个亚种中，论演化概率，原先的祖先族群比较小。因为新的族群生活在不同的环境中，以我们的树鼩为例，就是山的那一边，那里的条件可能与祖先环境不同，因此天择压力也不同。此外，我们根据一些理论推论，相信较大的族群本来就会有抗拒演化的倾向。那好比大型重物的惯性——不易推动。小的、偏远的族群，就因为小，比较可能变化——演化。因此，尽管我以树鼩的例子讨论两个族群互相分化的过程，要是迈尔的话，他会说祖先族群相对而言是"静滞"的，分化出去的是新的族群。演化树的枝不会分权成两条同样的小枝，而是一条主枝上长出一条小侧枝。

倡议"疾变平衡"论的人袭用了迈尔的论点，将它夸张成一套强烈的信念，认为"静滞"（没有演化变化）是物种的常态。他们相信大的族群拥有积极抗拒演化的遗传力量。对他们来说，演化变化是罕见的事件，只在物种形成时发生。在他们看来，促成新物种诞生的条件（小型次族群因为地理障碍而与母群隔离），正是松懈或颠覆平常抗拒演化的力量的条件。物种形成时正值大变动时期。演化速率在大变动期间加剧了。一个生物世系大多时间都处于承平的"静滞"状态。

说达尔文相信演化以等速进行，完全不正确。我在本章开头拿以色列子民做的寓言，是以极端的形式嘲讽所谓等速前进说，达尔文当然不可能相信演化会是那个样子。我也不认为达尔文会相信其他形式的等速前进说。他在《物种起源》第四版（1866）中加入了下面这句著名的话，令古尔德十分烦恼，认为那不足以代表达尔文的大致想法。

> 许多物种形成后就不再变化……物种发生变化的期间，虽然以"年"来衡量相当长，但是与它保持不变的时间比较起来，可能显得相当短。

古尔德想把这一句以及其他类似的话都甩掉不理会，他说：

> 不能以选择性的引文与刻意搜罗的脚注研究历史。（一位思想家的）思路与历史冲击才是适当判断标准。达尔文同时代的人或后人读他的著作，可曾把他当作跃进论者？

当然，古尔德对于思路（而不是片段的引文）与历史冲击的看法是正确的，但是这个引文的最后一句却泄了底。当然没有人把达尔文当作跃进论者；他一直对跃进论有敌意，还用得着说！但是关键在于，我们讨论疾变平衡论的时候，跃进论从来就不是个议题。我强调过，根据埃尔德雷奇与古尔德自己的陈述，疾变平衡论不是跃进论。疾变平衡论假设的（演化）"跳跃"，不是一蹴而就的真正跳跃（一个世代就可以完成）。那些"跳跃"必须通过大量的世代才能完成，花费的时间，根据古尔德的估计，也要几万年。疾变平衡论虽然强调生命史上分布着大段大段的演化停滞期，中间"爆发"相对而言非常短暂的渐进演化，仍然是渐变论。古尔德以雄辩的笔锋、诗意的文字，影射疾变论与真正的跃进论有相似之处，他连自己都误导了。

我想，概略地介绍一下有关演化速率的各种可能观点，现在正是时候，可以澄清以上讨论的主旨。那些观点中，孤立无援的，是真正的跃进论，我已经说清楚讲明白了。现代生物学者，根本没有人支持跃进论。任何人，只要不是跃进论者，就是渐变论者，包括埃尔德雷奇与古尔德（他们怎样描述自己的立场，是他们的自由）。在渐变论者的阵营里，对（渐变）演化的速率，我们也许可以找到许多种不同的看法。有些看法与真正的（反渐变的）跃进论有极为肤浅的（诗意的/字面的）相似处，因此有时令人分不清楚，我已经说过了。

在另一个极端的是"等速论"，我在本章开头以《出埃及记》的寓言嘲讽过了。极端的等速论者相信生物一直不断演化，无时或歇，不论有没有发生"分枝"事件或演化出新物种。他们相信生物的变化幅度与时间有固定的比例。叫人感到讽刺的是，有一种等速论最近在现代分子遗传学家之间极为流行。现在有很坚强的证据，显示蛋白质分子以等速演化，就像寓言中的以色列子民一样；即使四肢之类肉眼可见的外观特征以疾变论者所描述的模式演化，也不能否认蛋白质的演化模式是等速论者所相信的那一种。（我在第五章讨论过这个题材，下一章还会继续讨论。）但是，说到巨观构造与行为模式的适应演化，几乎所有演化学者都会反对等速论，想来达尔文一定也会。任何人，只要不是等速论者，就是变速论者。

在变速论者的阵营中，我们也许可以分别出两种观点，就是"不连续的变速论"与"连续的变速论"。极端的"不连续变速论者"不仅相信演化没有固定速度，他们还认为演化速度会从某个特定水平突然转变到另一个速度水平，就像汽车的变速箱一样。例如他们也许相信演化只有两个速度，快速（高速挡）与停顿（停车挡）。（我不禁想起我小学老师在报告中对我的羞辱。那时我只有7岁，刚上寄宿小学，我在叠衣服、洗冷水澡等日常活动的表现，老师下的评语是：道金斯只有三个速度——慢、很慢、停止。）演化"停止了"就是"演化停滞"——疾变论者的用语，用来凸显大型族群的特色。"高速演化"就是在物种形成过程中的演化，通常发生在小族群中，它们生活在停滞的大型族群边缘，与大型族群之间有地理藩篱。根据这个观点，演化永远处于这两挡中，从来不走中庸之道。埃尔德雷奇与古尔德偏向"不连续的变速论"，就这一方面而言，他俩真是激进之徒。也许我们可以叫他们"不连续的变速论者"。顺便说一句，为什么不连续的变速论者非得强调"物种形成"就是高速演化的时候？其实没有必要。不过，他们大部分都那么做。

另一方面，连续的变速论者相信演化速率会连续变动，高速、低速、停顿，以及所有的中间速度，都是可能的实际速度，变化是连续的，而不是飞跃。他们不认为有必要强调某些特定的速度。具体地说，他们认为"演化停滞"只是超慢速演化的一个极端例子。疾变论者相信"演化停滞"有特别的意义，"演化停滞"不只是慢速演化的一例，"演化停滞"不只是个被动的情势——因为没有天择驱动。正相反，"演化停滞"表现的是对演化的积极抗拒。在他们的想象中，实情几乎像是物种受到演化的驱动，反而采取了积极的策略不去演化。

生物学家中，同意"演化停滞"是个真实现象的人比较多，对于"演化停滞"的原因，有共识的人反而少。就拿腔棘鱼这个极端的例子来说吧。腔棘鱼是2.5亿年前十分兴盛的鱼类大宗，后来与恐龙一起灭绝了。至少表面看来如此。（其实，腔棘"鱼"与我们的关系，比鲱鱼、鳟鱼还要亲近。）因为1938年年底，一艘在南非海岸附近作业的深海渔船，捞获了一条古怪的鱼，长约1.5米，重57公斤，却有鳍似腿，让动物学界惊讶不已。这条无价的怪鱼终于被认出来的时候，因为身体已经腐烂，只好剥制成标本。南非唯一够资格的鱼类学家见到它时，简直不敢置信，他认出它是一条腔棘鱼。腔棘鱼还活在世上！从那时起，同一海域又发现了好几只标本，现在学界已经仔细地描述过这个鱼种，并做过彻底的研究。现代腔棘鱼是"活化石"，意思是它与几亿年前的化石祖先，形态上几乎没有差别。

这么说来，我们有"演化停滞"的实例。我们想用它做什么？又如何解释呢？我们有些人会说，现代腔棘鱼这一支显得不动如山，是因为天择推不动它。从某个意义来说，它没有必要演化，因为它已在深海发现了一种成功的生活之道，那里的生活条件一直没有太大的变化。也许它们从来没有卷进过军备竞赛。它们的表亲爬上陆地后的确演化了，因为陆地上有各式各样的险恶情况（包括军备竞赛），物竞天择，适者生存。其他生物学家（包括一些自称疾变论者的人）也许会说，现代腔棘鱼也许也面临了天择压力（暂不谈细节），但是它们主动抗拒变化。谁是谁非？以现代腔棘鱼而言，实在很难说，但是有一个方法，在原则上也许可以让我们找到答案。

为了公平，我们不以腔棘鱼作为讨论起点。腔棘鱼是个引人注目的例子，但是也是个极端的例子，疾变论者不会想以此大做文章。他们的信念是：不那么极端，时段又短一些的静滞例子多的是；它们才是生命史的常态，因为物种的遗传机制即使在天择力量的压迫下仍然积极抵制变化。现在我要提供一个非常简单的实验点子，至少在原则上可以用来测验这个假说。我们可以找个野生族群，然后设定某些标准进行选择（人择）。要是我们着眼于某个质量繁殖它们，根据"物种会积极抗拒变化"假说，应当发现物种会坚守本位、拒绝屈服，至少撑上一阵子。举个例子好了，要是我们养一群牛，专门挑产乳量高的个体繁殖下一代，我们应当失败。物种的遗传机制应当会动员起来，抵制变化的压力。农场主人想提高鸡蛋产能？门儿都没有。做斗牛育种的人怎么都无法提高斗牛的勇气。用不着说，这些失败只是暂时的。只要选择压力持续上升，大坝（抵制）终将溃决，所谓的反演化力量必然屈服，到那时该物种的世系就能迅速地朝向一个新的平衡状态移动（演化）。但是每次我们执行一个新的选择繁殖计划，一开始应该都会产生"物种抵制变化"的印象，至少应能察觉一些。

实际上，我们没有失败。我们在人工环境中以选择繁殖为手段塑造动植物的演化，没有失败，连一开始的抵制都没碰到。那些物种通常很快就"顺服"了，育种家没有发现任何证据，显示内在的反演化力量存在过。要说育种家遭遇过什么困难，那也是在成功地选择繁殖过许多世代之后。因为选择育种许多代之后，值得挑选的遗传变异已经用光了，育种家必须等待新的突变出现。我们可以想象，腔棘鱼不再演化的缘故，是因为它们不再有新的突变了——它们生活在海底，搞不好因而不受宇宙射线的侵袭。但是据我所知，没有人认真地提出过这个看法，而且疾变论者说物种有内建的反演化机制，也不是这个意思。

他们的意思与我在第七章讨论过的"合作基因"倒有呼应之处；他们的意思是，一群基因相处得极为融洽，因而容不下"外人"（新的突变）。这是个极为奥妙的论点，要是说得好，颇为动人。我可不是瞎说，迈尔的"演化惯性"（inertia）观念，我们才谈过，就是拿这个论点做理论支柱。尽管如此，人工养殖生物的实际经验让我觉得，要是一个生物世系在野外许多世代都没有变化，不是因为它们抗拒变化，而是因为没有青睐变化的天择压力。它们没有变化，因为维持不变的个体比带有突变基因的个体，活得更好，生殖成就也高。

这么看来，疾变论者其实也是渐变论者，与达尔文或任何其他的达尔文信徒一样；只不过他们在渐变演化的爆发事件之间，插入大段的演化静滞期而已。我说过，疾变论者与其他演化论学派的差异只有一点，就是疾变论者非常强调演化静滞有积极的内涵，不只是缺乏演化变化而已。就这一点而言，他们很可能错了。那么他们为什么会自认为与达尔文和新达尔文主义极端不同呢？我得解释解释。

答案是，"渐进"有两个意思，他们搞混了，此外，疾变论与跃进论也被搞混了（许多人都犯了同样的错误，所以我才在前面花了一些篇幅讨论）。达尔文强烈地反对跃进论，因此反复强调他所说的演化是以极为缓慢的步调发展的。因为对达尔文来说，"跃进"指的是我所说的"波音747"型剧变，意思是只要基因魔棒挥动一下，一个崭新的复杂器官就出现了，就像女神阿西娜从宙斯的头里跳出来一样。例如复杂的眼睛，只要一代就能无中生有；原先只是皮肤的地方，下一代就是眼睛，还活灵活现。达尔文认为"跃进"是这个意思，因为当年他最有影响力的论敌，有人真的这么主张，他们相信"跃进"是生物演化的主要因素。

举例来说，坎贝尔（George John Douglas Campbell，1830—1900）接受"演化是事实"的证据，但是他想从后门将"神创论"走私进来。他并不孤单。许多维多利亚时代的人不相信《创世记》的"一次创世论"，认为上帝会反复地干预世事，专门在演化的关键阶段现身。他们认为像眼睛一样的复杂器官，不是像达尔文所说的由简单的形式逐步演化出来，而是一瞬间就出现了。在他们看来，这种瞬间"演化"，要是发生过，只会是超自然力量介入的结果。其实一点不错。他们根据的是统计学论证，我在"台风刮出一架波音747"的例子里讨论过。说真的，波音747型跃进论只不过是掺了水的《创世记》而已。反过来说，神创论可说是跃进论的一个极端形式。神创论中最关键的一步就是没有生气的泥土变成了活生生的人。达尔文也看出了这一点。他在给当年的地质学大佬莱尔（Charles Lyell，1797—1875）的信里写道：

> 要是有人能说服我天择理论需要这种增益，我就会将它弃如敝屣……要是天择理论需要添加奇迹才能解释物种演化的任一阶段，就不值我一顾了。

这个问题非同小可。在达尔文看来，以天择为机制的演化论，主旨就是以"与神迹无关的"机制解释复杂生物适应出现的过程。我不妨告诉各位，这也是本书的主旨。达尔文认为，任何需要上帝协助跃进的演化都不算演化。它让整个演化论的论旨变得莫名其妙。这样看来，达尔文反复强调演化的渐进性格就容易理解了。我们在第四章引用过他的一段话，现在读来更加明白：

> 如果世上有任何复杂的器官，不能以许多连续的微小改良造成，我的理论就垮了。

演化的渐进性格是达尔文整套理论的基础，我们还可以从另外一个角度来观察。他同时代的人，很难想象人类的身体以及其他同样复杂的东西居然是演化出来的。现在许多人也一样。若把单细胞的阿米巴（变形虫）看作我们的远祖，那么阿米巴与人类之间的鸿沟是如何跨越的？许多人很难想象。从那么简单的东西演化出高度复杂的生物，简直不可思议。达尔文以小步伐的渐进序列作为克服"不可置信"的工具。根据达尔文的论证，要说阿米巴会变成人，你也许难以想象，但是原来的阿米巴若只是变成一种稍微有点儿不同的阿米巴，就不难想象了。于是那个有点儿不同的阿米巴再变得有些不同，也不难想象，于是就这样一直"稍微有点儿不同"下去。我们在第三章讨论过，这个论证想说服人，条件就是强调每个变化都经过大量步骤，每一步的步伐都极为微小。达尔文不断与这个"不可置信"的源头（从阿米巴到人?!）对抗，不断使用同样的武器：强调演化是无数世代将几乎难以察觉的渐进变化累积起来的过程。

补充一下，英国遗传学家霍尔丹（J. B. S. Haldane，1892—1964）有一句名言值得在这儿引用，来对抗同样的"不可置信"源头。霍尔丹是个语出惊人、不同流俗的学者，从这句话就可看出。他的话大意是：从阿米巴到人的变化，在每个母亲的子宫里只消9个月就完成了。不用说，发育与演化不同，但是任何人要是怀疑一个细胞居然会变成人，只消想想自己的来历，或可释然。顺便说一句，我封阿米巴做人类的远祖，不过是捡现成的顺口溜，希望大家别以为我是个学究。其实细菌还恰当些，不过即使是细菌，也是现代生物。

回到我们的论证，达尔文特别强调演化的渐进性格，是针对他的论敌而发——都是19世纪流行的错误观点。在当年，"渐进"的意思就是"'跃进'的反义词"。到了20世纪末，埃尔德雷奇与古尔德就以不同的意思使用"渐进"这个词了。他们所说的"渐进"其实指的是"等速前进"（虽然他们没有说得这么明白），然后他们再以自己的"疾变"观念作为这个"渐进"意义的反义词。他们把"渐变论"当作"等速变化论"来批评。批判"等速变化论"当然没有什么不对，极端形式的"等速变化论"就像本章开头的《出埃及记》寓言一样荒谬。

但是将这个讲得通的批判与批判达尔文挂钩，就是混淆"渐进"这个词的意思了。就埃尔德雷奇与古尔德所批判的"渐变论"（等速变化论）而言，达尔文是同志而不是论敌，简直不必怀疑。另一方面，达尔文是个热烈的"渐变论"者，埃尔德雷奇与古尔德也是。疾变平衡论只是达尔文主义的小批注，要是达尔文在世时有人提出过，搞不好他也会赞成。既然只是个小批注，就配不上在媒体上出那么大的风头。它所以会出那么大的风头，我还得用一章来讨论，只因为它以反达尔文的面貌大张旗鼓，好像与达尔文/达尔文学派截然有别，完全对立。搞什么鬼？

世上有些人打死不肯相信达尔文理论。他们可大致分为三类。第一类人士为了宗教理由，连演化都希望不是真的。第二类则不怀疑演化是事实，但是他们往往为了政治或意识形态的理由，对达尔文的天择机制十分反感。他们有些人觉得天择概念既严酷又冷血，难以消受；有些人搞不清天择与"随机"是两回事，所以批评天择理论"没有意义"，因为那让他们觉得尊严受辱；还有些人混淆了达尔文理论与社会达尔文主义，而社会达尔文主义又有种族偏见与其他令人难以苟同的弦外之音。第三类人只不过是见不得人好，他们有许多都在所谓的"媒体"工作，也许因为名人出糗、闹笑话才是刺激销路的材料；达尔文理论既然已是受尊敬的主流学术，当然就是诱人的八卦对象。

不论动机是什么，结果都一样。要是有个受尊敬的学者，对现行达尔文理论的某个细节做出了许多像似批判的评论,许多人就会热烈地拥抱他,并上纲上线地引申他的评论。这种热烈的情绪,就像一台威力强大的扩音器,与一个灵敏的麦克风相连,那个麦克风特别调整过,专门探听反对达尔文理论的言论,哪怕只是撒娇的埋怨都会捕捉起来。这是最不幸的,因为严肃的论证与批评是任何科学的命脉,要是学者因为有那种麦克风而噤口不言,就是悲剧了。用不着说,那扩音器尽管强而有力,毕竟不是高传真装备:太多失真了。一位科学家要是对目前达尔文理论中的某个细节有些微词,字斟句酌地轻声细语,很容易发现他听见的"回响"居然失真到几乎难以分辨的地步,因为世上有太多饥渴的麦克风在捕捉那种说辞,经过放大与学舌后,哪里还能维持原貌!

埃尔德雷奇与古尔德并不轻声细语。他们大声说出自己的想法,口舌便给,咄咄逼人。他们所说的往往难以捉摸,但是大家听到的却是"达尔文理论出纰漏了"。这下可好了,这是科学家自己说的。美国反达尔文刊物《圣经创造》的编者这么写道:

> 最近新达尔文学派士气低落,我们的宗教与科学立场因而越发可信。这是铁一般的事实。我们应该充分利用这个情势。

埃尔德雷奇与古尔德一直是反对民粹创造论的健将。他们高声喊冤,说是自己的论证被误用了,但没有人理会,因为那些麦克风不理会。我能同情他们,因为我有类似的经验,只不过我周遭的麦克风捕捉的是政治信息而不是宗教信息。

现在必须大声明白说出的,是真相:疾变平衡论是新达尔文综合理论中的一部分,不折不扣。过去一直就是。它的膨风形象与夸夸其谈对演化论阵营造成的伤害，需要时间愈合，但是一定会愈合。疾变平衡论会以本相示人，它只是新达尔文理论表面上的一个小皱纹，不过，却是个有趣的小皱纹。它绝不会使"新达尔文学派士气低落"，古尔德也不能据以宣称新达尔文理论"其实已经死了"。他的说法好比我们发现地球不是个完美的球形，而是两极轴线略扁的球体，于是就在报上下了通栏标题：

哥白尼错了，大地扁平的理论被证实了。

但是，公平地说，古尔德的评论可不是针对所谓新达尔文综合理论的"渐进观"而发的，而另有所指，就是埃尔德雷奇与古尔德的另一个主张。他们认为演化不过是"族群或物种中发生的事"，在地质年代的巨观尺度上，整部生命演化史都可以简化成"族群或物种中发生的事"。他们相信演化史上还有一种较高的选择形式在作用，他们叫作"物种选择"。我会在下一章讨论这个题材。下一章也是评论另一派生物学者的地方——所谓的"转化的分枝学家"——他们根据同样薄弱的理由，有些人已是一副反达尔文的嘴脸。他们都是分类学家，因此我们就要踏入分类学的领域了。

第十章

生命树

本书主要讨论的是，演化是复杂"设计"问题的答案。换言之，使培里推论出"世上有个上帝钟表匠"的那些现象，其实是演化的结果；演化才是真正的解释。我不断谈眼睛与回声定位，就是这个缘故。但是另外还有一套现象，演化论也能解释，就是生命的歧异：不同的动植物种类在世上的分布模式，各种特征在生物中的分布。演化能帮助我们理解自然，虽然我感兴趣的主要是眼睛及其他的复杂机制，可是演化的角色另有一个面相我们绝不能忽视。因此这一章要谈分类学（taxonomy）。

分类学就是分类的科学。有些人以为它是一门沉闷的学问，一听说分类学，浮上心头的就是尘封的博物馆与福尔马林的味道，几乎将它当作剥制动物标本的技术（taxidermy）了。事实上分类学一点都不沉闷。在生物学中，分类学是最常出现激烈争论的领域之一，争论措辞刻薄，难以领教，究竟为了什么，我还不能完全理解。哲学家与历史学者都对分类学感兴趣。在任何演化学的讨论中，分类学都扮演着重要的角色。自命为反达尔文分子的现代生物学家，最直言不讳的那一群中有些就是分类学家。

虽然分类学家大多数研究动植物，所有其他的东西都能分类：如岩石、军舰、图书馆的书、星星、语言等等。有秩序的分类往往被当作方便的工具，实用的必需品，的确有道理。大型图书馆里的书，必须以某种非随机的方式组织起来，一旦你需要某个题材的书，才找得到，不然图书馆里的书简直毫无用处。图书分类法就是应用分类学，说它是一门科学或是人文学，都说得通。生物学家发现，要是所有生物都能归入大家同意的范畴中，每个范畴又有名字，他们的研究工作就容易多了，也是为了同一类理由。但是，那可不是从事生物分类的唯一理由。生物分类的学问可大了。对演化生物学家来说，生物分类这档事颇不寻常，任何其他事物的分类学都说不上。它是这么回事。从演化这个观念，我们知道所有生物只有一个正确的分枝系谱，独一无二，我们可以用作生物分类学的基础。生物分类系统除了独一无二的性格之外，还有一个独有的特质，我叫作"完美的嵌套关系"（perfect nesting）。这是什么意思？为何那么重要？本章的主题之一，就是回答这两个问题。

我们就用图书馆作为非生物分类学的例子好了。图书馆或书店的书应该如何分类？这个问题没有什么独一无二的正确答案。图书馆管理员也许会将藏书划分成几个主要类别，如科学、历史、文学、其他人文学、外国作品等等。图书馆每个部门里的书还会再细分下去。科学部门的书也许会分成生物学、地质学、化学、物理学等等。科学部生物学门类的书也许可以分别放在贴了生理学、解剖学、生物化学、昆虫学等卷标的书架上。最后，每个书架上的书都按字母顺序排列。图书馆其他主要部门的书，如历史、文学、外文等，也以同样的方式分类。因此图书馆的书是以阶序系统组织起来的，方便读者找到想找的书。阶序分类系统很好用，因为借书的人利用它就可以在书堆中很快找到书。英文字典里的词按字母顺序排列，日文字典按五十音排列，中文字典按部首排列，都是为了同样的理由。

但是没有一个阶序系统是所有图书馆都必须使用的。另一个图书馆管理员也许宁愿以不同的阶序系统分类书籍。例如他不想设立一个外文部，所有的书都按主题分类，生物学的书即使以德文写的，也放在生物学门中，德文历史书放在历史学门等等。第三位图书馆管理员也许会采用一个激进的（radical）方法，将所有的书都按出版年份排列，不理会主题，另外以卡片（或计算机数据库）帮助读者找特定题材的书。

这三种图书分类法彼此很不同，但是也许功能上无分轩轾，许多读者都能接受。不过，请容我打个岔，大概伦敦某俱乐部的一个会员不会接受。他是个脾气不好的老先生，我是从收音机里听到他的意见的。原来俱乐部的委员会雇用了一个图书管理员，他大为光火。俱乐部图书馆的书没什么章法，100年都过去了，他看不出现在有必要弄出个条理。访问人和善地问他，他觉得书该怎么安排。"按高矮排，高的放左边，矮的靠右边！"他毫不犹疑地大声喊道。流行书店分类书的方式反映出流行的需求。它们不来科学、历史、文学、地理那一套，反而是园艺、烹饪、"电视书"、灵异等等，有一次我看见一个书架大剌剌地标明了："宗教与幽浮（不明飞行物）"。

你看，"怎样分类书？"这个问题没有一个"正确的"答案。

图书管理员可以就各种不同的分类方案，彼此交换明智的意见，但是他们的意见无论"输赢"，都与任何一个系统是否是真相、正确无关。他们的评价重点在"使用者方便"、"检索迅速"等等。因此图书馆的书籍分类系统可以说是"任意的"。可是设计一个好的分类系统并不因此而不重要，实情正相反。分类系统若可以描述成"任意的"，意思就是，在一个信息完整的世界里，没有哪个分类方案所有人都同意是正确的。另一方面，生物分类学却有书籍分类没有的突出性质；别的不谈，光从演化的观点来看，它就有这个性质。

我们当然可以设计各种不同的生物分类系统，但是我会在本章证明，那些系统与任何一个图书馆员的分类系统都一样是任意的，只有一个是例外。如果只求方便，博物馆管理员按标本的大小和保存条件来安排馆藏，未尝不可：大型填充标本，插在软木上、放在盘里的小型干燥标本，泡在瓶中的标本，置于载玻片上的微型标本等等。这种便宜行事的做法，动物园里很常见。在伦敦动物园里，犀牛圈在"象屋"里，只因为它们与大象一样，都得关在结实的栅栏里面。[1]应用生物学家也许会将动物分为三类：有害（可细分为病媒、农业害虫、咬人、螫人等）、有益（也可再细分成好几类）、中性。营养学者也许会依据动物的实用价值来分类，也可以搞出一套复杂的体系。我祖母经手过一本给儿童读的动物故事书，其中是以脚来分类动物的。人类学家在世界各地记录过不同族群使用的动物分类系统，形形色色，五花八门。

但是在所有我们想象得出来的分类系统中，有一个非常独特，

―――――――――

[1] 犀牛的近亲是貘，如马来貘，不是象。——译者注

就是它可以用"正确"／"不正确"、"真"／"假"这些词来评断，而且在数据充分的情况下，所有的人都会同意。那个独特的系统就是依据演化关系建立的系统。那种系统最严格的一种形式，生物学家叫作分枝分类（学）（cladistic taxonomy），为了避免混淆，我就叫它分枝分类系统。

在分枝分类系统中，将生物归成一类的最终标准就是"（时间上）最近的共同祖先"。举个例子吧，鸟类与非鸟类有别，因为鸟类源自同一个共同祖先——它不是任何非鸟类的祖先。哺乳类都源自同一个共同祖先——它不是任何非哺乳类的祖先。鸟类与哺乳类有个比较遥远的共同祖先，但是它也是其他动物的祖先，例如蛇、蜥蜴、新西兰三眼蜥蜴（tuatara）。这个共同祖先的后裔叫作羊膜动物。因此，鸟类与哺乳类都是羊膜动物。根据分枝派分类学者，"爬行类"不是一个真正的分类学类目，因为它是以例外来定义的：羊膜动物中，不是鸟类、哺乳类的，就是爬行类。换言之，所有"爬行类"（蛇、龟等等）最近的共同祖先也是某些非爬行类的祖先（就是鸟类与哺乳类）。

在哺乳类之中，大鼠与小鼠有最近的共同祖先，豹子与狮子有最近的共同祖先，黑猩猩与人类也有最近的共同祖先。亲缘关系密切的动物，就是共同祖先距它们不远的动物。比较疏远的动物，共同祖先生活在距离它们很遥远的古代。非常疏远的动物，例如人类与蛞蝓（无壳蜗），就要到更上古的时代里找共同祖先了。生物绝不会彼此完全无关，因为我们几乎可以确定，地球上生命只出现过一次。

真正的分枝分类系统一定有阶序构造，我的意思不妨用一棵树来说明，这棵树上每根枝都会分杈，新枝也不断分杈，一旦分出绝不回头。在我看来，分枝分类系统有严谨的阶序组织，不是因为阶序组织是方便的分类工具（如图书馆分类系统），也不是因为世上所有的东西都会自然地组成阶序模式，只因为演化渊源本来就会表现出阶序模式。（有些分类学派不同意这个看法，我会在下面讨论。）生命树上的新枝一旦长到某个最小长度（基本上，就是足以成为新物种的程度），就不再缩回（也许有极少数例外，例如第七章提到过的真核细胞的起源）。鸟类与哺乳类源自同一共同祖先，但是它们现在是演化树上两根不同的枝干，不会再并成一枝：绝不可能出现鸟类与哺乳类的杂种。一群生物要是源自同一共同祖先，而且那个共同祖先不是其他生物的祖先，就叫作演化枝（elude）。

我们也可以用"完美的嵌套关系"（perfect nesting）来说明"严谨的阶序组织（构造）"。我们先在一张很大的纸上写下任何一组动物的名字，然后将相关动物的名字圈起来。例如大鼠与小鼠可以用一个小圈圈住，表示它们是表亲，有个最近的共祖。南美的豚鼠与蹼鼠（capybara）可以用另一个小圈圈住。然后，大鼠/小鼠圈与豚鼠/蹼鼠圈又能以一个较大的圈圈住（其中还包括水狸、松鼠、豪猪等许多其他动物），那个大圈有自己的名字，"啮齿目"。于是我们可以说小圈子套在大圈子里。纸上另一个地方，狮子与老虎可以用小圈圈起，这个圈又能与其他的小圈一起放在一个注明"猫科"的大圈里。猫、犬、鼬、熊等可以用一系列的圈圈，最后全圈在一个标明"食肉目"的圈里。"啮齿目"与"食肉目"加上其他圈圈，最后全圈在一个标明"哺乳纲"的圈里。

这个圈中套圈的系统，最重要的特征就是：它们"完美地嵌套"在一起。我们画的圈子彼此从不交错。两个圈子若有交集，一定是一个完全位于另一个之内，绝无彼此只有部分重叠的事情。其他事物的分类系统根本不会表现出这种完美的嵌套关系，如书籍、语言、土壤类型、哲学流派等。要是图书馆员将生物学与神学的书分别圈起，他会发现两个圈会有重叠之处。在那个重叠之处，你可以找到《生物学与基督信仰》这种书。

表面上看来，我们也许会期盼语言的分类系统会表现出"完美的嵌套关系"。我们在第八章讨论过，语言演化与动物演化颇有相似之处。最近才从共同祖先分化出来的瑞典语、挪威语、丹麦语彼此相似，比较早分化出来的冰岛语和它们的差别就比较大了。但是语言不只会分化，也会合并。现代英语是日耳曼语和罗马语的杂种，那两个语系早就分化了，因此英语不能塞入任何语言分类的阶序嵌套图中。圈住英语的圈子一定会与其他圈子相交、部分重叠。生物分类圈绝不会这样，因为在物种阶层以上的生物演化永远是分家出走（分枝）、另创新局、绝不回头。

再回到图书馆的例子吧。没有一个图书馆员能完全避免中间类型或重叠的问题。将生物学与神学的书放在相邻的两个房间，然后将《生物学与基督信仰》之类的书放在两个房间之间的走道上，不能解决问题。因为还有些书介于生物学与化学之间，物理学与神学之间，历史与神学之间，历史与生物学之间，它们怎么办？我认为"中间类型问题"内建在所有分类系统中，难以避免，只有源自演化生物学的那一套是例外。以我的经验来说，自我出道以来，只要我想把手边的东西做个起码的整理，就会觉得难受极了，几乎身体都要抗议：把书上架，将同事寄给我的论文抽印本归档，归置公家的表格和信件等等。无论你用什么档案分类系统，都会出现难以归类的麻烦玩意儿，而无法做决定令人极不舒服。我只好将难以归类的文件留在桌上，说来不好意思，有时一放好几年，直到甩掉也无妨。偶尔我们会建个"杂项"对付着用，但是这个类目一旦建立了，就会蠢动，不免发育滋长，丢到里面的东西越来越多。有时我会很好奇，想知道图书馆管理员、博物馆管理员（生物学博物馆除外）是不是特别容易得胃溃疡。

生物的分类学就没有这些归类问题。根本没有"杂项"动物。只要待分类的对象至少以"物种"为单位，只要它们都是现代生物（或任何特定时代，见下文），就不会遇见麻烦的中间类型。要是一个动物看来像是一个不好分类的中间类型，就说它像是鸟类与哺乳类的杂种好了，演化生物学家都能信心满满地指出它不是鸟类就是哺乳类，毋庸置疑。中间类型的印象必然是幻象。图书馆管理员就没那么幸运了，他可没有那种信心。一本书同时属于历史门与生物门是绝对可能的。具有分枝学派心态的生物学家，绝不会沉溺于图书馆员才有的问题：为了"方便"起见，该将鲸鱼归入哺乳类？鱼类？还是介于哺乳类/鱼类之间？我们唯一的论证就是凭事实说话。就这个例子来说，事实引导所有现代生物学家抵达同一结论。鲸鱼是哺乳类，不是鱼类，更不是什么中间类，一点儿迹象都没有。它们不比人、鸭嘴兽或任何其他哺乳动物更亲近鱼类。

一点儿不错。我们必须了解，所有哺乳动物——人类、鸭嘴兽和其他哺乳动物——都与鱼类一样亲近（或疏远），因为所有哺乳动物都通过同一个祖先与鱼类攀亲戚。过去有人认为哺乳动物可以排成一个阶梯，低阶的比较接近鱼类，其实那只是个迷思，出自势利眼，与演化无关。那个想法由来已久，演化思想成形之前即已流行，有时叫作"存有物大链"（the great chain of being），取其连锁之象。演化论应该早就将它摧毁了，可奇怪得很，它却成为许多人想象演化的媒介。

这儿我不得不指出，创造论者特别喜欢向演化学者提出的挑战，其实滑稽得很。他们煞有介事地问道："请你拿出中间型生物来。要是演化是事实，就应该会有介于猫、狗之间的动物，或青蛙与大象之间的。但是谁见过象蛙?"我收到过创造论者的小册子，其中有诡异的拼接动物造型，用来讥讽演化论的，例如狗的前半身接上马的后半身。似乎在作者的想象里，演化学家应当期盼世上有这种中间型生物。他们不但没搞懂演化论，还打击了演化论的论敌，岂不滑稽? 根据演化论，我们最应预期的事，就是这类中间生物不应存在。我拿图书馆里的书与动物比较，就是想说明这一点。

生物是演化的产物，它们的分类系统有个独特的性质，能在一个信息完整的世界里提供完美的共识。我说过，分枝分类学的结论我们能下"真"、"假"的判断，图书馆的书籍分类系统却不可以，就是这个意思。但是我们必须提出两个限制条件。第一，在真实世界里我们没有完整的信息。生物学家对于生物的演化史可能有争论，各方论证也许因为信息不完整而难有定论，例如化石不够。第二，但是化石太多的话，又会冒出另一类问题来。如果我们想将所有生存过的动物都收罗到分类系统中，而不只是仍生存在世上的那些，那么系统中一个萝卜一个坑（"各有所归"）的性格就可能消失。因为两种现代动物不管彼此有多疏远，就说一种鸟与一种哺乳类好了，它们毕竟有过共同祖先。要是我们想把那个祖先纳入现代的分类系统中，就可能出问题。

只要我们开始将灭绝的动物纳入考虑，"没有中间型"的说法就不能成立了。正相反，现在我们得应付一系列中间类型了，它们在本质上是连续的。现代鸟类与现代的非鸟类，如哺乳类，差异之所以那么明显，只因为能让我们从现代类型逆溯至共同祖先的中间类型全都灭绝了。为了将这个论点发挥得淋漓尽致，让我们再度召唤那个"慈悲的"大自然；她给了我们一套完整的化石，凡是生存过的动物，每一种都有一个化石标本可供研究。我是在上一章首度召唤她的，当时我提到过，从某个观点来看，那样的自然其实并不仁慈。我指的是研究与描述那些化石必须下的苦功，但是现在我们面临的是"仁慈"的另一个不仁慈面相。一套完整的化石会使分类工作（把它们划分成各自独立的明确范畴，再分别取个学名）难以进行。果真我们拥有完整的化石记录了，就必须放弃各有所归、分别命名的分类学传统，而以专门描述连续变化的某种数学或图形取代。人类的心灵太偏爱泾渭分明的名字了，因此从某个意义来说，完整的化石记录与形同断烂朝报的化石记录，一样的用处不大。

要是我们分类的对象是所有曾经在地球上生存过的动物，而不只是现代动物，"人"、"鸟"之类的词就会像"高"、"胖"一样，边缘模糊而不明确。动物学家可以为一个化石是不是"鸟"而辩论经年，却无共识。这可不是瞎说，他们的确三不五时就拿著名的始祖鸟化石来辩论。要是你发现"鸟/非鸟"的分别比"高/矮"的分别清楚多了，只因为"鸟/非鸟"之间的中间类型全都灭绝了。要是现在暴发了一种奇怪的瘟疫，中等身材的人都在劫难逃，那么高与矮就会像鸟类与哺乳类一样的泾渭分明了。

好在现在大多数中间类型已经灭绝了，动物分类学家不致面对棘手的暧昧标本。人类的伦理与法律也受惠。我们的法律与道德系统有深刻的物种界限。动物园园长拥有法律赋予的权利，可以将"多余的"黑猩猩"解决掉"。但是他能将"多余的"员工（如园丁、售票员）"解决掉"吗？黑猩猩是动物园的财产。在今日世界中，绝不能把人当作财产，然而这种对黑猩猩的歧视究竟有什么道理，很少有人说清楚过。我怀疑有人说得出名堂来。我们受基督宝训感召的子民，因为堕掉一个人类受精卵而产生的良心不安或义愤，无论活宰几头聪明的成年黑猩猩都比不上，这真是惊人的物种歧视。（其实大多数受精卵的下场是自然流产。）我听说过受人尊敬又开通的科学家，就算无意识活剖黑猩猩，都会为那样做的"权利"热烈辩护。对于侵犯"人"权的事例，即使微不足道，他们往往都是第一个怒发冲冠的人。我们对这样的双重标准不以为意，只因为人与黑猩猩之间的中间类型都死绝了。

人类与黑猩猩的最后一个共同祖先，也许距今 500 万年前还活着，黑猩猩与红毛猩猩的共同祖先距离现代已经很远（至少 1 000 万年），至于黑猩猩与猴子的共同祖先，就得到 3 500 万年前的世界里去找了。黑猩猩与我们相同的基因超过 99%。世上那么多与世相忘的岛屿，万一哪一天人/猿共同祖先与我们之间的中间类型全有孑遗，我们的法律与道德规范就会受到深远的影响，谅无疑问，特别是在那个演化序列中，搞不好有些中间类型彼此可以混血。我们可以让整个中间类型序列都享受"人"权，不然就得搞出一个复杂的"种族隔离"系统，配上相关的法律，法庭据以判定某个特定个体在法律上算人，还是黑猩猩；要是我们的女儿想嫁给"他们"的一分子，我们就会焦虑不安。我相信这个世界已经彻底探勘过，因此这种折磨人的幻想不会成真。但是，任何认为享有"人权"的是明明可知、理所当然的人，千万记住那纯然是运气——令人尴尬的中间类型恰巧灭绝了。另一方面，要是科学家现在才发现黑猩猩的话，我们会不会把它当作中间类型，因而尴尬万分呢？

读过上一章的读者也许会说，我前面的论证假定了演化以等速进行，而不是走走停停的。我们对演化的观点，越接近"平滑、连续变化"的极端就越悲观，对于所有生存过的动物，鸟/非鸟、人/非人这类词的用处是有限的。而极端的跃进论者可以相信，"第一个人"由于基因突变的缘故，大脑是猿形父兄的两倍。

我说过，主张疾变平衡论的人大多都不是真正的跃进论者。尽管如此，他们仍然认为"物种界限变得模糊"的问题绝不严重。其实，即使疾变论者都得面对这个分类命名问题，因为以细节而论，疾变论者也是渐变论者。但是，由于他们假定"疾变期"（物种在"短暂"时间里发生快速变化）不可能有化石记录供考察，而"平衡期"的化石记录特别容易找到，因此"命名问题"在疾变论者的眼中，不会像非疾变论者所说的那么严重。

因此，疾变论者（特别是埃尔德雷奇）特别拣出"物种"大做文章，认为应将"物种"当作真正的"实体"（entity）。非疾变论者认为我们可以定义"物种"，只因为令人感到棘手的中间类型全都灭绝了。极端的反疾变论者对演化史采取大历史观，根本看不见一个又一个的"实体"（物种）。他只看见在时间中连续变化的生物世系。物种没有明确的起点可言，有时却有明确的终点（灭绝）；然而物种往往不是明确地终结的，而是逐渐变化成新的物种。可是疾变论者看见的却是一个个在特定时间出现的物种（严格说来，它们出现前要经过长达万年的过渡期，但是在地质年表上，那与一瞬间无异）。此外，在他们眼中，每个物种都有明确的终点，而不是逐渐演变成另一个新物种，或者至少可说新物种演化的过程非常迅速。因为以疾变论者的观点来看，物种在世的时候大部分时间都处于不变的静滞状态，又因为每个物种都有明确的起点与终点，所以疾变论者认为我们可以说每个物种都有一个明确的、可以测量的"寿命"。非疾变论者不会将物种看成与生物个体一样是有寿命的"实体"。极端的疾变论者将物种视为明确的实体，因此每个物种都有个名字是天经地义的事。极端的反疾变论者认为物种相当于从源远流长的河流任意截取的一段，起讫点不代表什么特定意义。

疾变论者要是写书讨论某一群动物的自然史，例如马最近3 000万年的演化史，整出戏的主角也许都是物种，而不是个体，因为作者认为物种是真正的"事物"，是独立的存有物。戏里每个物种倏地上场、倏忽下场，由继起的物种取代。整部历史就是物种代起的过程，一个物种灭，另一个物种兴，更迭不已。但是这个故事要是由一位反疾变论者来写，那些物种的名字只能是意义模糊的方便用语。他综观大历史，根本看不见明确的物种。在他的故事里，真正的角色都是个体，它们生活在变动不居的族群中。在他的书里，编织自然史的线索是世代相传的生殖个体，而不是承先启后的物种。难怪疾变论者往往相信还有一种在物种层次上运作的天择了——他们认为那种天择与达尔文倡议的天择（在个体层次上运作）可以模拟。而非疾变论者却可能认为天择只在个体层次上运作。他们不觉得"物种选择"的主张有什么吸引力，因为他们不认为在地质时代中物种是个实体，有明确的存有界限。

现在讨论"物种选择"假说是时候了，从某个意义来说，我们在上一章就该讨论它了。有人拿"物种选择"大做文章，我不相信它在演化上有那么重要，由于我已经在《延伸的表现型》（1982）说明过，这里就不必多费篇幅了。地球上生存过的物种，绝大多数都灭绝了，这是事实。新物种出现的速率至少能抵消物种灭绝的速率，也是事实。所以世上可说有一种"物种库"，只是组成分子不断地变动。不错，要是物种库里新出现的成员不是随机拉入的，老成员的消失也不是随机造成的，理论上就可算是一种高层次的天择现象。物种的某些特质会影响自身的演化命运，例如灭绝或演化成新物种，也是可能的。世上的物种，无论兴灭，都有其道理。任何人因此觉得那就算一种天择的话，是他的自由。我倒觉得那与单步骤选择比较接近，不像累积选择。有些人大力炒作"物种选择"，认为它是解释演化的重要观念，我可不信。

我这样说也许反映了我的偏见。本章一开始我就说过，我认为任何解释演化的理论都必须说明复杂而设计精良的生物机制如何出现，例如心、手、眼、回声定位法。没有人认为物种选择符合这个期望，包括热烈鼓吹物种选择假说的学者。有些人的确认为物种选择能解释化石记录中的某些长期趋势，例如我们经常观察到动物群在地质时代中体形越来越大的演化趋势。例如现代马比3 000万年前的祖先大多了。我们可以用个体选择解释这个趋势：因为每个物种中一直是体形大的个体占生存/生殖优势，体形小的比不上。但是物种选择论者并不信服。他们认为实情如下。

起先，有许多物种，就说是一个物种库吧。这些物种有一些平均体形较大，有一些较小（也许因为在一些物种中体形大的个体占生存/生殖优势，其他的物种中，个儿小的占优势）。体形较大的物种不大可能灭绝（或者说比较可能演化出体形像自己的新物种），体形小的物种则否。根据物种选择论者的观点，化石记录中朝向较大体形演化的趋势，是平均体形较大的物种不断兴起的结果，至于物种中发生了什么事，并不相干。即使在大多数物种中受天择青睐的都是体形小的个体，化石记录仍然可能透露大型物种代起的趋势。换言之，受青睐的物种是物种库里的少数派，其中体形大的个体占优势。这个论点新达尔文理论大师威廉斯（George C. Williams，1926—2010）1966年就提出过了，不过那时他只是故意唱反调，现在鼓吹物种选择论的人还没出道呢。

我们可以说，以这个例子而言（在化石记录中新物种的体形越来越大），我们观察到的不是演化趋势，而是事物发生的顺序，例如原来是荒原的一块土地，起先只有野草进驻，然后来了较大的草本植物，然后是低矮灌木，最后才出现成熟的林木。好了，不管叫它事物发生的顺序还是演化趋势，物种选择论者相信古生物学家往往在连续地层的化石相中发现这类趋势，他们很可能是对的。但是，我说过，一谈到复杂生物适应的演化，根本就没有人会认为物种选择扮演重要的角色。理由如下。

在大多数例子里，复杂的适应不是物种的性质，而是生物个体的。物种没有眼睛、心脏，组成物种的生物个体才有。要是有人说"一个物种因为视力不佳而灭绝了"，他的意思很可能是：那个物种中大多数个体都因为视力不佳而死了。那么，哪种特质我们可以说是物种拥有的？答案必然是：那些会影响物种生存与生殖的特质，而且它们对物种的影响不能化约成对个体的影响。前面谈过马的演化史，我假定新物种的体形越来越大，是因为大个儿在那些物种中占便宜，可是那些物种在演化物种库里是少数派，大部分物种里都是小个儿受天择青睐，而正巧这类物种容易灭绝。但是这个假定实在说服不了人。我们很难想象物种的存续居然不是个体存续的总和。

谈到物种层次的特质，比较好的例子是下面这个——仍然只是个假设，请留意。假定在某些物种里，所有成员都以同样的方式营生。例如澳大利亚的无尾熊生活在尤加利树上，只吃尤加利树叶。这种物种我们可以叫作单调物种。另外还有一些物种，也许包括许多不同的成员，干不同的营生。论个体，它们每一个都与一头无尾熊无异，有独特的偏好，但是从整个物种来说，就有许多不同的饮食习惯了。有些成员只吃尤加利树叶，其他的吃麦子，还有吃芋头的，以及吃莱姆皮的，等等。这类物种不妨叫作综艺物种。这么一来，我们就容易想象单调物种比综艺物种更可能灭绝的情境了。无尾熊完全依赖尤加利树维生，要是尤加利树遭到致命病虫害的侵袭，无尾熊也难以幸免。综艺物种则不然，总有成员能幸免特定的灾祸，因此物种不致灭绝。我们也容易相信综艺物种比较可能分化出新的物种。这才是物种层次的选择。"单调"与"综艺"与视力、腿长不同，是物种层次的特质。麻烦的是这类特质极少。

美国演化学者雷依（Egbert Giles Leigh, Jr.）早在"物种选择"这个词出现之前就提出过一个有趣的理论，可以解释成物种选择的可能例子。当年雷依感兴趣的，是一个演化生物学的长期问题——个体的"利他行为"是怎么演化出来的？他非常明白，要是个体利益（小我）与物种利益（大我）起冲突，个体利益——短期利益——必然占上风。自私的基因似乎无往不利。但是雷依提出一个有趣的想法：自然界一定有些族群或物种，小我与大我的利益正巧重叠而非冲突。自然界还有一些物种，小我与大我的利益正巧对立得极为尖锐。要是其他条件都一样，第二类物种灭绝的概率大多了。这可以算物种选择，不过脱颖而出的物种并不要求个体牺牲小我。我们会观察到看来无私的行为演化出来，只因为看来无私的行为最能满足个体的小我利益。

谈到真正属于物种层次的特征，也许最不寻常的例子就是生殖模式了。生殖模式有两种，有性生殖与无性生殖。有性生殖对达尔文的门徒来说，是个理论难题，不过我在这里没有篇幅讨论其中的缘故。费希尔当年是个著名的个体选择论者，对任何高于个体层次的选择理论都有敌意，但是他却愿意对性象网开一面。他论证过，指出实行有性生殖的物种演化得比较快，无性生殖物种瞠乎其后。（由于他的论证细节不是凭直觉就能了解的，这里我就不谈了。）演化是物种的事，而不是个体，你不能说个体在演化。所以对于现代动物流行有性生殖的事实，费希尔的论证无异承认：部分原因是实行有性生殖的物种占优势。但是，果真如此，我们讨论的就是单步骤选择，而不是累积选择了。

根据这个论证，生物生存的环境变动不居，无性生殖的物种因为无法与时变化，所以容易灭绝。有性生殖的物种不容易灭绝，因为它们演化的速率较快，跟得上环境变迁的脚步。所以我们举目四顾，多是实行有性生殖的物种。不过，尽管我们说两个生殖模式的"演化"率不同，但是演化仍是演化，是（在个体层次上运作的）累积选择创造出来的结果——达尔文演化论的主旨。这里所说的物种选择，是单纯的单步骤选择，选项只有两个：无性生殖或有性生殖；慢速演化或快速演化。性象的机制、性器官、性行为、生殖细胞分裂的细胞机制等等，都是由标准的（低层）累积选择打造的，而不是物种选择。无论如何，现在学界的共识正巧反对过去以物种选择或某种群体选择解释有性生殖的理论。

对物种选择的讨论到此可以结束了，我们的结论是：物种选择可以解释世界上任何时间点上的物种模式。因此，它也能解释地质时代中物种模式的变迁——化石记录中的变迁模式。但是说到复杂的生物机制的演化，物种选择就不是什么重要的力量了。它所能做的最多只是在几个复杂的机制之间做出选择，而那些复杂的机制都已经在真正的达尔文过程（累积选择）中组装完毕了。我说过，物种选择也许会发生，但是它似乎做不了什么。现在我要回到分类学了，我们要讨论分类学的方法。

我说过，分枝分类学比起图书馆员使用的图书分类法，占了一个便宜，就是自然中的确有个真正的阶序嵌套模式，只是尚待发现。我们必须做的只是发展适当的方法，找出那个模式。不幸的是，说比做容易多了。分类学家遭遇的困难中，最有趣的就是趋同演化的现象。这是个非常重要的现象，我已经用过半章的篇幅讨论它。在第四章里，我举出过好几个例子，指出有些物种与其他大洲上的物种极为相似，只因为它们的生活方式相同，却没有直接的血缘关系。新世界的陆军蚁像旧世界的行军蚁，非洲与南美洲的电鱼相似得离奇，却没有什么血缘关系；真正的狼与塔斯马尼亚狼（有袋类）也一样。在那里，我举出这些例子，只声明它们的相似处都是趋同演化的结果，换言之，它们是没有亲近血缘关系的物种，各自独立演化出相同的适应。但是我们怎么知道它们是没有亲缘关系的物种？或者，我们可以把这个问题扭曲成一个更让人担忧的形式：分类学家告诉我们某两个物种"关系密切"的时候（如家兔与野兔），我们怎么知道它们没有被大幅的趋同演化骗了？

这个问题的确令人担忧，因为分类学史上尽是"前辈犯错"

的例子。后来的分类学者经常指出前辈学者被趋同演化愚弄的事实。我在第四章就举过一个例子，有位阿根廷分类学家宣布滑踵兽是现代马的祖先，而现代学者认为他举出的相似之处全是趋同演化的结果。有很长一段时间学者都认为非洲豪猪与美洲豪猪关系密切，但是现在学者认为它们是分别演化出带刺毛皮的。也许在两个大洲上，它们身体表面的刺可以发挥同样的妙用。谁敢说后世的分类学家不会再度改变心意呢？要是趋同演化可以创造出那么让人迷惑的相似适应，我们对分类学能有多大信心呢？我对这个问题的态度是乐观的，主要的理由就是我们现在已掌握了有力的新技术，它们全以分子生物学为基础。

我在前几章说过，所有的动物、植物、细菌，不论看来彼此多么不同，要是我们深入它们的分子层次观察，就会发现它们相似得令人惊讶。要是观察基因代码的话，印象一定特别深刻。DNA上的遗传信息是以三个"字母"（核苷酸）拼成的字写成的；每个字三个字母，总共有64个字；所有生物都以这部字典记录遗传信息。这些字每个都可以翻译成蛋白质语言，不是代表一个氨基酸，就是代表一个标点符号。这个语言看来与人类的语言一样，可说是任意的，我的意思是人类的语言中符号与指涉之间没有必然的关系，例如"房子"的意义与"房子"二字的发音、结构没有内在的关系，事先不知道"房子"意义的人，听见"房子"的语音（或看见"房子"两个字）不会自然地想到"房子"的意义。由此看来，每个生物都在基因层次上使用同一个语言，就是个极为重要的事实了。所有生物不论长相都使用同一套基因代码！我认为这可算是所有生物同出一源的终极证据。由于字与意义之间的关系是任意的，所以不同的生物分别演化出完全相同的字典，简直不可能。我们在第六章讨论过，当初有些生物也许使用不同的基因语言，但是它们全都灭绝了。所有现生生物都是同一个祖先的后裔，它们从祖先那里遗传了一部相同的基因字典，字典中 64 个字的意义完全一样。

这个事实对分类学的冲击可想而知。在分子生物学兴起之前，只有共享大量解剖特征的动物，动物学家才有把握它们源自同一个祖父。现在分子生物学突然间开启了一个新的宝藏，其中的生物相似特征，比解剖学与胚胎学所能提供的，数量上不知多了多少。基因字典中 64 个完全一样的代码字只是起点。分类学因而转型了。过去，对生物的亲缘关系所做的模糊猜测，现在成为统计上接近确定的结论。

所有生物共享一本基因字典，其实对分类学家反而不美。这个事实只能告诉我们所有生物同出一源。至于哪些生物的亲缘关系较近，哪一些较疏远，这本字典就说不出什么名堂了。但是其他的分子信息可以，因为不同物种的同一种分子彼此的相似程度不同，而不是完全相同。记得吗？基因翻译机器的产物是蛋白质分子。每个蛋白质分子都是一个句子，由字典中代表氨基酸的字构成。我们读这个句子，可以从蛋白质分子下手，也可以从它们原始的 DNA 形式（基因）下手。虽然所有生物共享一本字典，却不会以这本字典造同样的句子。因此我们有机会厘清生物间的亲疏关系。蛋白质句子虽然细节不同，整体的模式往往是相同的。任选两种生物，我们都能发现它们的蛋白质句子十分相似，一望可知抄自同一个祖先句子，只是有些走样罢了。我们在第五章已经用乳牛与豌豆的组蛋白讨论过这一点了。

现在分类学家可以比较分子句子，就像比较头骨与腿骨一样。

蛋白质或 DNA 句子要是十分相似，我们就能假定它们是近亲；远亲的句子差异较大。

这些句子全以同一本 64 字的字典写成。现代分子生物学最精彩的地方，是让我们能够精确地测量两个动物的差异——表现在特定蛋白质句子的用字差异上。要是以第三章所说的基因空间来表示，至少就特定蛋白质分子而言，我们可以精确地测量动物间相距多少"步"。

以分子组成序列从事分类学研究另外还有一个好处，就是分子层次上的演化变化大多数都是"中性的"。[主张这个论点的遗传学家，已形成一个很有影响力的学派——中立主义者（neutralists），我们在下一章还会讨论他们的主张。] 也就是说，那些变化不是天择的结果，而是随机的，因此分类学家不会再受烦人的趋同演化误导，除非运气不好。另一个相关的事实是，任何一种分子在极不相同的动物群中似乎都以大致相同的速率演化。换言之，两种动物在同一个蛋白质上的差异，例如人类与疣猪的血红蛋白，可以换算成时间，让我们知道它们已经分化了多久（或多久之前它们的共同祖先还活着）。于是我们就有了个相当准确的"分子钟"。这个分子钟不只让我们估计哪两个物种的共同祖先距离现代最近，我们还能算出那些共同祖先大约生活在什么时代。

读者读到这里也许会觉得困惑，因为我的讨论表面上看来似乎前后矛盾。本书一直强调天择在生物演化中的角色无与伦比，任何其他因素都难望其项背。可是现在我却强调在分子层次上演化是随机的，搞什么嘛。我会在下一章仔细讨论这个问题，现在不妨透露一些。本书主题是生物适应的演化，我在前一段所说的，与本书主题并无扞格。即使是最热烈的中性演化论者，也不会认为像眼睛与手这么复杂的器官是在随机漂变的过程中演化的。每个明智的生物学家都同意这些构造的演化只能是天择打造的。不过，中性演化论者认为这样的生物适应只是冰山一角，也许在分子层次上观察大多数演化变化都无关功能。以我之见，他们是对的。

只要分子钟是事实，我们就可以用它来决定演化树上分枝点的年代。（我认为就目前的证据来说，每一种分子似乎都有独特的变化率，时间以百万年计。）果真在分子层次上大多数演化变化都是中性的，那么分类学家就有福了。换言之，趋同演化的问题也许就可以用统计学武器涤荡一空。每一种动物在细胞里都有许多大部头基因文本，根据中性演化论者的理论，那些文本大部分都与动物的独特生活模式毫无关系；也就是说，那些文本大部分天择都没理会过，大部分都不会有趋同演化的事情发生——除非是纯粹的偶然。两份没受过天择审查的长篇文本彼此看来相似，若是偶然造成的，我们可以计算这事发生的概率——实在非常低。更好的是，分子演化的恒定速率让我们可以定出演化史上分枝点的年代。

新的分子定序技术对分类学家的帮助非常大，即使张皇其词也不为过。用不着说，所有动物的所有蛋白质句子还没有全部定序，但是你要是到图书馆，已经有许多资料可查，例如 α 血红蛋白、狗、袋鼠、针鼹（单孔类）、鸡、蛇、鲤鱼、人这些动物的都已定序完毕，别说每个字了，我们连每个字母都一清二楚。并不是所有动物都有血红蛋白，但是有些蛋白质每种植物与动物都有，例如组蛋白，这类蛋白质的分子结构数据我们也可以在图书馆查到。这类数据与意义模糊的传统测量数据不同，绝不会随标本的年龄与健康状况而变化，例如腿长或头宽——它们的数值甚至会受测量者的视力连累。分子数据以同一种语言写成，只不过同一个句子有几个不同版本，我们将它们排在一起，可以精确地测量它们彼此间的差异，就像校勘专家比对同一本古代典籍的历代刻本一样。每种生物的 DNA 序列都是同一部经典的传本，我们已经掌握了解读之道。

分类学家的基本假定是，就某个特定的分子句子来说，关系近的表亲携带的传本比较相似，关系远的不那么相似。这就是简约原则（parsimony principle）。以前一段所举的 8 种动物来说好了，要是它们的某个蛋白质句子我们都知道了，若想以分枝树表示它们的差异，在各种可能中哪一个最简约？最简约的树就是所需假设最少的树，也就是说，它假定在整个演化过程中只发生过最低限度的变化，无论是字的变化还是趋同演化。我们假定最低限度的趋同演化，理由不过是概率而已。两个没有亲缘关系的物种演化出相同的分子序列（无论字还是字母都一一对应），极不可能，何况大多数分子演化都是中性的。

想将所有可能的分枝树都列出检视一番，有计算的困难。要是只涉及三种动物的话，可能的分枝树只有三种：甲与乙是一家，丙是外人；甲与丙是一家，乙是外人；乙与丙是一家，甲是外人。物种的数量增加后，计算的方式仍然一样，但是可能的分枝树数量会急遽上升。要是只有 4 个物种，全部可能的分枝树不过 15 种，还不算费事。计算机花不了多少时间，就能找出最简约的那一个。但是，物种数量增加到 20 个之后，可能的分枝树数量就会是 8 200 794 532 637 891 559 375（见图9）。有人计算过，即使以今日最快的计算机来计算，也要花 100 亿年（大约相当于宇宙的年龄）才能找到最简约的分枝图。别忘了，那只是 20 个物种而已。而分类学家想建构的生命树，往往不止 20 个物种。

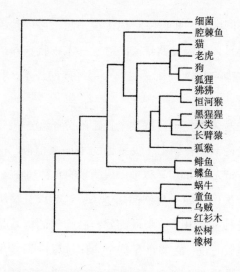

图 9

　　虽然分子分类学家最先正视这个数字爆炸的问题，这个问题其实早已潜伏在传统的分类学中。只不过非分子分类学家以直觉性的猜测规避了它。在所有可能的生物系谱中，有很大的数量不必动什么脑筋就可以立即排除，举例来说，那些把人与蚯蚓视为亲属，却把黑猩猩当"外群"的系谱就毫无价值——那就不下几百万份了。分类学家对这么离谱的生命树根本想都懒得想，就直接考虑少数几个不太违反先入之见的系谱。（这样做也许说得过去，但是不见得没有风险——搞不好最简约的系谱也给顺手丢了。）我们也可以让计算机采取快捷方式，将令人头皮发麻的大分枝树问题修剪成计算机对付得了的形式，真是谢天谢地。

　　分子信息实在太丰富了，我们可以用不同的蛋白质分别做分类学研究。于是我们以某个分子做出的结论可以用另一个分子来检验。要是我们真的担心某个蛋白质分子所透露的系谱关系被趋同演化"污染"了，马上就可以看看另一个蛋白质分子的结论。趋同演化其实只是巧合的一种特例。巧合的关键在"巧"，意思就是：就算"合"过一次，想再"合"一次更难，至于第三次，难上加难。几个不同的蛋白质几乎就可以将所有巧合剔除了。

举个例子好了。一群新西兰学者对 11 种动物做的分类学研究，就使用了 5 种不同的蛋白质分子。那些动物是绵羊、恒河猴、马、袋鼠、大鼠、兔子、狗、猪、人、乳牛、黑猩猩。起先他们只用了一种蛋白质。然后他们想知道用另一种蛋白质来做的话，是不是会得到同样的分枝树。然后再用第三种、第四种、第五种蛋白质问同样的问题。理论上，要是"演化"不是生物亲缘关系的唯一解释，那么以 5 种蛋白质建构出来的"系谱"可能就完全不同。

那 5 种蛋白质的序列在图书馆就可以查到，11 种动物的全有。而 11 种动物的"关系"，共有 654 729 075 种可能，因此必须举要治繁，动用一般的快捷方式方法。最后，计算机以这 5 种蛋白质的数据分别建构了最简约的关系树，等于对那 11 种动物的亲缘关系做了 5 次最佳的推测。最简洁的结果是，5 个系谱完全一样，那是我们衷心期盼的。那样的结果要说纯粹是巧劲儿造成的，概率是小数点后面跟着 31 个 0。万一我们无法得到这么完美的结果，也不该惊讶，因为我们本来就该将趋同演化以及巧合考虑进来的。但是，不同的分枝树如果连"大体相似"都说不上的话，我们就得担心了。事实上，计算机打印出来的 5 个分枝树谈不上完全相同，但是彼此相似倒无疑问。根据这 5 个蛋白质，人类、黑猩猩、猴子是 11 种动物中彼此最亲近的一组（灵长目）。但是其他的动物中哪一个与它们最亲近呢？结果莫衷一是。血红蛋白 A 说是狗（食肉目），血纤维蛋白肽 B 说是大鼠（啮齿目），血纤维蛋白肽 A 说是大鼠与兔子（兔形目）这一组，血红蛋白 B 说是大鼠、兔子、狗这一支。

我们与狗有个共同祖先，毫无疑问；与大鼠也有。在过去，这两个共同祖先确实存在过。其中一个的生存年代比另一个更接近现代，因此血红蛋白 A 与血纤维蛋白肽 B 必然有一个是错的。我说过，这样的"歧见"不足为虑。某个程度的趋同演化与巧合，我们本来就预期会发生的。要是人类与狗比较亲近，那么我们与大鼠的血纤维蛋白肽 B 就发生过趋同演化。要是人类与大鼠比较亲近，那么我们与狗的血红蛋白 B 就发生过趋同演化。这两种推论哪一个可能是实情？其他的蛋白质可以帮助我们判断。但是我不会继续讨论下去，因为我想说的我已经说明白了。

我说过，分类学是生物学中的火药库，激烈的学术辩论往往变成私人的仇恨。哈佛大学的古尔德将分类学的德行一语道破：不过就是名字与恶言（names & nastiness）。分类学家的门户之见非常强烈，这似乎是政治学或经济学的常态，一般说来科学界并不常见。目前的情势很清楚，某个学派的分类学家认为自己像是遭到围剿的弟兄，与早期的基督徒一样。我第一次察觉这种心情，是因为有位熟识的分类学家，面色惨然而惶恐地告诉我一则"新闻"，说是某某人（这儿名字不重要，故隐）"投奔分枝学派了"。

我下面对分类学几个学派的简短描述，也许会触怒一些学派中人，但是他们互相激怒，已是家常便饭，我就算失礼，想来也无妨。话说分类学诸学派，以哲学基础而论可以大致分为两个阵营。一方认为分类学的目标是找出生物间的演化关系，他们对这一点心口如一、知行合一。对他们（还有我）来说，有用的分枝树与表现演化关系的系谱是同一件事。分类学研究就是运用一切方法对生物间的亲缘关系做最佳的推测。我很难为这个阵营取个适当的名字，按理说"演化分类学"最明白易懂，但是这个招牌已经有个门派抢先拿去挂了。这个阵营的人有时被叫作演化系统学者（phyleticists）。本章到目前为止，都是以演化系统学者的观点下笔的。

但是有的分类学者以不同的方式从事研究，他们的理由也说得过去。虽然他们可能同意分类学研究的最终目标是找出生物间的演化关系，他们坚持分类学的研究活动应与理论区分开来——就是说明物种间的相似模式如何产生的理论（我想是演化理论吧）。这些分类学家的研究对象是相似模式，不折不扣。至于相似模式是否由演化史造成，或者物种间精细的相似程度是否因为它们系出同源，他们没有成见。他们宁愿光凭相似模式建构生物的分类系统。

这样做有个好处，就是你对演化有疑惑的时候，可以用相似模式来测验演化假说。要是演化是实情，动物间的相似处应展现可预测的模式——特别是阶序嵌套模式。要是演化不是实情，天知道我们应预期什么模式，更没有不言自明的理由预期阶序嵌套模式了。这一阵营的人坚持，要是你在进行分类学研究时一直假定你观察到的现象是演化的结果，就不能用研究的结论来支持演化：那么一来你的论证就是循环的了。对演化论极度不信任的人，会觉得这个论证很有道理。同样的，我很难为这个阵营取个适当的名称。以下我会称他们为"纯粹相似测量者"。

前面说过，演化系统学者都不讳言他们从事分类学研究是为了找寻演化关系，但是他们可以细分为两派：分枝学派（cladists）与"传统"演化分类学派。分枝学派的学者都遵循德国学者享尼希（Willi Hennig，1913—1976）在《演化系统分类学》（*Phyloge-*

netic Systematics，1966）一书中树立的原则。他们专心致志，着眼于演化"分枝"。对他们而言，分类学的目的在于找出演化树上各支系分化出去的顺序。至于有的支系分化后变了很多，有的支系分化后变化不多，他们不感兴趣。"传统"演化分类学派（这里"传统"一词并无贬义）与分枝学派的不同就在这里，他们不只关心演化的分枝模式。"传统"演化分类学派的学者除了分枝模式，还要考虑分枝后累积的变化。

分枝学者从一开始就以分枝树来判断研究对象的关系。在理想状况下，他们应将所有可能的分枝树都画出来（每一次分枝都是"一分为二"的分枝树，因为任何人的耐心都是有限的）。不过，要是待分类的对象有很多就不好办了，因为可能的分枝树数量会庞大得让人难以应付，我们在讨论分子分类学的时候已经见识过了。好在我们有实用的逼近法在手，可以抄快捷方式，因此这种分类学实践起来并无问题。

为了方便讨论，让我们以三种动物来做分类学练习好了，就是乌贼、鲱鱼、人类。以下就是三种可能的分枝树：

1. 乌贼与鲱鱼亲缘关系很近，人类是外群（outgroup）。

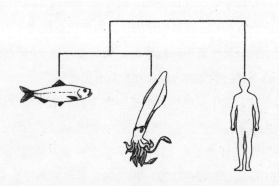

2. 人类与鲱鱼亲缘关系很近，乌贼是外群。

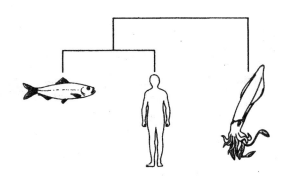

3. 乌贼与人类亲缘关系很近，鲱鱼是外群。

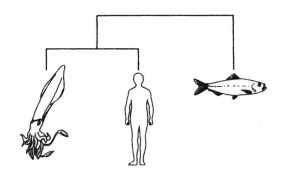

　　分枝学者会分别研究这三个分枝树，然后选择最佳的一个。
如何判断呢？基本上，就是将相似点最多的动物结合在一起的分
枝树。所谓"外群"，就是与其他两种相似点最少的动物。前面的
分枝树中，他会挑选第二个，因为人类与鲱鱼的相似点最多，乌
贼与鲱鱼、乌贼与人类都没那么多。乌贼是外群，因为它与人类、

鲱鱼的共同点都很少。

实际上，这个作业并不只是数一数相似点就能完成的，因为有些种类的特征是被故意忽视了的。分枝学者特别重视最近才演化出来的特征。古代的特征用处有限，例如所有哺乳类从哺乳类始祖遗传来的特征，对于厘清哺乳动物间的分类关系毫无用处。可是如何判断哪些特征是古代的呢？分枝学者有一些方法，它们很有趣，但是超出本书范围。这里读者应记住的是：对于可能可以将研究对象结合在一起的所有分枝树，分枝学者至少在原则上都会一一考虑，并将正确的那一个找出来。正宗的分枝学者绝不讳言他认为分枝树（或"支系图"）就是系谱，表现的是演化亲缘关系的亲疏远近。

这种只专注"分枝"的做法，要是推到极端会产生奇怪的结果。一个动物与极为疏远的表亲在每个细节上都完全一样，可是与近亲却极为不同，理论上是可能的。举个例子吧，假定3亿年前有两种非常相似的鱼，我们叫它们以扫与雅各布好了。[1]它们都创业垂统，瓜瓞绵绵，子孙仍在世上优游岁月。以扫的子孙没有进一步演化，它们继续生活在深海中，形态一直没变。结果以扫的现代子孙与以扫几乎一模一样，因此与雅各布也非常像。雅各布的子孙不仅继续演化，还枝繁叶茂。它们有一支最后演化成哺乳类。但是雅各布的后裔中也有一支停滞在深海中，一直繁衍到今天，这些雅各布的现代子孙仍然是鱼，与以扫的现代子孙没什么差别。

---

〔1〕 亚伯拉罕的儿子艾萨克所生的双胞胎，见《创世记》25 章 19 到 26 节。——译者注

　　好了，它们该如何分类呢？传统演化分类学家承认深海中的以扫后裔与雅各布后裔极为相似，因此将它们归为一族。可是分枝学者不会这么做。深海中的雅各布后裔，不管与深海中的以扫后裔有多相似，却是哺乳类的表亲。它们与哺乳类的共同祖先生活在距现代较近的时代里（而以扫与雅各布的共同祖先距今稍远些）。因此它们必须与哺乳类归为一类（因为同宗的关系）。这似乎有点儿奇怪，但是我不会大惊小怪。至少这样做既合理又明白。分枝学派与传统演化分类学派各有各的优点，我不管别人怎么分类动物，只要他们说清楚讲明白就好。

　　现在我们要讨论分类学的另一个主要阵营，就是"纯粹相似测量者"。他们也可以分为两派，不过他们都同意在实际的分类学研究中完全不谈演化。（译按：他们只谈相似，不计其他，因此才赢得"纯粹相似测量者"的名号。）所以这两派的歧见出在实践法门上。其中一派有时被叫作"表型派"（pheneticists），有时被叫作"数值分类学派"（numerical taxonomists）。我叫他们"平均距离测量者"。另一派自称"转化的分枝学者"（transformed cladists）。这实在是个糟糕的头衔，因为偏偏这些人都不是分枝学者。"演化枝"（clade）这个词是朱利安·赫胥黎发明的。当年朱利安是以演化分枝与演化渊源为它下的定义，绝无疑义。"源自某一始祖的所有后裔"，集合起来就叫"演化枝"。而"转化的分枝学者"最主要的主张就是绝口不谈演化、祖系等概念，偏偏他们要自称什么分枝学者，实在有点儿莫名其妙。他们这么做，全是历史的包袱：一开始他们是不折不扣的分枝学者，后来他们保留了一些分枝学的方法，却抛弃了分枝学的基本哲学与理据。我想我还是叫他们"转化的分枝学者"吧，虽然我实在不情愿。

"平均距离测量者"不只在做分类学研究时拒绝使用演化概念（虽然他们都相信演化是事实）。他们也不假定相似模式必然只是分枝的阶序结构。要是他们认为研究对象中有阶序模式，就会使用寻找阶序模式的方法，不然就不会费心去找。他们会让大自然透露她是否真的有个阶序组织。这可不容易，而且想达成这样的目标门儿都没有，我想我这么说大概是公平的。尽管如此，这个目标实质上与"避免先入之见"无异，值得赞许。他们使用的方法往往很复杂，并涉及高深的数学，即使用来分类非生物（如岩石或考古遗物）也很适当。

他们的分类学研究，要是动物的话，通常一开始就什么都测量。（至于诠释测量到的数值，就得放聪明些，不过这里我不拟深入讨论。）最后将所有测量数值结合起来，算出每个动物与其他动物的相似指数（或者相异指数）。其实你还可以在一个多维空间中，实际看见代表动物的"云"，每朵云都是许多点（每个点代表一种动物）的集合。你会发现大鼠、小鼠、仓鼠等啮齿动物聚在一起。在远方有另一朵云，包括狮、虎、豹、猎豹等猫科动物。这个空间中每一点都是大量测量数据结合后的结果，两点间的距离代表两种动物间的相似程度。狮与虎的距离很小。大鼠与小鼠的距离也很小。但是大鼠与老虎、小鼠与狮子的距离很大。将所有测量项的数值结合起来的工作，通常是以计算机来运算的。这些动物坐落的空间，表面上看来与生物形国度（见第三章）有点儿像，但是在其中"距离"反映的是形态上的而不是基因的相似程度。

平均相似指数（或距离）计算出来之后，下一步就是以计算机程序指挥计算机扫描整组指数，然后设法将它们安排成一个阶序群组模式。不幸的是，关于找出群组的计算方法，一直都有争议。没有一个方法让人一看就觉得是正确的，而使用不同的方法会得到不同的答案。更糟的是，这些计算机使用的方法可能"过于热心"，什么东西都能看出阶序嵌套模式来。距离测量学派（数值分类学）已经有点儿过时了。我的看法是，这只是暂时的现象，流行事物往往会这样，这种数值分类学可不容易报废。我预测它会再度流行。

另一个专注于纯粹相似模式的学派，由自命为"转化的分枝学者"组成。我已经说过，他们给自己取的头衔是有历史渊源的。分类学的"恶言"，主要是从这个学派散发出来的。为了搞清楚这个学派的来龙去脉，我不想遵循通行的做法，从分枝学派的内部谈起。就根本信念而言，所谓的"转化的分枝学者"与专注于纯粹相似模式的学派共通之处较多，就是"表型派"或"数值分类学"，我在前一节称他们为"平均距离测量者"。他们都不想将演化扯入实际的生物分类研究中，不过这样的信念并不一定蕴含对演化概念的敌意。

转化的分枝学者与真正的分枝学者共享的是方法。他们的分类学研究一开始就是以二权分枝树作为基本模式。他们都特别重视某些种类的特征（例如最近才演化出的特征），认为它们有利于分类学研究，而忽视其他种类的特征（例如古老的特征）。不过他们对这种差别待遇的理据不同。转化的分枝学者与平均距离测量者一样，研究的目的不在发现动物间的系谱关系。他们寻找的是纯粹的相似模式。他们同意平均距离测量者的看法：相似模式是否反映了演化史是另一问题，他们心中并无成见。但是，平均距离测量者会考虑让大自然自己透露她实际上是否有个阶序组织，转化的分枝学者径自假定她的组织就是个阶序结构。对他们来说，事物就是要以阶序的分枝（阶序嵌套）结构来分类的，这像个公理，不容置疑。由于分枝树与演化无关，因此应用范围不局限于生物。根据转化的分枝学者，他们分类动物、植物的方法，用来分类石头、行星、图书馆的书、铜器时代的壶也成。换言之，本章一开头我以（图书馆）书籍分类做例子所发挥的论点——对一个独特的阶序分类系统而言，演化是唯一的合理基础——他们并不同意。

我们说过，平均距离测量者测量每个动物与其他动物的相似程度。他们计算出某个平均相似指数后，才开始以分枝树解释那些指数。可是转化的分枝学者本来是真正的分枝学者，他们与真正的分枝学者一样，一开始就以分枝树思考分类对象的关系。至少在原则上，他们一开始会将所有可能的分枝树都打印出来，分别考虑，选出最佳的一个。

但是，他们在一一考虑那些分枝树的时候，实际上在说什么？所谓"最佳"又是什么意思？每个可能的分枝树对真实世界做了什么样的假定？对真正的分枝学者（享尼希的门徒），答案很清楚。将4种动物联系在一起的15个分枝树，每个都代表一个可能的系谱。这15种可能的系谱中，必然有一个是正确的，不多也不少。每个动物都有祖先，它们各有历史，都是世上发生过的真实事件。要是我们假定每次分枝/分化都是"一分为二"的事件，那么可能的历史有15个。其中14个必然是错的。只有一个才是对的，可以再现真实历史的发生模式。要是8种动物的话，就有135 135个可能的系谱，其中135 134个必然是错的。只有一个再现了历史真相。将它找出来也许不容易，但是真正的分枝学者至少可以确定一件事：正确的只有一个。

但是那15个（或135135个）可能的分枝树，以及正确的那一个，在非演化世界中算什么呢？答案是：不算什么。［请参考《演化与分类》（1986），作者里德利（Mark Ridley）过去是我的学生，现在是我的同行。］转化的分枝学者拒绝承认"祖先／系"概念。他们认为"祖先"是个脏字眼。但是，他们却坚持分类系统必然是个分枝的阶序系统。那么，要是那15个（或135135个）可能的分枝树不是系谱，它们究竟是什么？他们说不出名堂，只好到古代哲学里摸索，例如拣出某个模糊的观念论概念，说什么这个世界本来就是以阶序结构组织的；或世上每件事都有"冲克"，如阳之有阴。他们从来就没有说得更清楚些。"将6种动物联系在一起的分枝树，共有945种，其中正确的只有一种；其他的必然是错的。"这样有力而明确的论断，转化的分枝学者在非演化世界中是不可能下的。

为什么转化的分枝学者会觉得"祖先"是个脏字眼？（我希望）不是因为世上本就没有所谓"祖先"的事物。而是他们决意不让"祖先"在分类研究中扮演任何角色。如果只谈分类学的实际研究工作，这个立场无可非议。分枝学者不会在系谱上将现生物种摆在"祖先"的位置上，传统的演化分类学者有时倒会这么做。无论什么门派的分枝学者，都把现生动物间的关系当作"表亲"（最多源自同一个"祖父"），谁也不是谁的祖先。这是极为明智的。不过，要是上纲上线，把这个实践法门扩张成针对"祖先"概念的禁忌，就不明智了。须知采用阶序分枝树作为生物分类的基础架构，根本理据就是"祖系话语"。

最后，我想谈谈转化的分枝学派最古怪的面相。话说转化的分枝学者与表型派的"距离测量者"共享一个极为明智的信念，认为在实际的分类学研究中绝不动用演化与祖系假设是个说得通的做法。但是有些转化的分枝学者并不满足，他们极端到硬是断定：演化论必然有问题！这实在太奇怪了，叫人难以置信，但是有些转化分枝学派的领袖人物的确公开表示过对演化概念（特别是达尔文的演化论）的敌意。其中两人是纽约"美国自然史博物馆"的纳尔逊（G. Nelson）与普拉尼克（N. Platnick），他们甚至这么写道："达尔文演化论，简言之，已经测验过，证实是假的。"我很希望知道那是什么"测验"，更想知道达尔文演化论所解释的现象纳尔逊与普拉尼克想以什么理论解释，特别是复杂的生物适应。

其实转化的分枝学者可不是死抱着《创世记》的创造论者。对他们的宣言，我的解释是他们对分类学在生物学中的地位，有夸大不实的幻想。他们相信忘掉演化会提升分类学研究的水平，最重要的法门就是绝不使用祖先概念。这也许是对的。同样，其他的生物学家，例如神经科学家，也许会认为思考演化不能帮助研究。神经科学家同意神经系统是演化的产物，但是他们的研究不需要动用这个事实。他们必须懂很多化学与物理知识，但是他们相信在研究神经冲动的场合，达尔文演化论根本不相干。这个立场站得住脚。但是，要是你说因为你在实际的研究过程中不需要动用某个理论，因此那个理论是假的，那就离谱了。误以为自己的研究领域极其重要的人，才会这么说。

即使自己的研究领域极其重要，这样说也不合理。物理学家当然用不着达尔文演化论。他也许会认为生物学比起物理学实在无甚可观。因此，在他看来，达尔文演化论对科学微不足道。但是他不能打蛇随棍上，说什么达尔文演化论因此是假的。可是转化的分枝学派有些领袖人物正是这么做的。读者请留意，"假的"正是纳尔逊与普拉尼克使用的字眼。用不着说，他们的话已经让我在上一章提到过的灵敏麦克风捕捉到了，让他们在媒体上出了不小的风头。最近有一位领袖级的转化分枝学者应邀到我服务的大学（牛津）演讲，结果出席听讲的人数是全年之冠，其他的客座学者都没那么大魅力。原因可想而知。

纳尔逊与普拉尼克是有学术地位的生物学家，又服务于广受尊敬的博物馆，他们的话（"达尔文演化论，简言之，已经测验过，证实是假的"）使创造论者开心，也鼓舞了积极弄虚作假的人，不在话下。我花篇幅讨论转化的分枝学派，全是为了这个。纳尔逊与普拉尼克发表上述评论的论文，收在一本论文集中。里德利为这本论文集写的书评温和地指出，他们俩那样说其实只是想叙述一个事实，就是祖先物种很难摆进分枝分类系统中，可是谁想得到他们只是这个意思？想明确判定某（几）个物种的祖先物种究竟是谁，的确很难；把这个问题搁置一旁，碰都不碰，有充足的理由。但是因此而说出耸动视听的话，诱导其他人相信根本没有祖先这回事，就是亵渎语言，违背真理了。

现在我要去整整我的花园，或找点儿其他事做。

第十一章

达尔文的论敌

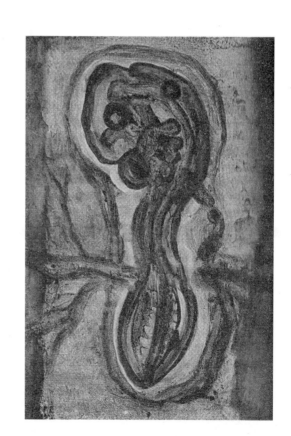

演化是事实，地球上所有生物彼此都是亲戚，也是事实，认真的生物学家从未怀疑。不过，有些生物学家对达尔文的演化论（解释演化如何发生的理论）却有怀疑。有时他们的怀疑只不过是文字游戏罢了。例如疾变演化论就可以说成是反达尔文理论的。我在第九章论证过，疾变演化论其实只是达尔文演化论的小变体，根本算不上"反"达尔文。但是的确有学者提出了不折不扣的反达尔文理论，与达尔文理论的要旨针锋相对。本章主题就是这些达尔文理论的论敌。它们包括我们叫作"拉马克理论"的各种版本，以及其他的观点，例如中性论、突变论与创造论——三不五时就有人将它们提出来，说是可以替代达尔文的天择论。

在对立的理论中论是非，检验证据就成了，这是明摆着的正道。举例来说，学界一向否决有拉马克风味的理论，理由正当，因为它们从来没有健全的证据支持（倒不是没有人下过功夫找证据，有时狂热的拉马克信徒抓狂到伪造证据的地步）。在这一章里，我要采取不同的策略，主要是因为已经有许多书检验过证据，并得到支持达尔文理论的结论。我不再以证据核对达尔文与论敌的论证，我要采用比较玄想的路数。我的论点是：在已知的演化理论中，达尔文演化论是唯一在原则上可以解释生命某些面相的理论。要是我是对的，就算达尔文的理论根本没有证据支持，我们仍然可以青睐它，抛弃它的论敌，而且理直气壮。（用不着说，其实达尔文演化论是有证据支持的。）

以比较戏剧化的形式铺陈这个论点，就是做预言。我预言，要是在宇宙另外一个角落发现了一种生命的形式，无论它在细节上与我们熟悉的多么不同或怪异，但是在一个关键面相上，它们与地球上的生命十分相似：它们会演化，而且演化机制就是达尔文天择的某种形式。不幸这个预言在我们有生之年绝对没有机会验证，但是它仍不失为一种夸饰其词的方式，用来凸显关于地球生命的一个重要真理。达尔文的理论在原则上可以解释生命。传世的其他理论没有一个在原则上能够解释生命。我会证明这一点，以下我要讨论天择论所有的已知论敌，我不会以证据论证它们的得失，而是讨论它们是否能恰当地解释生命。

首先我必须界定"解释生命"是什么意思。用不着说，生物有许多性质，其中有些也许论敌也可以解释。关于蛋白质分子的分布，有许多事实也许是基因的中性突变造成的，与天择无关，我们已经讨论过。不过，我想拣出一个特别的生物性质，论证只有达尔文天择论才解释得通，而论敌全不成。这个性质就是在本书反复出现的主题：复杂的适应（adaptive complexity）。生物都能适应各自的栖境，达到生存与生殖的目的，它们的适应手段花样繁复，不可能无中生有忽地就出现了。以概率来说，也不可能。我效法培里，用过眼睛做例子。眼睛有两三个"设计"良好的特征，可以想象成一次意外事件的结果。但是一个适应良好的器官，若由许多零件组成，每个零件不仅称职，零件之间还能互相契合，就不能再用意外、偶然之类的机制解释了。达尔文提出的解释，当然也让偶然扮演了一个角色，那就是基因突变。但是偶然由天择逐步过滤、累积，涉及许多世代。本书其他各章已经说明过，这个理论对复杂的适应可以提出令人满意的解释。这一章我要论证：已知理论中除了天择论，其他的都做不到。

我们就拿达尔文最著名的历史论敌来开刀吧。我说的就是拉马克（Lamarck，1744—1829）。拉马克在19世纪初提出生物演变论，当时算不上达尔文演化论的论敌，因为达尔文直到1809年才出生。拉马克超越了他的时代。18世纪的知识分子中，有些人支持生物演变论，包括达尔文的祖父伊拉斯谟（Erasmus Darwin，1731—1802），拉马克也是其中之一。就这一点来说，他们是对的，有资格受后人的景仰。拉马克也说明了生物演变的机制，是当时最好的演化理论。但是我们没有理由假定：要是达尔文演化论在拉马克生前就发表了，拉马克一定会拒绝接受。事实上拉马克过世时，达尔文还在念剑桥大学呢。而拉马克的不幸是，至少在英语世界中，他的名字令人想起的是他犯的错误（他的演化论，即说明演化的理论），而不是他的正确信念（演化是个事实）。

本书不是历史书，我不会对拉马克本人的作品做学究式的文本分析。拉马克的文字中有一丝神秘主义的气息，举例来说，他对进步有强烈的信念，认为生命会向上攀升，令许多人想象冥冥中似乎有个生命阶梯，即使现在还有人这样想[1]；拉马克谈到动

---

[1] 因此有人将 evolution 译成"进化"。——译者注

物为生存而奋斗的用语，可以解释成动物好像有意识地想要演变。我要从拉马克的论述中演绎出那些不具神秘气息的成分，它们至少乍看之下似乎能够解释演化事实，足以与达尔文的理论分庭抗礼。这些成分基本上有两个："后天形质可以遗传"与用进废退原则。现代的新拉马克主义者从拉马克著作中拣出的正是这两个。

用进废退原则是说：生物的身体，经常使用的部位会发育得更大，没有使用的部位往往会退化。要是你锻炼某些肌肉，肌肉就会发达，从未运用的肌肉会萎缩，这是早已观察到的事实。检查一个人的身体，我们可以分辨哪些肌肉经常使用，哪些肌肉极少使用。我们甚至还能像福尔摩斯一样，根据他的肌肉状况猜出他的职业或娱乐方式。健身迷就是利用用进废退原则来"塑"身的，好像身体是件雕塑作品似的；他们的身体形态并不自然，随着流行时尚而变。身体对这种操练方式有反应的部位，并不只限于肌肉。要是你赤脚走路，脚底就会形成厚茧。银行职员与农民，光看他们的手就能分辨了。农民由于粗活干得久，手上都长了茧。就算银行职员手上也有茧，最多只是中指拿笔的地方结个小茧罢了。

用进废退原则使动物更能适应它们生活的世界，只要它们继续在那个世界中生活，就能适应得越来越好。人类直接暴露在阳光下或缺少阳光照射，皮肤的颜色都会变化，以适应特定的当地条件。照射太多阳光很危险。迷上日光浴，肤色又很淡的人容易得皮肤癌。照射的阳光太少又会使身体缺乏维生素 D，导致软骨症，有时居住在北欧（斯堪的纳维亚半岛）的黑人就会犯这毛病。在阳光照射下，表皮会合成黑色素（melanin）挡住阳光，保护表皮下的组织不受阳光伤害。要是一个皮肤晒黑的人搬到太阳不常露脸的气候区去，黑色素就会消失，使身体能够利用稀少的阳光合成维生素 D。这可以当作用进废退原则的例子：皮肤使用了之后就变成古铜色，不用了就变回淡色。不过，有些生活在热带的族群，黑皮肤是遗传的，而不是阳光照射的结果。

现在要谈另一个主要的拉马克原则，就是后天形质可以遗传给未来世代的想法。所有证据都显示这个想法根本就错了，但是过去大家都相信它是事实。它也不是拉马克发明的，拉马克只不过将当时的民间智慧融入他的思想系统中罢了。现在在某些圈子里，它仍然被奉为真理。我妈有只狗，偶尔会装蒜，提着一条后腿，以三条腿一瘸一拐地走。有个邻居有一只老一点儿的狗，不幸车祸中丧失了一条后腿。她相信我妈的狗一定是她的狗下的种，证据就是我妈的狗很明显地是从老爸那里遗传了瘸腿的。民间智慧与童话充满了同样的传奇。许多人都相信后天形质可以遗传，或者情愿相信。20 世纪之前，它在生物学界一直是主流理论。达尔文也相信，不过他的演化论没用上，因此我们没想到达尔文与这个想法有关。

要是将"后天形质可以遗传"与用进废退原则结合起来，我们就有了一个看来可以解释演化改进（进化）的理论了。它就是我们通常叫作拉马克演化论的玩意儿。要是连续几个世代的人都在崎岖的地上赤脚走路，使脚底长茧，那么每个世代脚底的茧都会比前一世代稍微厚些。每个世代都沾了前个世代的光。最后，婴儿一生下脚底就很厚实（其实这是事实，不过理由不同，我们下面会讨论）。如果连续世代都生活在热带的阳光下，他们的皮肤会变得越来越黑，因为根据拉马克理论，每个世代都继承了前一世代晒黑的皮肤。最后，他们一生下皮肤就是黑的（这也是事实，但不是因为拉马克所说的理由）。

最有名的例子是铁匠的手臂与长颈鹿的颈子。在世代以打铁为业的村子里，每个人的手艺都是从自己的高曾祖继承来的，因此他也从祖先继承了锻炼有素的肌肉。他们不只坐享前人的成就，还连本加利地遗传给子女——加入了自己的改进成果。长颈鹿的祖先颈子并不长，但是它们无论如何都得吃到树上的叶子才能活命。它们拼命地伸长脖子，因此拉长了颈部的肌肉与骨骼。每个世代最后脖子都比前一个世代长一些，并将这份成就遗传给下一代。根据纯粹的拉马克理论，所有的演化改进（进化）都源自这个模式。动物基于需求努力奋进。它在奋进中使用到的身体部分就会增大，或者朝适当的方向变化。变化结果遗传给下一代，然后这个过程继续进行。这个理论的优点是，这是个累积的过程——我们已经讨论过，任何一个演化理论若想在我们的世界观里扮演一个角色，这个特征不可或缺。

对某些类型的知识分子以及一般大众，拉马克理论似乎非常动人。有一次有位同事向我请教，他是著名的马克思学派历史家，很有教养，知识渊博。他说他了解就事实而论，拉马克理论似乎站不住脚，但是难道真的不可能它也许是对的？我告诉他以我之见毫无希望，他以诚挚的遗憾接受了我的看法，他说为了意识形态的理由，他希望过拉马克理论是真的。因为拉马克理论似乎能让人产生积极的希望，认为人性会不断向上提升。萧伯纳（1856—1950，1925 年诺贝尔文学奖得主）于 1922 年为剧本集《回到玛土撒拉》（*Back to Methuselah*）写了一篇长序，热烈鼓吹后天形质可以遗传的想法。[1]他可不是根据生物学证据说话；他承

---

[1] 根据《圣经》，玛土撒拉是诺亚的祖父，享寿 969 岁。——译者注

认他一点儿生物学都不懂，而是对达尔文演化论的含义非常反感：

> 达尔文演化论似乎很简单，因为起先你并不了解它的全部内涵。等到你恍然大悟，你会陷入极度的绝望中。那个理论讲的是丑陋的宿命论，无论是美与智慧、力量与目的、尊荣与抱负都遭到骇人听闻的贬抑，真是糟透了。

库斯勒（Arthur Koestler，1905—1983）也是著名的文人，对于他所谓的达尔文演化论的含义也无法容忍。古尔德嘲笑过他，说他生前所写的最后六本书，其实攻击的对象只不过是他自己对达尔文演化论的误解。古尔德说得对。库斯勒提供的替代品，我从来没搞懂过，但是可以算是拉马克理论的一种晦涩版本。

库斯勒与萧伯纳都是特立独行的思想家。他们对演化的观点与众不同，也许没什么影响力。不过我还记得我才十几岁的时候，萧伯纳在《回到玛土撒拉》序中的迷人说辞，使我对演化论的倾倒至少中断了一年。在感情上，拉马克理论极富吸引力，随之而来的，是对达尔文演化论的敌意，这种情绪通过有力的意识形态，有时会造成更为邪恶的冲击（有力的意识形态会替代思想）。李森科（T. D. Lysenko，1898—1976）是个二流的农作物育种家，并不高明，但是政治手腕却很高明。他狂热地反对孟德尔遗传学，狂热地相信后天形质可以遗传，不容置疑。在大多数文明国家中，像他一样的人，别理他就是了，不会造成什么害处的。不幸李森科刚好生在意识形态压倒科学真理的国家。1940年，斯大林任命他担任苏联遗传学研究所所长，因此他极有权势。他对遗传学的无知见解成为钦定教材，整个一代人在学校中只能学到他那一套。苏联农业受到无法估算的损害。许多著名的遗传学家被放逐、流亡，或下狱。例如世界知名的瓦维洛夫（N. I. Vavilov, 1887—1943）是以可笑的诬陷罪名拘禁的（"英国特务"），经过冗长的审判过程，然后他在一间没有窗子的牢房中死于营养不良。

"后天形质绝不遗传"是不可能证明的。我们无法证明小仙子不存在，是同样的道理。我们只能说，有人看见小仙子的报道从未被证实过，传世的所谓小仙子照片一看就知道是假的。美国得州在恐龙足迹间发现人类脚印的报道也一样。我要是明确地声明小仙子不存在，不管如何措辞都不保险，因为说不准哪一天我真的会在我家花园尽头看见一个背上有蝉翼的小人儿。后天形质可以遗传的理论，也处于相同的地位。所有想证明后天形质可以遗传的实验，几乎都失败了。那些似乎成功的例子，有些后来发现实验结果是伪造的，例如库斯勒以一本书报道的案例（1971）——产婆蟾蜍（midwife toad）——实验者就以墨汁注入蟾蜍皮下制造实验结果。其他的成功结果则无法在别的实验室复制。不过，搞不好有一天有个人真的在花园尽头看见了一个小仙子，巧的是这人不但神志清醒，手里还正好有架照相机，你说怎么办？搞不好有一天有个人真的证明了"后天形质可以遗传"呢。

不过，我们能说的就这么多了。从来没有可靠观察记录的事，仍然是可信的，只要我们确实知道的事不会因而变得可疑就成了。有人说苏格兰尼斯湖（Loch Ness）中现在有一只蛇颈龙出没，就是所谓的尼斯湖水怪。我从来没有见过足以支持这个说法的证据，但是即使有一天果真证实了尼斯湖水怪就是活生生的蛇颈龙，我的世界观也不会受到冲击。我只会感到惊讶（或者高兴），因为过去6 000万年的化石记录中没发现过蛇颈龙，要是有一小撮中生代劫余族群仍活在世上，那么长的时间都没留下化石，似乎不大可能。但是发现了蛇颈龙不会陷重要的科学原理于不义。那只不过是个事实。另一方面，科学已经使我们对宇宙运作的机制有相当好的了解，大量而不同的现象都与这份了解十分契合，不免有些说法与这份了解不契合，或者至少难以调和。例如从1701年（清康熙四十年）起就当眉批印在《詹姆斯钦定本圣经》上的创世年代——上帝在公元前4004年10月23日（礼拜天）创造了世界。那是北爱尔兰阿尔马（Armagh）主教乌舍尔（James Ussher, 1581—1656）算出来的。这个说法不只是不真实而已。它与当前的科学不相容，不只是正统的生物学、地质学，与放射性的物理理论、宇宙学也不相容（要是6 000年之前并无宇宙，我们不该观察到6 000光年以外的恒星；我们不该侦测到银河系，也不该侦测到银河系之外的1 000亿个星系）。

　　一个棘手的事实颠覆了整个正统科学的例子，科学史上并不是没有。要是我们断言历史不会重演就太狂妄了。但是一个发现若有颠覆的潜力，冲击重要而成功的科学成就，我们会自然而然地要求它通过高标准的验证，而且理该如此，容易与既有科学兼容的惊人发现就不会。对于尼斯湖中的蛇颈龙，只要我亲眼看见，就会相信。要是我看见一个人在我面前念念咒语就能浮上空中，我不会立即抛弃整套物理学，我会先怀疑我是否惑于幻视，或者让戏法要了。两个极端之间并没有楚河汉界，而是连续的变化，有的理论也许不真实，却不难成真（如尼斯湖中有蛇颈龙），有的理论非得颠覆已确立的正统理论才可能是真实的（如人可轻易在空中漂浮）。

　　说真格的，拉马克理论在这个连续区间中究竟处在什么位置上？通常它都被摆在"也许不真实，却不难成真"的一端。这儿我想论证，拉马克理论或者说得更具体一些，"后天形质可以遗传"这个理论，虽然与"念念咒语就能浮上空中"不是同一类的事，可它比较接近"浮上空中"的一端，而远离"尼斯湖蛇颈龙"那一端。"后天形质可以遗传"不属于"搞不好是真的，但也许不是"那类事。我会论证，除非胚胎学中最不能割舍、最经得起考验的一个原理被推翻了，"后天形质可以遗传"才会是真的。因此拉马克理论必须受更为严苛的检验，"尼斯湖水怪"只会引发例行的理性警戒，层级还不够。那么，为了接受拉马克理论，必须颠覆哪一条广为接受并经过考验的胚胎学原理呢？那就得花些工夫解释了。可是费这个工夫解释，难免令人觉得我横生枝节，逸出本题，不过我想最后读者一定会觉得功不唐捐。还有，我得提醒读者，本章我想完成的主要论证，第一个就是：即使拉马克理论能够成立，它仍然无法解释复杂适应的演化。请读者留意，我还没开始呢。

好了，我们要讨论胚胎学了。单独的细胞转变成成年个体的过程，一向有壁垒分明的两种看法。它们的正式名称是先成论（preformationism）与突现论（epigenesis），但是它们的现代形式我会叫作蓝图（blueprint）理论与配方（recipe，或食谱）理论。早期的先成论者相信，既然成年个体是由单细胞发育成的，成体在那个单细胞中就已经成形了。他们有一个人还想象他能用显微镜看见一个迷你人（homunculus）蜷缩在精子内，而不是卵子！他认为，胚胎发育只是个生长的过程。胚胎里的成体具体而微，早已成形。我们可以想象每个雄性小人体内都有微小的精子，精子里蜷缩着他的儿子，儿子体内有自己的精子，他的孙子蜷缩在里面。除了这个无穷回溯的问题之外，天真的先成论忽略了孩子也继承了母亲形质的事实，即使在 17 世纪这都是显而易见的。为了公平起见，我得告诉你有些先成论者主张小人蜷缩在卵子中，论人数他们多得多了，主张小人在精子里的人是少数派。但是无论主张小人蜷缩在精子里还是卵子里，都逃避不了前面的两个问题。

　　现代先成论就不受那两个问题的困扰，但仍然是错的。现代先成论——蓝图理论——主张受精卵中的 DNA 等于成年身体的蓝图。蓝图是真实对象按比例缩小的迷你玩意儿。真实对象——房子、车子或其他物事——是三维空间中的东西，蓝图却是二维的。你可以用一组二维切面再现一个三维对象，例如一栋房子：每一楼层的地板平面图、各个楼层的正面图等等。简化维度图的是方便。建筑师可以用火柴棒与轻木制作模型交给营造商，但是一套画在纸上的二维模型——蓝图——可以放在手提箱里，便于携带，容易修改，根据它工作也比较容易。

　　要是想以计算机使用的脉冲码储存蓝图，并以电话线传送到国内其他地方，就有必要将蓝图进一步化约，成为一维的形式。这并不难，只要将每张二维蓝图扫描成一维信息，再记录下来就成了。电视影像就是以这种方式编码，再以无线电波传送的。用不着说，压缩维度基本上只是编码装置的小事一桩。要紧的是，蓝图与建筑物之间仍然维持点与点的对应。蓝图上的每一笔，在建筑物上都有一个特定的点与它对应。我们不妨说，蓝图是鸠工建筑之前就已成形的建筑物缩影，尽管缩影是以较少的维度记录的。

　　我会提到将蓝图缩减到一维中，当然是因为 DNA 就是一维码。理论上，一栋建筑物的缩小模型可以用一维的电话线传送出去——一套数字化的蓝图，因此理论上将缩小的身体通过电话线传送也是可能的。不过目前还做不到，要是做得到，我们就得说现代分子生物学证明了古代的先成论是正确的。现在就来讨论胚胎学的另一个大理论吧，突现论，也就是配方（或食谱）理论。

烹饪书中的一份食谱，从任何一个意义来说，都不是蛋糕的蓝图。倒不是因为食谱是一维的字符串，而最后从烤箱里拿出来的蛋糕是三维的对象。我们已经说过，一个缩小的模型扫描成一维码，完全是可能的。但是食谱不是缩小的模型，不是对蛋糕的描述，从任何一个意义来说都不是一个点对点的再现。食谱（或配方）是一套指示，要是依序遵行，就能做出蛋糕。一个蛋糕真正的一维编码蓝图，包括一系列的扫描信息，就像以细长的激光束由上而下、由左而右的层层扫描。每层厚约 1 毫米，光束经过之处所有细节都编码记录下来；例如每粒葡萄干、蛋糕屑的精确坐标都能从这批数据中检出。蛋糕的每一个细节在蓝图上都有映射对应，两者丝丝入扣。用不着说，这与真实的食谱或配方完全不同。烘焙好的蛋糕，细节与食谱上的字毫无映射对应之处。食谱上的字果真与什么东西有映射对应关系的话，也不是出炉蛋糕的细节，而是制作过程中的步骤。

现在我们还不了解动物是怎么从受精卵发育出来的，大部分细节都不清楚。尽管如此，基因扮演的角色比较像食谱，而不像蓝图，这方面的证据颇为坚强。说真格的，食谱（或配方）是个相当合适的模拟，而蓝图几乎在每个细节上都是错误的模拟，虽然初级的教科书中动不动就以蓝图做模拟（尤其是最近的教科书）。胚胎发育是个过程。它是有次序的事件序列，就像制作蛋糕的过程，只不过胚胎发育有几百万个步骤，不同的步骤在身体各部分同时进行。大多数步骤涉及细胞增殖，产生大量细胞，它们有些会死亡，存活的会集合成器官、组织，以及其他多细胞构造。我们在前面几章谈过，一个特定细胞会做什么，不是由细胞里的基因决定的——因为身体里每个细胞都有同一套基因——而是基因组里启动了的基因。发育中的身体，任一部位、任一时间都只有一小撮基因启动。胚胎的不同部位在不同的时间，启动的基因也不同。细胞中哪个基因在哪个时候启动，由细胞内的化学条件决定。那个化学条件又受胚胎那一部位的过去条件支配。

此外，一个基因启动了之后，它的作用还受制于作用的对象。一个基因若于胚胎发育的第三星期在脊髓尾端细胞中启动，与它在第十六周在肩膀细胞中启动，作用会完全不同。这么说来，基因的作用绝不是基因自身的性质；在胚胎中，每个基因都必须与它所处位置的最近历史互动（每个基因都在历史脉络中行动），基因的作用其实是"行动中的基因"表现出的性质。因此"基因与身体的关系可以模拟成蓝图与身体的关系"（基因组是建造身体的蓝图），根本是无稽之谈。（还记得吗？第三章讨论过的生物形与"基因"的关系，也一样。）

基因与身体的每个细节没有简单的一对一映射关系，就像食谱上的字与蛋糕的构造细节没有映射关系一样。基因组可以视为实现一个过程的成套指令，就像食谱上的字，集合起来看是一组指令，为的是制作蛋糕。说到这里读者可能会有疑惑：那么遗传学家为什么还能混饭吃呢？要是以上说的都是事实，那怎么还能够说什么蓝眼基因、色盲基因呢？更不要说做研究了。另一方面，遗传学家的确可以研究这种单一基因的作用，因此基因与身体构造细节不就有某种映射关系吗？这不就是驳斥我的说法（基因组是身体发育的食谱/配方）的证据吗？这两个问题的答案都是否定的（"不是"），不过请读者务必了解其中的道理。

也许最容易看出其中道理的方式，是回到食谱的模拟。我相信你会同意：你无法将一个蛋糕分解成蛋糕屑，然后说"这一粒对应食谱上的第一个字，这一粒对应第二个字"，等等。以这个意义来说，你会同意：整份食谱与整个蛋糕有映射关系。但是现在假定我们改变食谱上的一个词，例如将"泡打粉"这个词删掉，以"酵母"取代。我们依照新食谱烘焙 100 个蛋糕，再以旧食谱烘焙 100 个蛋糕。这两组蛋糕有个非常重要的差别，这个差别是食谱上的一词之差造成的。虽然食谱上的字词与蛋糕的构造细节没有点对点的映射关系，那个一词之差却与两组蛋糕的差别有点对点的映射关系。"泡打粉"与蛋糕的任一部分都不对应，可是它的作用影响了整个蛋糕膨松的程度，以及最后的形状。要是"泡打粉"从食谱上删掉了，以"面粉"取代，蛋糕根本不会"发"。要是以"酵母"取代，蛋糕会"发"，但是尝起来会比较像面包。根据原始食谱以及"突变"版本烘焙的蛋糕，一直都有明确、稳定的差异，即使食谱上的字词与蛋糕构造的细节没有对应关系。这是个很好的模拟，我们可以用来理解基因突变的结果。

由于基因的作用可以用数值表示，突变就是改变那些作用的数值大小，因此更好的模拟是将食谱上的 350 度改为 450 度。比起依据原始食谱上的低温烘焙出来的蛋糕，以"突变"高温烘焙出来的蛋糕很不同，不同之处不只表现在蛋糕的某个部位，而是整个蛋糕都不同。但是这个模拟仍然嫌简单。为了模拟"烘焙"一个婴儿的过程，我们应该想象的不是以一个烤箱烘焙一个蛋糕的过程，而是一群纷乱的传输带分派婴儿身体的不同部位到 1 000 万个微小烤箱中，有些排成序列，有些是平行关系，每个烤箱的产物都以 1 万种基本成分组合，只是组合的比例不同。以烹饪做模拟，要旨是：基因不是蓝图，而是实现一个过程的指令，以这个模拟的复杂版本来说，会比简单版本还要来得有说服力。

现在我们可以应用这堂课来讨论"后天形质可以遗传"说了。根据蓝图建造东西，与食谱比起来，特征是：整个过程可以逆转。要是你有栋房子，重建蓝图很容易。只要四处测量，按比例画在纸上就成了。用不着说，要是房子"获得了后天形质"（例如室内隔间全都打掉了，做成开放空间），"反转录蓝图"也会忠实地把改变记录下来。要是基因是成熟身体的忠实描述的话，上述的逆转过程也能发生。要是基因是蓝图，就很容易想象任何后天形质都能忠实地转录成基因代码，然后传递给下一代。铁匠的儿子真的可以继承父亲劳动的后果。正因为基因不是蓝图而是食谱，后天形质才不可能遗传。我们无法想象后天形质可以遗传，正如我们无法想象下面的情事。一个蛋糕切了一块后，对蛋糕变化后的描述可以回馈原先的食谱，食谱因而改变，依据新食谱做的蛋糕，一出烤箱就少了那一块。

拉马克的信徒一向喜欢手脚长茧的例子，就让我们拿它当例子好了。我们前面设想过一位银行职员，他有一双保养得很好的手，柔嫩得很，只有右手中指握笔的地方有个老茧。要是他的子孙每一代都以摇笔杆维生，拉马克信徒预期：控制中指握笔区皮肤发育的基因会发生变化，让新生儿的中指都有老茧。要是基因就是蓝图的话，事情就好办了。因为皮肤每一单位面积（如一平方毫米）都会有一个基因负责。这位银行职员每一寸皮肤都可以"扫描"过，仔细记下每一平方毫米的厚度，再"回馈"给负责的基因，说得精确些，就是他精子里的对应基因。

但是基因不是蓝图。说什么每一平方毫米都由一个基因负责，简直莫名其妙，更不要说扫描成年人的身体，将每个部位的详细信息"回馈"基因了。身体某个老茧的坐标无法在基因记录中检出，也无法找到负责的基因，就谈不上改变相应的基因了。胚胎发育是个过程，所有起作用的基因都参与了；这个过程，要是有条不紊地顺序执行，就能成就一个成年身体；但是这个过程本质上就是不可逆的。后天形质不只不会遗传给下一代，根本就不能。不管是什么生命形式，只要胚胎发育是突现式的（而不是先成式的）就不能。鼓吹拉马克理论的生物学家，其实骨子里鼓吹的是一种粒子式、决定论式、化约式的胚胎学——他们要是知道了，自己都可能吓一跳。我本来无意使用那三个唬人的行话，免得一般阅读大众难以消受。可是我管不住自己，因为现在最同情拉马克理论的生物学家，正巧就特别喜欢用那些"切口"批评别人。真是讽刺。

我倒不是说，宇宙中绝不可能有先成式的胚胎；搞不好星空某个角落里就有这种生命系统，那里的生命形式采用蓝图式的遗传模式，因此后天形质真的可以遗传。我以上的讨论只是想指出：拉马克理论与我们所知道的胚胎学不兼容。不过我在本章一开头的说法更强悍：即使后天形质可以遗传，拉马克演化论仍然无法解释适应演化。我的说法极为强悍，意思是：只要是生命就适用，管他什么形式，管他在宇宙的哪个角落。我是基于两个推论才那么说的，一个涉及"用进废退"的问题，一个涉及"后天形质遗传"的问题。请容我细说分明。

后天形质涉及的遗传问题是这样的。就算后天形质可以遗传好了，可是后天的形质并不都算"改进"。说真格的，大部分后天形质都是伤痕。不用说，要是后天形质不加鉴别一律遗传的话，演化就不会朝着增进适应的大方向进行了。要是断腿、天花瘢都遗传给子女了，怎生是好？任何机器使用久了，都会出现"后天形质"，往往大多数都是累积的伤痕：耗损。那些耗损果真会遗传，结果就是一代比一代衰老。因为每一代都不是以一张崭新的蓝图为起点，还没出娘胎就满身是祖宗八代累积下来的衰变与伤痕，真够呛的。

这个问题不见得是个解不开的死结。有些后天形质的确是改良品，遗传机制也许有办法分辨改良品与伤痕，原则上这是可行的。不过一旦我们开始思索分辨的机制，就不免会追问：为什么后天形质有时的确是改良品？举例来说，为什么经常使用的身体表面，皮肤会变得厚而粗？像是光着脚丫子跑步的长跑健将，脚底都长茧了。按常理来说，他们的脚底似乎应该变得越来越薄才是；大多数机器里，处于磨耗情境的零件不就变得越来越小？只因为"磨耗"是从零件上移除粒子的过程，而不是增加粒子。

用不着说，达尔文信徒有现成的答案。皮肤经常处于磨耗情境就会变厚，因为在过去的祖先族群中，有些个体正巧展露了这种有利的抗磨耗反应，受到天择的青睐。同样的，天择青睐祖先族群中一晒太阳皮肤就变"黑"（其实是褐色）的个体。达尔文信徒坚持，即使有一小撮后天形质是改良品，唯一的理由就是：它们都是过去的天择产物。换言之，拉马克理论可以解释适应性改良形质的演化，但是必须搭达尔文理论的便车才行。假定天择一直在作用，确保某些后天形质有利于个体的生存与生殖，并提供机制，分别有利与不利的后天形质，这么一来，可以遗传的后天形质也许就可能导致某个演化改良的结果。但是那个改良结果全是天择打造的。为了解释演化的适应面相，我们还是得回到达尔文的理论。

有一组重要得多的后天形质也是一样，就是我们以"学习"一词涵盖的那些特质。每个动物出生后，谋生技能会日渐纯熟。它得学习分辨好歹。它的大脑贮藏了大量记忆，有关它的生活世界的，还有关于行动后果的得失分析。因此动物的行为可以算"后天形质"，大多这类后天形质（学习的结果）的确算得上改良品。要是父母亲真的能将一生阅历凝练的智慧编成基因码、写入基因组，让子女生来大脑里就有个内建的记忆库，可以随时查阅，子女不就在起跑点上领先群伦了？要是学会的技巧与智慧能够自动写入基因组，演化进步的速率也许真的可以起飞，也未可知。

但是这全都预设了：我们叫作学习的行为变迁真的是改良品。为什么它们会是改良品？事实上，动物学会从事对它们好的事，而不是对它们坏的事，但是，为什么？动物往往会避免从事过去让它们尝过苦头的事。但是苦头可没有形质。痛苦是大脑创造的。那些令大脑产生痛觉的事正巧可能危及性命，例如身体表面被猛烈刺穿，真是谢天谢地。但是我们很容易想象世上也有一种动物，身体受伤时（或者身临险境时）不但不觉得痛苦，反而通体舒畅；它们的大脑在身体受到残害时，会产生愉悦的感觉，有利于生存的吉兆，则令它们痛苦不堪，例如滋补食物的味道。我们在现实世界中从未见过这种有受虐倾向的动物，因为根据达尔文的看法，有受虐倾向的祖先没有机会留下后裔，将它们的受虐倾向遗传到以后的世代，理由用不着多说。我们也许可以培育出有遗传性受虐倾向的家畜，但是畜栏必须有足够防护设施，不使它们伤到自己，并配置兽医与照料团队，小心呵护它们的性命。但是在野外，这种受虐狂活不长的，这就是我们称为学习的变化往往是改良的形质，而不是瑕疵品的原因。后天形质要是有利于生物的生存与生殖，必然有天择做靠山——我们再度达到了这个结论。

现在让我们讨论用进废退说吧。后天的改良形质有一些面相，说是用进废退的结果，似乎的确讲得通。它是一个通则，不依赖特定条件运作。这条通则的内容很简单："身体任何一部分，常用，就长得大一些；不用，就会变小，甚至萎缩、消失。"由于我们会期望身体有用的（因此就是使用的）部位变得大些更能发挥功能，而无用的（因此就是用不着的）部位要是根本不存在不知有多好，"用进废退"似乎的确有用。然而用进废退却有个大问题，那就是，用进废退是个极为粗糙的工具，无法用来制造极其精巧的生物适应，我们在动植物中观察到的就美不胜收了——即使没有其他的反对理由，这个理由就够呛的。

动物的眼睛就是个有用的例子，我们讨论过，但是再谈一次无妨。请想一想互相精密配合的所有零件：晶状体必须透明，能够校正色差，能够校正眼球产生的扭曲；调整晶状体的睫状肌能够针对距离眼睛只有几厘米到无限远的对象瞬间对焦；虹膜是眼睛的"光圈"，随时按需要调节进入眼睛的光线，使眼睛像一台配备了内建测光计与高速计算机的照相机；视网膜上有 1.25 亿个对色彩敏感的感光细胞；滋养每个零件的纤细血管网络；更为纤细的神经网络——相当于芯片与链接电线。请用你的心眼盯住这个精工雕琢的复杂事物，然后自问：这会是以"用进废退"打造的产物吗？我认为答案很明确，难以推诿："不会！"

晶状体是透明的，而且可以校正球面偏差与色差。这种高水平零件，光是"不断使用"就能形成了吗？以大量光子不断冲击晶状体，就能使它清澈剔透了吗？只因为常常使用，常有光线穿透，就能形成一个优良的晶状体吗？当然不是。为什么会是呢？视网膜上的感光细胞有三种，分别对不同的彩色非常敏感，那只是因为它们受到不同色光照射的结果吗？同样的，我们也可以问，为什么该这样呢？一旦调整晶状体的睫状肌演化出来了，经常使用的确会令它们变得更发达、更强健，但是这不足以使影像更精确地聚焦。实情是，"用进废退"只能打造最粗糙的生物适应，不可能令人惊艳。

达尔文的天择理论对任何一个微小的细节都能解释，毫不勉强。有时良好的视力攸关生死，精确与忠实一点都含糊不得。对褐雨燕之类的高速飞鸟而言，捉住飞行中的苍蝇与撞上崖壁之间只有一线之隔，因此既能适当聚焦、迅速变焦，又能校正偏差的晶状体，就是存亡之机了。能适当调节眼睛光圈的虹膜，日出时会迅速缩小，不然动物被耀眼阳光遮蔽了视线，没看见前方的猎食兽，等到利爪加身，一切都太迟了——早一秒钟反应的话，也许就能逃得性命。对眼睛功能做任何改进，无论多么微小，涉及多少内部组织的调整，都能帮助动物生存与生殖，造成改进的基因因而有机会大量进入下个世代。因此达尔文的天择理论能解释改进是怎样演化的。根据达尔文的理论，任何一个成功的（有效能的）生存装备，都因为它很成功（有效益）才会继续演化。解释与标的（任何生物适应，例如眼睛）之间的关系，是直接又容许考察的。

至于拉马克的理论，解释与标的之间的关系就松散又粗陋了，它只有一条规则：身体任何部位，要是因为大量使用而变大了，功能就会增进。这条规则其实只是：器官的尺寸与效能有关联。

就算这个关联的确存在，也很微弱。达尔文理论依赖的关联其实是器官的效能与效益（提升生存/生殖机会），这样的关联必然是天作之合。拉马克理论的这个弱点，不是以特定物种的详细事实考验之后才露馅儿的。它是个普遍的弱点，也就是说，解释任何复杂的生物适应它都会露馅儿。我认为宇宙任何一个角落的生物，无论与地球上的生命有多大的差异，都能暴露拉马克理论的这个弱点。

这么一来，我们对拉马克理论的驳斥，就很不容易反驳了。第一，它的关键假设（后天形质可以遗传）在我们研究过的所有生物中似乎都是假的。第二，它不仅是假的，在胚胎发育依赖突现原则（食谱/配方）的生物中必然是假的，于是我们研究过的所有生物都包括在内了。（只有在依据先成蓝图发育的生物中才可能是真的。）第三，即使拉马克理论的假设是真的，根据两个不同的理由，它也无法解释复杂适应的演化，不只地球上发现的无法解释，宇宙中任何角落发现的都无法解释。按过去的说法，拉马克理论是达尔文理论的论敌。现在我们知道这种说法并不正确，倒不是因为我们认为拉马克理论是错的，而是拉马克理论根本不能算是达尔文理论的论敌。对于复杂生物适应的演化，拉马克理论甚至连候选假说都不配。它一开始就注定了无法与达尔文理论竞争。

过去倒是有几个其他的理论问世过，算是达尔文天择论以外的选项，其中有些甚至现在仍然三不五时就有人当真得很。我会再度论证它们其实当不得真。我会让读者看清楚，这些"另类选项"——中性理论（neutral theory）、突变论等——也许能解释一部分我们观察到的演化变化，但是它们无法说明有适应价值的演化变化，也就是逐步改良眼睛、耳朵、肘关节、回声定位装置等器官以利生存的过程。我同意，大量演化变化也许并无适应价值，这些另类选项也许在这类变化的演化过程中扮演过重要角色。但只涉及演化的比较无趣的领域，而无关乎能展现生命的特性的领域。演化的中性理论就是最好的例子。这个理论问世已久，但是它的现代形式（分子遗传学）特别容易了解，这个形式主要是由日本伟大的遗传学家木村资生（Motoo Kimura，1924—1994）鼓吹的。顺便说一句，木村的英文散文风格，让许多母语是英语的人都觉得惭愧。

我们在上一章简短地讨论过中性理论。你应该还记得，这个理论的大意是，同一个分子的不同版本，功能完全一样，例如血红蛋白有几种，差别只在氨基酸序列罢了。换言之，从一个血红蛋白版本突变成另一个版本，就天择的观点来说，是"中性的"。主张中性理论的学者认为，在分子遗传学的层次上，相对于天择而言，演化变化绝大多数是中性的，因此也是"随机的"。而主张天择论的遗传学家相信，天择即使对分子链上每一点的细节，都进行了强有力的筛选。

我们得将两个不同的问题区别开来。第一个问题与本章的主旨相关，就是："中性理论是不是可以解释适应性演化，效力足以与天择论匹敌?"第二个问题很不一样，就是："实际发生的演化变化是否大多数都有适应价值?"由于我们讨论的是一个分子从一个形式变成另一个形式的演化变化，那么这个变化是天择造成的，还是出自随机漂变的中性变化? 对于这个问题，分子遗传学家之间有旗鼓相当的攻防，一下是这方占了上风，一下又是对方占了上风。但是，要是我们的兴趣在适应——第一个问题——他们的争论只不过是茶杯中的风暴罢了。就我们所关心的问题而言，中性突变简直等于不存在，因为我们与天择都看不见它们。要是我们观察的是脚啊、手臂啊、翅膀啊、眼睛啊、行为什么的，中性突变根本就不是突变。再使用一次食谱的比喻吧，即使食谱上有些字"突变"了，以不同的字体打印出来，按食谱做出来的菜风味依旧。我们都只顾品尝端上桌的菜，因此对我们来说食谱并没有变，不论它是用什么字体印出来的。分子遗传学家像是挑剔的印刷工人，对印刷品的字体极为讲究，一丝不苟。天择才不管呢，要是讨论的主题是生物适应的演化，我们也不该管。要是我们关切的是演化的其他面相，例如不同演化世系的演化速率，中性突变就极为重要了。

即使最热情的中性论者，都乐于同意天择打造了所有生物适应。他们强调的只是：大多数演化变化都没有适应价值。他们说不定是对的，但是有一派遗传学家并不同意。我是个旁观者，我希望中性论者是对的，那么一来演化关系（演化树）与演化速率的问题就太容易回答了。辩论双方都同意的是，中性演化不可能导致有适应价值的改进，理由很简单：根据定义，中性演化是随机的，而适应性的改进不是随机的。再强调一次，复杂的适应是生命的特质，也是区别生命与非生命的判断标准，为了解释复杂的适应是怎样演化出来的，我们还是没有找到任何理论，足以取代达尔文的天择理论。

现在我们要讨论达尔文理论在历史上的另一个论敌——"突变理论"（mutationism）。20 世纪初期，学者刚发现"突变"现象的时候，并没有把它当作达尔文理论的必要元素，反而把它视为另一个解释演化的理论。这段历史现在我们很难了解。遗传学家中有一派，叫作突变学派，包括最先"重新发现"孟德尔遗传定律的（荷兰）德弗里斯（De Vries，1848—1935）、（英国）贝特森（Bateson，1861—1926），发明"基因"（gene）一词的（丹麦）约翰森（Wilhelm Johannsen，1857—1927），以及提出染色体理论的（美国）摩尔根（Thomas Hunt Morgan，1866—1945；1933 年诺贝尔生理学和医学奖得主）。德弗里斯对突变所能造成的变异幅度，印象特别深刻，他认为新物种都源自单独的重大突变。他与约翰森都相信物种内的变异大部分都没有遗传基础。突变论者都相信，天择在演化中最多只扮演淘汰不适者的小角色。真正的创造力量是突变。他们并没有把孟德尔遗传学当作达尔文学说的核心原理，而是与达尔文学说针锋相对的理论。

除了嗤笑，我们现在很难对这个想法还有什么其他的反应，但是我们得小心，可别重复贝特森那副老大哥的口吻："我们读达尔文的作品，是因为他搜集了庞大的相关事实，但是对我们来说，他在理论上并不在行。我们读他的演化论，就像读卢克莱修（Lucretius，约前 99—前 55；罗马哲学家、诗人）、拉马克的作品一样。"还有，"根据达尔文的理论，生物族群的演化，是以天择引导的微小步骤完成的。现在我们大多数人都了解，他的理论根本与事实不符。提倡这个理论的人居然无法看透现象的本质，以及他们欺人眼目于一时的辩才，我们只能表示惊讶"。扭转局势的人主要是费希尔，他证明孟德尔粒子遗传学不仅不与达尔文学说对立，还是达尔文学说的要素。

突变是演化的必要条件，怎么有人会认为突变是演化的充分条件呢？演化变化就是改良，光是偶然绝不可恃。把突变当作唯一的演化力量，困难在于：突变怎么会"知道"什么对动物好，什么不好？变动一个现成的复杂机制，像是器官，最可能的后果就是搞砸。所有可能的方案中，只有一小撮能将它改良。任何人想论证突变在没有天择的情况下是演化的驱动力，都必须解释突变怎么会朝有利的方向发生。身体怎么知道该朝改良的方向突变的？凭什么？有神秘的内建智慧吗？我想你会注意到，我先前评论拉马克理论时已经提出过这个问题了。用不着说，突变论者从来没有答复过这个问题。奇怪的是，他们似乎根本没有想到这是个问题。

突变论者的说法，我们今天听起来更觉得荒谬，因为我们已经相信突变是"随机的"，这对他们不见得公平。如果突变是随机的，那么根据随机的定义，突变就不可能偏向改良的方向发生。但是，用不着说，突变学派并不认为突变是随机的。他们认为身体有个内建的倾向，会朝特定方向变化，而不是其他方向，不过他们对于身体怎么会知道什么变化未来会有大用，则无定见。尽管我们认定这是神秘主义的胡扯，我们还是得弄清楚所谓"突变是随机的"究竟是什么意思。"随机"有好几个意思，许多人都没搞清楚。事实上，在许多方面突变都不是随机的。我会坚持的是，这些方面并不包括相当于"先见之明"的东西，就是预见使生活更好过的方式。要是想以突变（在没有天择的情况下）解释演化，就需要相当于"先见之明"的东西。考察一下我们根据什么理由说突变是随机的，或不是随机的，可以帮助我们了解这个问题。

认为突变并不随机的第一个理由是这样的：突变不是自发性的，而是外力造成的。突变是由所谓的"突变原"（mutagens）诱发的：X光、宇宙射线、放射性物质、各式各样的化学品甚至其他的基因［叫作"促变基因"（mutator genes）］。这些突变原都很危险，因为它们往往促成癌症。第二，任何一个物种的基因组里，并不是每个基因都可能突变。染色体上每个地址都有特有的突变率。举例来说，造成亨丁顿氏症的基因（位于第四号染色体），突变率是 20 万分之一。有这个基因的人，通常到中年才发病，所以有机会将这个基因遗传给子女。导致软骨形成不全症（achondroplasia）的基因，突变率比亨丁顿氏症高 10 倍。这是一种常见的侏儒症，病人的四肢相对于躯干都太短。这些突变率都是在正常条件下测量的。要是有突变原的话，所有正常的突变率都会大幅提升。染色体上有些地址是所谓的"热点"，那里的基因变化很快，就是突变率非常高。第三，染色体上每一个地址，无论是不是热点，朝某个方向突变的概率有时比相反的方向高。这会导致所谓的"突变压力"现象，这个现象有时会影响演化的结果。举例来说，即使两种血红蛋白的形式（Ⅰ型与Ⅱ型）对天择来说并无差别（中性），也就是说它们的载氧量无分轩轾，可是两者互变的概率却可能有差异：从Ⅰ型突变成Ⅱ型比较常见，从Ⅱ型突变成Ⅰ型比较少见。这么一来，突变压力会使Ⅱ型比Ⅰ型更常见。要是某个染色体地址上，朝某个方向突变的概率让相反方向的突变率平衡了，那个地址的突变压力就是 0。

现在我们可以了解，追究突变是否真正随机，可不是个琐碎的问题。它的答案与我们理解"随机"的方式息息相关。要是你认为"随机突变"的意思是突变不受外界事件的影响，那么 X 光就否定了"突变是随机的"。要是你认为"随机突变"意味着：所有基因都有同样的突变机会，那么热点证明了突变不是随机的。要是你认为"随机突变"意味着：染色体上所有地址的突变压力都是 0，那么突变仍然不是随机的。只有在你将"随机"定义成

"并无改良身体的偏见（意图）"时，突变才真的是随机的。我们讨论过的三种非随机突变，都无法驱使演化朝向适应改良的方向发展。还有一种非随机突变，实质上与前三种一样，但是却不见得那么容易看出来。我们必须花一些时间讨论这第四种非随机突变，因为甚至有些生物学者都被它搞糊涂了。

有些人认为"随机"有下面所说的意义，在我看来，这实在是匪夷所思。桑德思（P. T. Saunders）与何梅婉（Mae-Wan Ho）是反对达尔文理论的英国学者，我要引用他们的话，以讨论他们对"随机突变"的看法："新达尔文理论的'随机变异'观念，有个重大谬误，就是只要能想象的，就有实现的可能。""（新达尔文理论信徒相信）所有的变化都是可能的，发生的概率完全一样。"我才没有这种信念，也看不出这种信念能搞出什么玩意儿。"所有的变化都是可能的"？这究竟是什么意思？所有的变化？要是两个或更多的东西"发生的概率完全一样"，那些东西必须定义成独立事件。

举例来说，我们可以说"（硬币的）正面或背面出现的概率完全一样"，因为正面或背面是独立事件。但是动物身体所有可能的变化，不是这类独立事件。以两个可能的事件为例："乳牛的尾巴增长了 1 英寸"，以及"乳牛的尾巴增长了 2 英寸"。这两个事件是分别独立的事件，因而"发生的概率完全一样"？或者它们是同一个事件，只是数值不一样而已？

很明显，桑德思与何梅婉对达尔文信徒的刻画完全失真，在他们的描述中，达尔文信徒的随机观念，就算实际上不是毫无意义的，也极端得荒谬。我花了一点时间琢磨才了解这幅拙劣画像的意义，因为达尔文信徒的思路，据我所知与它简直风马牛不相及。但是我认为我真的了解这幅画像，我会试图解释它，因为我认为它可以帮助我们了解许多自命反对达尔文理论的人。

变异与天择合作，结果就是演化。达尔文信徒说变异是随机的，意思是变异并不朝着改良的方向发生，而演化中朝向改良的趋势，源自天择。我们可以想象各种演化理论，它们形成一个连续体，达尔文理论是一个端点，突变理论是另一个端点。极端的突变论者相信在演化中天择没有扮演任何角色。演化的方向由突变的方向决定。举例来说，假定我们想解释人类的大脑在最近几百万年中增大的事实。达尔文信徒会说，突变提供变异，让天择拣选，因此族群中有些人脑子比较小，有些人脑子比较大，而天择青睐脑子大的人。突变论者会说突变提供的变异里就偏向较大的脑子；变异出现后并无天择（或者说无须天择）；人类大脑逐渐变大，因为突变造成的变化偏向较大脑子的方向。总结以上的论点：演化过程出现了偏向（bias）——有利于较大的脑子；这个偏向可能源自天择（达尔文信徒的观点），也可能源自突变（突变论者的观点）。我们可以想象这两个观点之间有一连续体，几乎可说是演化偏向（趋势）两个可能源头的交易场。中庸观点会是：突变有偏向（较大的脑子），而天择放大了先天的偏向，就是脑子较大的人比较有机会存活下来、生养子女。

达尔文信徒说，供天择拣选的突变变异并无偏向，可是桑德思与何梅婉却拿这话做素材，完成一幅失真的画像。我是一个真实的达尔文信徒，对我来说这句话的意思只不过是：突变并没有系统地朝向适应改良的方向偏向。但是在桑德思与何梅婉的笔下，它的意思却成了"所有能想象的变化，发生的概率完全一样"。暂且不谈这样的信念在逻辑上就无法成立（前面讨论过），这幅失真的画像让人以为达尔文信徒相信动物的身体是可以任意捏揉的黏土，变化无穷，全能的天择随时可以将它塑造成中意的形式。了解真实的达尔文信徒与不实刻画间的差别很重要。我要以一个例子来说明这一点，这个例子是：蝙蝠与天使的飞行技术有何差异？

根据历来对天使的描绘，他们的翅膀是从背上长出来的，因此两臂不必长满羽毛。而蝙蝠与鸟儿、翼龙没有独立的双臂。它们从祖先遗传来的臂膀变成翅膀的一部分，无法用来执行飞行以外的任务，像是抓取食物，即使能用也笨拙得很。以下的对话发生在一位真实的达尔文信徒与不实虚拟的达尔文信徒之间。

真实：我在想，为什么蝙蝠没有演化出像天使一样的翅膀？那么它的一双手臂就可以派上用场了。小鼠都是用手臂捡起食物放到嘴边吃的，可是蝙蝠没有手臂，在地面上就非常笨拙。我认为一个答案也许是：突变从未提供必要的变异。蝙蝠从来没有过背上长出翼芽的突变祖先。

虚拟：胡说。天择什么事都办得到。蝙蝠还没有演化出天使一般的翅膀，只因为天择不青睐天使一般的翅膀，不为别的。过去一定出现过背上长了翼芽的突变祖先，但是天择就是不青睐它们。

真实：好嘛，我同意要是翼芽真的在背上发出来过，天择也许不青睐它们。一来它们会增加体重，而多余的重量可是任何飞行器都无法负担的奢侈品。但是我想你不至于相信无论天择可能会青睐什么，突变总是能适时提供必要的变异？

虚拟：我当然相信。天择什么事都办得到。突变是随机的。

真实：这我同意，突变是随机的，但是这只不过是说突变无法预见未来，无法规划有利于动物的变化。这句话并不意味着任何变化都是可能的。举个例子好了，为什么没有一种动物像恶龙一样会从鼻子喷火呢？那样捕捉猎物与烹饪猎物不都方便得多吗？

虚拟：那可难不倒我。天择什么事都办得到。动物的鼻孔不会喷火，因为划不来。喷火的突变个体会被天择淘汰，也许因为喷火太耗费能源了。

真实：我不相信过去出现过会喷火的突变个体。果真有过，我想它们搞不好很容易烧到自己。

虚拟：胡说。要是有那种问题，天择就会青睐衬了石绵的鼻孔。

真实：我不相信造成石绵衬里鼻孔的突变出现过。我不相信突变动物能够分泌石绵，也不信突变乳牛一跃就能跳上月亮。

虚拟：任何一跃就能跳上月亮的突变乳牛都会被天择淘汰。上面没有氧气，你知道吧。

真实：我很惊讶你没有想到配备了基因制造的宇宙飞行服与氧气罩的突变乳牛。

虚拟：好主意。不过，我猜真正的理由一定是乳牛就算跳上月球也得不到什么好处。别忘了到达逃逸速度所需要的能量。

真实：这实在太荒谬了。

虚拟：用不着说，你不是个真正的达尔文信徒。你到底是什么人，某种暗地里信奉突变理论的分歧分子吗？

真实：要是你那么想，你就该见识一下真正的突变论者。

突变论者：这是达尔文阵营的内部辩论吗？还是任何人都能加入？你们两人的问题在于你们把天择看得太重要了。其实天择所能做的，只是删刈畸形与怪胎罢了。天择无法产生真正有建设性的演化。回到一开始的例子，谈谈蝙蝠翅膀的演化吧。真正发生的是，在一个陆栖的祖先族群中，突变开始制造加长的手指与指间的皮膜。随着世代推移，这些突变个体变得越来越常见，最后整个族群都是有翅膀的个体。这与天择毫无关系。在蝙蝠祖先的体质中，有内建的倾向，注定要演化出翅膀。

真实/虚拟达尔文信徒（异口同声）：玄之又玄！滚回19世纪吧，那儿才有你的栖所。

我认为读者不会同情突变论者与虚拟不实的达尔文信徒，我希望我这么说不会引起反感，认为我太过自以为是。我假定读者赞成真实的达尔文信徒表达的论点；我当然也赞成，用不着多说。虚拟的那位现实中并不存在。不幸有人认为他真的存在，而既然他们不同意此君，就等于不同意达尔文理论。有些生物学家形成了一套观点，他们沉湎于以下的说法。达尔文理论的问题是，它忽略了胚胎发育对演化的限制。达尔文信徒认为，要是天择青睐某一可以想象的演化变化，那么必要的突变变异就会出现。（这是不实的叙述，读者一定看得出来。）任何方向的突变变化都同样可能：天择提供了唯一的偏见。

但是任何真实的达尔文信徒都会承认，虽然任何染色体上的任何基因在任何时候都可能突变，突变对于身体的影响却受到胚胎发育过程的严苛限制。要是我真的怀疑过这一点，我的生物形计算机仿真实验也会将我的怀疑驱散。你无法只顾着要求一个在背上长出翼芽的突变。翅膀或其他任何东西，只能在发育过程容许的情况下演化。没有东西能够说出现就出现的。它必须由胚胎发育的过程制造。在想象中可以演化的东西，既有的发育过程实际上只容得下一小撮。先有手臂的发育过程，才可能再发生突变使手指增长，手指间长出皮膜。但是在背部的发育过程中，也许没有什么可以假借，以长出天使般的翼芽。基因可以继续不断地突变，但是没有一种哺乳类会像天使一般，从背上发出翼芽，除非哺乳类的胚胎发育过程容许这种改变。

既然我们不知道胚胎发育的细节，对于某一组想象的突变出现过还是从未出现过的评估，我们就有争论的余地。举例来说，也许最后我们发现，哺乳类的胚胎发育过程并没有阻止天使翼发生的因子，因此那位虚拟的达尔文信徒就这个例子所做的说明是对的，就是天使翼芽过去发生过，但是天择不欣赏，因此没有机会演化完成。或者，我们对胚胎学知道得更多后，发现背上怎么都不可能长出翼芽，因此天择根本没有机会欣赏它。还有第三个可能，这是为了使论证圆满起见才列入考虑的，就是胚胎发育过程从来就不容许天使翼这种可能，而且天择根本不欣赏这种玩意儿（即使有机会见到背上长出的翼芽也不会欣赏）。但是我们必须坚持的是，我们绝不能忽视胚胎发育过程对演化的限制。所有认真的达尔文信徒都会同意这一点，可是有些人却将达尔文信徒描绘成否认这一点。仔细爬梳他们的论证后，才发现这些人夸夸其谈，把"发育限制"当作所谓的反达尔文力量，其实只是一场误会——他们把正宗达尔文理论与虚拟不实的达尔文观点给弄混了。

上一节的讨论始于一个简单的问题：我们说突变是"随机"的，这究竟是什么意思？我列出了三种情况，突变在那些情况中都不是随机的：由 X 光等因子诱发的突变；不同的基因，突变率不同；某一方向的突变率不一定会被反方向的突变率抵消。还有第四种情况：只能改变既有胚胎发育过程的突变，也不是随机突变。突变不能无中生有，不能凭空造出一个天择可能会欣赏的形质。供天择拣选的变异，受既有胚胎发育过程的限制。

还有一种情况，其中的突变也许是非随机的。我们可以想象一种突变形式，它会系统地偏向改善动物的生活适应。但是，虽然我们可以想象这类突变，这种偏见的运作机制却没有人说得出名堂。只有在这个情况中（"突变"情况），真实的达尔文信徒才会坚持突变是随机的。突变不会系统地偏向适应改进的方向，已知的机制中没有一个能够引导突变朝这第五个"非随机"意义的方向发展。相对于适应利益而言，突变是随机的，虽然在其他所有方面突变都是非随机的。引导演化朝向非随机方向发展的（相对于利益而言），是天择，也只有天择办得到。突变理论不仅实际上错了，它根本就不可能是对的。它在原则上就无法说明改进的演化。突变理论与拉马克理论一样，不是达尔文理论已遭到否定的论敌，它们根本不是达尔文理论的论敌。

我下一个要谈的也是达尔文理论的所谓论敌，就是英国剑桥大学遗传学家多弗（Gabriel Dover）提倡的分子驱动理论。这个名字很奇怪，因为什么东西都是分子构成的，所以我不明白多弗强调的过程为什么值得叫作"分子"驱动，其他的演化过程就不行吗？木村资生与其他宣扬中性理论的学者，就没有为他们的理论做过不实的权利主张。他们没有幻想随机漂变（random drift）可以当作天择理论的论敌，以解释适应演化。他们承认只有天择可以驱动演化朝向适应的方向发展。他们的主张只不过是：许多演化变化（指分子遗传学家眼中的演化变化）并无适应价值。多弗可不，他宣传自己的理论，言大而夸。他认为他不需要天择就可以解释演化的所有面相，虽然他很大方地同意天择理论也许有几分道理。

在本书中，我在考虑这类问题时，都会一贯地拿出眼睛当例子。但是我得强调，为了说明"复杂而设计精良的器官不可能由偶然打造"，有太多例子可以举了，眼睛只是它们的代表罢了。对于人类的眼睛以及同样完美而复杂的器官，我反复论证过，只有天择才算得上提供了合理的解释。好在多弗已经公开接受过挑战，对眼睛的演化提出了他的解释。他说，假定眼睛从无到有的演化过程，共有 1 000 个步骤。他的意思是，将一小片赤裸的皮肤转变成一只眼睛，需要 1 000 个基因变化（突变）。为了论证方便起见，我认为这是可以接受的假设。以生物形国度来比拟的话（见第三章），就是裸肤动物与长眼的动物在基因空间中相距 1 000 个基因步骤。

言归正传。多弗已经说了，只要走完那正确的 1 000 步，就能出现一只我们所知道的眼睛，问题是：怎样解释这个事实呢？天择的解释大家都很熟悉。将它化约成最简单的形式，大致是这样的。那 1 000 步的每个步骤，突变都提供了几个不同的选项，其中只有一个受青睐，因为它有利于生存。演化的 1 000 个步骤代表 1 000 个连续的选择点，在每个选择点上，大多数选项都导致死亡。现代的眼睛是个复杂的适应器官，是 1 000 个成功"选择"的终点产物，只是那些选择都是无意识的。物种在各种可能都具备的迷宫中走出了一条特定道路。一路上有 1 000 个分岔点，在每个分岔点上幸存者都恰巧是那些走上改进视力之道的个体。路边散布着尸体，都是转错弯的失败者。我们知道的眼睛，是 1 000 个成功选择连续累积起来的终点产物。

那是天择论的一种解释。那么多弗的解释是什么？基本上，他主张演化世系在每个步骤所做的选择并不重要：不管出现的器官是什么样的，都能为它找到用途。根据他的说法，演化世系走出的每一步都是随机的。例如步骤 1，一个随机突变散布到整个物种。由于新演化出来的形质在功能上是随机的，它不会帮助动物生存。于是物种搜索世界，寻找一个新的地方或新的生活方式，让它们可以利用强加在身体上的新生随机形质。它们发现了一个环境适合身体的随机形质发挥功能后，就会在那里生活一阵子，直到另一个新的随机突变出现，散布到整个物种。现在物种必须再度搜索世界，找个新地点或新的生活方式，让它们可以利用新生的随机形质过活。等到它们找到了这种地方，步骤 2 就完成了。接着是步骤 3 随机突变散布到整个物种，如此这般 1 000 个步骤就完成了，于是我们所知道的眼睛就形成了。多弗指出人类的眼睛刚巧使用我们所谓的可见光而不是红外光。但是，要是随机过程恰巧使我们的眼睛对红外光特别敏感，我们也能利用，并且发现一种充分利用红外光的生活方式。

乍看之下多弗的想法有其合理之处，颇诱人，但是也只有在乍看之下才会产生这种感觉。它的诱人之处在于它将天择理论完全颠倒了过来，那种对称手法堪称一绝。以最简单的形式来说，天择理论假定环境是强加在物种身上的事物，那些遗传禀赋最适应环境的个体才能生存。环境强加在物种身上，物种演化以适应环境。多弗的理论将它颠倒过来。现在物种的天性是强加给的，以这个例子而言是源自变化不定的突变，以及其他的内在基因力量——多弗对这些内在力量有特别的兴趣。然后物种在各种环境中，找出最适合天性的地点生活。别忘了，在多弗看来，所谓天性是强加给它的。

但是对称的诱惑其实肤浅得很。一旦我们着手以数字构思，多弗的想法就露出它华而不实的本相了。他的说法要紧之处在这里：在那 1 000 个步骤里，每一步物种转哪个弯都无关紧要。物种获得的每个新发明，功能上都是随机的，然后物种找个环境适合它。多弗的意思是，物种无论在哪个分岔口选择了哪一条路，都会找到一个适当的环境。现在请想一下，这么一来得有多少环境才足够？总共有 1 000 个分岔点。让我们保守些，假定每个分岔点都是二岔路口（而不是三岔路口或十八岔路口），只有两条路可选，不是左就是右。那么为了使多弗的想法行得通，原则上物种可以生活的环境必须有 2 的 1 000 次方才够。这个数字大略是 1 后面接着 301 个 0，比整个宇宙的原子总数还多。

多弗自命提出了天择论的论敌，可是他的理论根本行不通，不仅在 100 万年内行不通，即使给它宇宙历史 100 万倍的时间也行不通，给它 100 万个宇宙，每个宇宙的历史是这个宇宙的 100 万倍还是行不通。请注意，要是我们把多弗最初的假设（人类的眼睛是花了 1 000 个演化步骤才组装完成）修改一下，这个结论仍然如此。要是我们把它修正为 100 个步骤，虽然大概是低估了，我们仍然得到一个不可能的结论：物种可以生存的环境必须超过 100 万的 5 次方（1 后面接着 30 个 0）。这个数字小多了，但是计算的结果显示，多弗必须为物种准备的"环境"，每个还不到一个原子大。

为什么天择论不会让这种"大数论证"摧毁呢？多弗的理论不是与天择论在形式上是对称的吗？既然多弗的经不起大数的考验，天择论为什么就经得起呢？这个问题值得回答。在第三章，我们想象过一个超空间，所有真实动物与我们想象得出来的动物在那个空间里都有确定的位置。我们要在这里做同样的事，但是会把它简化，每个分枝点只分出两根枝杈，而不是 18 枝。于是1 000 个演化步骤所能形成的所有可能物种，都"栖身"在一棵巨大的树上，这棵树不断地分杈，最后枝杈的总数达到 1 后面接着301 个 0。任何实际的演化史，都能用这棵虚拟大树上的特定路径再现。在所有可以想象的演化路径中，只有一小撮有物种走过。我们可以想象这棵巨树大部分都隐匿在"乌有"（non-existence）中，只有这儿那儿的几条轨迹我们看得清楚。这些就是生物实际走过的演化路径，尽管这些路径并不少，在所有可能的路径中，仍然只占极端渺小的比例。天择是一个过程，它能在这棵虚拟巨树上自行寻路，并找到那些少数"生路"。我用来攻击多弗的大数论证，并不能对付天择理论，因为天择理论的要义就是：天择会不断大量砍下巨树上的枝杈。那正是天择的天职。在巨树上（包括所有可以想象的动物），天择会拣路走，步步为营，避开几乎可说是无限多的绝户枝杈——例如眼睛长在脚掌上的动物等等；而多弗的理论却因为它内部奇异的颠覆逻辑，不得不容忍它们。

我们已经讨论过所有天择论的所谓论敌，只剩下最古老的一个，就是创造论——生命是由一个有意识的设计者创造的，或者生命的演化是由他规划的。这个理论的某些特定版本，例如《创世记》记载的，实在太容易批驳了，其实胜之不武。几乎所有民族都发展了自己的创造神话，《创世记》的故事只是中东牧民某个部落恰巧采用的一个，并无特殊之处。根据一个西非部落的信仰，世界是用蚂蚁的排泄物创造的。这两个信仰谁也不比谁特殊。所有这些神话，共同之处在于它们都依赖某种超自然存在的蓄意打算。

乍一看，"瞬间创造"与"天启演化"的创造论，两者似乎有重大差异。有点深度的现代神学家已经放弃对"瞬间创造"说的信仰。支持某种演化观的证据已经让人无可推诿。但是许多自称是演化论者的神学家却让神从后门走私进来：他们让他扮演某种督导演化过程的角色，神可以影响演化史的关键时刻（特别是人类演化史的），甚至更为全面地干预日常事件（演化变化就是那些日常事件累加的结果）。例如第二章提到过的英格兰伯明翰主教芒特菲。

我们无法否证这类信仰，要是信徒假定神会费尽心思，总是在他的干预行动上罩着一件自然过程的外衣，使人觉得面对的是以天择为机制的演化现象，我们就更无能为力了。对这些信仰，我们所能说的就是：第一，它们都是多余的；第二，它们把我们想解释的主要事物当作事实接受，就是有组织的复杂事物。根据达尔文的演化论，有组织的复杂事物居然是从太古素朴中出现的，这才是它让人赞叹之处。

要是我们想主张世上有一位神祇，所有有组织的复杂事物都是它制造的，无论是瞬间制造的，还是通过演化的手制造的，那位神祇必然一开始就复杂得不得了。创造论者只是主张，在混沌之初这么一位智能超凡又复杂的存在就已出现，无论他是天真的原教旨主义者，还是受过良好教育的主教，这都是信仰的起点。要是我们也有这样的荣幸，只要主张有组织的复杂事物在混沌之初已经存在，就可以蠲免解释的重担，那我们何不依样画葫芦，说我们所知道的生命在太古之初就已存在就好了。

一言以蔽之，"上帝创世说"与我们在本章中讨论过的其他理论是一丘之貉，不管它是瞬间创造还是引导演化创造，都一样。它们表面看来，有点儿像达尔文理论的论敌，也许还能以证据来检验。仔细考察后，才发现不是这么回事，它们没有一个配得上达尔文理论的论敌。以天择累积小变、推进演化的理论，是唯一在原则上可以解释"有组织的复杂物事何以存在"的理论。即使证据不利于它，它仍然是我们手上最好的理论。而事实上现有的证据支持天择论。但是那是另一个故事了。

我们该做结论了。生命的本质就是巨大尺度上的渺小机会。因此，无论生命如何解释，偶然性都不沾边。对生命何以存在的解释，若要符合实情，就必须包含偶然性的对立面。根据正确的理解，偶然性的对立面是非随机存活。根据不正确的理解，非随机存活不是偶然的对立面，而是偶然性本身。这两个极端由一个连续体连接在一起，这个连续体就是从单步骤选择到累积性选择。单步骤选择是纯粹偶然的另一个名字。我说过，根据不正确的理解，非随机存活就是偶然性本身，正是这个意思。以缓慢而渐进的模式进行的累积性选择，是解释"生命的复杂设计何以存在"的理论，在人类提出的理论中，它是唯一说得通的。

贯穿本书的，是偶然性概念，是绝不可能自然出现的秩序、复杂、与看来是设计出来的表象。我们找到了一个方法驯服偶然性，将它的利齿拔掉。"不驯的偶然性"（纯粹、赤裸裸的偶然性）指无中生有、一步到位的有序设计。要是起先没有眼睛，然后突然间，只不过一个世代，有模有样、完美又完整的眼睛出现了，那就是不驯的偶然性。这是可能的，但是发生的机会太小了，小到不值一提。同理可证，任何有模有样、完美又完整的东西，都不可能自然出现，包括神祇（这是个让人无法推诿的结论）。

"驯服"偶然性的意思是，将非常不可能的事分解成一系列不那么不可能的小组件。从Y开始，一步就演变成X，无论多么不可能，想象它们之间有一系列渐进的中间步骤永远是可能的。大规模的变化无论多么不可能，较小的变化就不那么不可能。要是中介步骤之间的渐进幅度够微小，而中介步骤的数量又够大，我们不必召唤微乎其微的偶然性，就能从任何事物衍生出任何其他事物。我们能这么做，非得时间够长，所有的中介步骤才安排得下。此外，还得有个机制，指引每一步都朝某个特定方向跨出，否则连续步伐只着落在毫无目标的随机漫游上。

达尔文世界观的主张是，这两个条件都满足了，而缓慢、渐进、累积的天择是我们存在的终极解释。要是有些演化论的版本否定缓慢渐进、否定天择的中枢角色，它们也许在特定个案上为真。但是它们不可能是全面的真相，因为它们否定了演化论的核心要素，那些要素让它有力量分解"不可能"的万钧重担，并解释看来像是奇迹的奇观。

参考书目

1. Alberts, B., Bray, D., Lewis, J., Raff, M., Roberts, K. & Watson, J. D. (1983) *Molecular Biology of the Cell*. New York: Garland.
2. Anderson, D. M. (1981) Role of interfacial water and water in thin films in the origin of life. In J. Billingham (ed.) *Life in the Universe*. Cambridge, Mass: MIT Press.
3. Anderson, M. (1982) Female choice selects for extreme tail length in a widow bird. *Nature*, 299: 818–20.
4. Arnold, S. J. (1983) Sexual selection: the interface of theory and empiricism. In P. P. G. Bateson (ed.), *Mate Choice*, pp. 67–107. Cambridge: Cambridge University Press.
5. Asimov, I. (1957) *Only a Trillion*. London: Abelard-Schuman.
6. Asimov, I. (1980) *Extraterrestrial Civilizations*. London: Pan.
7. Asimov, I. (1981) *In the Beginning*. London: New English Library.
8. Atkins, P. W. (1981) *The Creation*. Oxford: W. H. Freeman.
9. Attenborough, D. (1980) *Life on Earth*. London: Reader's Digest, Collins & BBC.
10. Barker, E. (1985) Let there be light: scientific creationism in the twentieth century. In J. R. Durant (ed.) *Darwinism and Divinity*, pp. 189–204. Oxford: Basil Blackwell.

11. Bowler, P. J. (1984) *Evolution: the history of an idea.* Berkeley: University of California Press.

12. Bowles, K. L. (1977) *Problem-Solving using Pascal.* Berlin: Springer-Verlag.

13. Cairns-Smith, A. G. (1982) *Genetic Takeover.* Cambridge: Cambridge University Press.

14. Cairns-Smith, A. G. (1985) *Seven Clues to the Origin of Life.* Cambridge: Cambridge University Press.

15. Cavalli-Sforza, L. & Feldman, M. (1981) *Cultural Transmission and Evolution.* Princeton, N. J.: Princeton University Press.

16. Cott, H. B. (1940) *Adaptive Coloration in Animals.* London: Methuen.

17. Crick, F. (1981) *Life Itself.* London: Macdonald.

18. Darwin, C. (1859) *The Origin of Species.* Reprinted. London: Penguin.

19. Dawkins, M. S. (1986) *Unravelling Animal Behaviour.* London: Longman.

20. Dawkins, R. (1976) *The Selfish Gene.* Oxford: Oxford University Press.

21. Dawkins, R. (1982) *The Extended Phenotype.* Oxford: Oxford University Press.

22. Dawkins, R. (1982) Universal Darwinism. In D. S. Bendall (ed.) *Evolution from Molecules to Men*, pp. 403–25. Cambridge: Cambridge University Press.

23. Dawkins, R. & Krebs, J. R. (1979) Arms races between and within species. *Proceedings of the Royal Society of London*, B, 205: 489–511.

24. Douglas, A. M. (1986) Tigers in Western Australia. *New Scientist*, 110 (1505): 44–7.

25. Dover, G. A. (1984) Improbable adaptations and Maynard Smith's dilemma. Unpublished manuscript, and two public lectures, Oxford, 1984.

26. Dyson, F. (1985) *Origins of Life.* Cambridge: Cambridge University Press.

27. Eigen, M., Gardiner, W., Schuster, P., & Winkler-Oswatitsch. (1981) The origin of genetic information. *Scientific American*, 244 (4): 88–118.

28. Eisner, T. (1982) Spray aiming in bombardier beetles: jet deflection by the Coander Effect. *Science*, 215: 83–5.
29. Eldredge, N. (1985) *Time Frames: the rethinking of Darwinian evolution and the theory of punctuated equilibria.* New York: Simon & Schuster (includes reprinting of original Eldredge & Gould paper).
30. Eldredge, N. (1985) *Unfinished Synthesis: biological hierarchies and modern evolutionary thought.* New York: Oxford University Press.
31. Fisher, R. A. (1930). *The Genetical Theory of Natural Selection.* Oxford: Clarendon Press, 2nd edn paperback. New York: Dover Publications.
32. Gillespie, N. C. (1979) *Charles Darwin and the Problem of Creation.* Chicago: University of Chicago Press.
33. Goldschmidt, R. B. (1945) Mimetic polymorphism, a controversial chapter of Darwinism. *Quarterly Review of Biology*, 20: 147–64 and 205–30.
34. Gould, S. J. (1980) *The Panda's Thumb.* New York: W. W. Norton.
35. Gould, S. J. (1980) Is a new and general theory of evolution emerging? *Paleobiology*, 6: 119–30.
36. Gould, S. J. (1982) The meaning of punctuated equilibrium, and its role in validating a hierarchical approach to macroevolution. In R. Milkman (ed.) *Perspectives on Evolution*, pp. 83–104. Sunderland, Mass: Sinauer.
37. Gribbin, J. & Cherfas, J. (1982) *The Monkey Puzzle.* London: Bodley Head.
38. Griffin, D. R. (1958) *Listening in the Dark.* New Haven: Yale University Press.
39. Hallam, A. (1973) *A Revolution in the Earth Sciences.* Oxford: Oxford University Press.
40. Hamilton, W. D. & Zuk, M. (1982) Heritable true fitness and bright birds: a role for parasites? *Science*, 218: 384–7.
41. Hitching, F. (1982) *The Neck of the Giraffe, or Where Darwin Went Wrong.* London: Pan.
42. Ho, M-W. & Saunders, P. (1984) *Beyond Neo-Darwinism.* London: Academic Press.
43. Hoyle, F. & Wickramasinghe, N. C. (1981) *Evolution from Space.* London: J. M. Dent.

44. Hull, D. L. (1973) *Darwin and his Critics*. Chicago: Chicago University Press.

45. Jacob, F. (1982) *The Possible and the Actual*. New York: Pantheon.

46. Jerison, H. J. (1985) Issues in brain evolution. In R. Dawkins & M. Ridley (eds) *Oxford Surveys in Evolutionary Biology*, 2: 102–34.

47. Kimura, M. (1982) *The Neutral Theory of Molecular Evolution*. Cambridge: Cambridge University Press.

48. Kitcher, P. (1983) *Abusing Science: the case against creationism*. Milton Keynes: Open University Press.

49. Land, M. F. (1980) Optics and vision in invertebrates. In H. Autrum (ed.) *Handbook of Sensory Physiology*, pp. 471–592. Berlin: Springer.

50. Lande, R. (1980) Sexual dimorphism, sexual selection, and adaptation in polygenic characters. *Evolution*, 34: 292–305.

51. Lande, R. (1981) Models of speciation by sexual selection of polygenic traits. *Proceedings of the National Academy of Sciences*, 78: 3721–5.

52. Leigh, E. G. (1977) How does selection reconcile individual advantage with the good of the group? *Proceedings of the National Academy of Sciences*, 74: 4542–6.

53. Lewontin, R. C. & Levins, R. (1976) The Problem of Lysenkoism. In H. & S. Rose (eds) *The Radicalization of Science*. London: Macmillan.

54. Mackie, J. L. (1982) *The Miracle of Theism*. Oxford: Clarendon Press.

55. Margulis, L. (1981) *Symbiosis in Cell Evolution*. San Francisco: W. H. Freeman.

56. Maynard Smith, J. (1983) Current controversies in evolutionary biology. In M. Grene (ed.) *Dimensions of Darwinism*, pp. 273–86. Cambridge: Cambridge University Press.

57. Maynard Smith, J. (1986) *The Problems of Biology*. Oxford: Oxford University Press.

58. Maynard Smith, J. et al. (1985) Developmental constraints and evolution. *Quarterly Review of Biology*, 60: 265–87.

59. Mayr, E. (1963) *Animal Species and Evolution*. Cambridge, Mass: Harvard University Press.

60. Mayr, E. (1969) *Principles of Systematic Zoology*. New York: McGraw-Hill.

61. Mayr, E. (1982) *The Growth of Biological Thought*. Cambridge, Mass: Harvard University Press.

62. Monod, J. (1972) *Chance and Necessity*. London: Fontana.

63. Montefiore, H. (1985) *The Probability of God*. London: SCM Press.

64. Morrison, P., Morrison, P., Eames, C. & Eames, R. (1982) *Powers of Ten*. New York: Scientific American.

65. Nagel, T. (1974) What is it like to be a bat? *Philosophical Review*, reprinted in D. R. Hofstadter & D. C. Dennett (eds). *The Mind's I*, pp. 391–403, Brighton: Harvester Press.

66. Nelkin, D. (1976) The science textbook controversies. *Scientific American* 234 (4): 33–9.

67. Nelson, G. & Platnick, N. I. (1984) Systematics and evolution. In M-W Ho & P. Saunders (eds), *Beyond Neo-Darwinism*. London: Academic Press.

68. O'Donald, P. (1983) Sexual selection by female choice. In P. P. G. Bateson (ed.) *Mate Choice*, pp. 53–66. Cambridge: Cambridge University Press.

69. Orgel, L. E. (1973) *The Origins of Life*. New York: Wiley.

70. Orgel, L. E. (1979) Selection in vitro. *Proceedings of the Royal Society of London*, B, 205: 435–42.

71. Paley, W. (1828) *Natural Theology*, 2nd edn. Oxford: J. Vincent.

72. Penney, D., Foulds, L. R. & Hendy, M. D. (1982) Testing the theory of evolution by comparing phylogenetic trees constructed from five different protein sequences. *Nature*, 297: 197–200.

73. Ridley, M. (1982) Coadaptation and the inadequacy of natural selection. *British Journal for the History of Science*, 15: 45–68.

74. Ridley, M. (1986) *The Problems of Evolution*. Oxford: Oxford University Press.

75. Ridley, M. (1986) *Evolution and Classification: the reformation of cladism*. London: Longman.

76. Ruse, M. (1982) *Darwinism Defended*. London: Addison-Wesley.

77. Sales, G. & Pye, D. (1974) *Ultrasonic Communication by Animals*. London: Chapman & Hall.

78. Simpson, G. G. (1980) *Splendid Isolation*. New Haven: Yale University Press.

79. Singer, P. (1976) *Animal Liberation*. London: Cape.

80. Smith, J. L. B. (1956) *Old Fourlegs: the story of the Coelacanth*. London: Longmans, Green.

81. Sneath, P. H. A. & Sokal, R. R. (1973) *Numerical Taxonomy*. San Francisco: W. H. Freeman.

82. Spiegelman, S. (1967) An *in vitro* analysis of a replicating molecule. *American Scientist*, 55: 63–8.

83. Stebbins, G. L. (1982) *Darwin to DNA, Molecules to Humanity*. San Francisco: W. H. Freeman.

84. Thompson, S. P. (1910) *Calculus Made Easy*. London: Macmillan.

85. Trivers, R. L. (1985) *Social Evolution*. Menlo Park: Benjamin-Cummings.

86. Turner, J. R. G. (1983) 'The hypothesis that explains mimetic resemblance explains evolution': the gradualist-saltationist schism. In M. Grene (ed.) *Dimensions of Darwinism*, pp. 129–69. Cambridge: Cambridge University Press.

87. Van Valen, L. (1973) A new evolutionary law. *Evolutionary Theory*, 1: 1–30.

88. Watson, J. D. (1976) *Molecular Biology of the Gene*. Menlo Park: Benjamin-Cummings.

89. Williams, G. C. (1966) *Adaptation and Natural Selection*. New Jersey: Princeton University Press.

90. Wilson, E. O. (1971) *The Insect Societies*. Cambridge, Mass: Harvard University Press.

91. Wilson, E. O. (1984) *Biophilia*. Cambridge, Mass: Harvard University Press.

92. Young, J. Z. (1950) *The Life of Vertebrates*. Oxford: Clarendon Press.